民用建筑造价标准清单

周灿朗　张星海　姜美利　刘子长　何　冲　黄新卫　著

中国建筑工业出版社

图书在版编目（CIP）数据

民用建筑造价标准清单 / 周灿朗等著. -- 北京 : 中国建筑工业出版社, 2025. 7. -- ISBN 978-7-112-31238-2

Ⅰ. TU723.3

中国国家版本馆 CIP 数据核字第 2025S9Y579 号

责任编辑：刘颖超　李静伟

责任校对：张　颖

民用建筑造价标准清单

周灿朗　张星海　姜美利　刘子长　何　冲　黄新卫　著

*

中国建筑工业出版社出版、发行（北京海淀三里河路 9 号）

各地新华书店、建筑书店经销

国排高科（北京）人工智能科技有限公司制版

天津安泰印刷有限公司印刷

*

开本：787 毫米 × 1092 毫米　1/16　印张：19½　字数：459 千字

2025 年 8 月第一版　　2025 年 8 月第一次印刷

定价：**149.00** 元

ISBN 978-7-112-31238-2

（45196）

前　言

在中国经济向“效率变革·创新驱动”转型发展的关键阶段，建筑业作为国民经济战略支柱产业，其精细化管理水平直接影响新型城镇化建设质量和效率。特别是在民用建筑领域，传统造价管理模式仍面临标准工程量清单体系缺失而带来的造价管理效能不高、造价质量控制乏力、招标市场公平性缺失等各方面瓶颈。据不完全统计，因清单标准缺失导致的造价文件编制周期平均延长约70%～100%，跨项目编制方法和数据复用率不足20%，常见典型项目造价偏差率达±（10%～15%），重大变更发生率增加20%～35%。

直面行业痛点，佛山轨道交通设计研究院有限公司以改革先锋姿态破局——依托其在广东省造价管理改革中培育的“标准-智能-协同”三位一体方法论，深度融合数据挖掘与机器学习算法，历时3年研发出一套适用于民用建筑全生命周期标准工程量清单体系和成本智能分析系统。该标准工程量清单体系通过构建“以造价大数据为基础底座”的多专业、多要素聚类分析模型，采用“基础单元＋动态扩展”的模块化设计，应用规则关联算法将民用建筑工程分解为土建、装饰、安装和措施工程四大模块，共计23类2109子项的12位标准编码工程清单库，形成了可复制可推广的“广东经验”，为建筑业高质量发展提供了系统化解决方案，也为全国其他地区工程造价管理和改革提供了重要的实践样板。

本书共分为6章，主要内容包括：（1）第1章为绪论及本书内容安排。该章主要介绍了《民用建筑造价标准清单》编制的背景、意义及编制依据，阐明了本书的目的和编制思路，为读者理解后续章节的内容提供了基础。（2）第2章详细列出了民用建筑项目中涉及的土建工程，共9节内容，包括土石方、地基处理、基坑支护、桩基础、砌筑、钢筋混凝土、金属结构、屋面及防水和保温隔热工程等项目的标准清单和计算规则。（3）第3章涉及装饰工程标准清单，共5节内容。包括楼地面、墙柱面、天棚、拆除、油漆及涂料等装饰项目的标准清单，详细说明了每个项目的清单内容和费用构成。（4）第4章则针对机电安装工程，共7节内容。该章提供了电气、消防、通风空调、给水排水、智能化等系统的标准清单，全面详细介绍了各类常用设备安装的清单项目的构成和费用组成。（5）第5章为措施工程标准清单，共2节内容。包括脚手架、模板、垂直运输和大型机械设备安拆等措施工程的标准清单。各章内容既相对独立，又相互联系，层层递进，逐步展开，内容全面，从基础的土建工程到更为复杂的装饰、安装及措施工程，涵盖了民用建筑项目的各个关键专业，为造价管理工作提供全面且标准化的工具。（6）第6章介绍了佛山轨道交通设计研究院有限公司在智能化造价管理中的新思路和方法，共2节内容。通过在民用建筑施工成本智能分析系统研发中的创新实践，取得了两项显著成果：《基于工程清单的施工成本智能计算方法》与《全流程自动计价方法》。两项技术均实现了从图纸信息提取、工程量计算、清单生成到施工成本预测与利润分析的全流程自动化，为建筑工程造价管理提供了高效、精准、透明的数据支撑。

本书编纂历经 3 年攻坚突破，作者对本书内容撰写倾注大量心血，数年内对书稿中主要内容进行多次讨论、审议和修改。希望通过整合和总结多年来的民用建筑造价研究与实践经验，为业内工程造价人员提供有益的参考与借鉴，也为推动建筑业造价工作的标准化和智能化奠定基础。

作者虽在民用建筑工程领域从事造价管理工作多年，但研究水平和知识面有限，书中难免会有错漏和不足之处，希望广大读者能够加以批评指正。

作者

2025 年 4 月

目　录

第1章　概　　述

1.1　背景及意义

1.1.1　编制背景

1. 民用建筑行业转型升级需求

在我国社会经济高质量发展战略驱动下，作为国民经济支柱产业的建筑业正经历由大规模快速扩张向高质量高效益转型的关键阶段。工程造价管理作为建筑工程全生命周期管理的重要环节和重要抓手，在优化资源配置、控制建设成本、提升投资效益等方面具有不可替代的作用。尤其是对于投资规模大、社会关注度高的民用建筑项目，科学的造价管理体系更成为确保项目投资可控、方案优化和前期管理规范化的核心要素。

广东省作为全国建筑业改革创新先行示范区，在工程造价管理领域持续发挥行业标杆引领作用。广东省住房和城乡建设厅通过创新实施工程量清单多层级架构、全过程造价规范化管理、调整最高投标限价编制方法、市场询价标准化机制、推行施工过程结算等一系列系统化改革举措，已成功构建起“全过程覆盖、全要素管控、全链条协同”的工程造价管理体系。历经多年实践探索，形成的工程造价“广东经验”为全国工程造价管理和改革提供了重要的实践样板。

2. 民用建筑造价行业发展痛点

尽管广东省在工程造价领域的一系列改革举措成效显著，但是民用建筑造价领域仍面临标准工程量清单体系缺失而带来的造价管理效能不高、造价质量控制乏力、招标市场公平性缺失等各方面瓶颈，主要体现为：

（1）造价管理效率不高：现行民用建筑项目造价缺乏标准统一的工程量清单，各项目均需单独编制造价清单，非标准化清单往往编制方法不一、数据口径混乱，造价工作需要耗费大量时间和人力物力，极大地增加造价工作量和内外部协同成本，显著降低工程造价管理效率。据不完全统计，民用建筑项目造价清单编制周期平均延长 70%～100%，跨项目编制方法和数据复用率不足 20%，造价清单的可复制性、可推广性存在明显不足。

（2）造价质量控制乏力：由于造价标准化清单缺位，各项目编制的工程量清单质量参差不齐，容易引发数据失真和出现较大造价偏差，极大影响项目投资估算精度和投资决策的科学性，甚至可能导致项目后期造价失控，引发项目投资风险。据不完全统计，常见典型项目造价偏差率达±（10%～15%），重大变更发生率增加 20%～35%，亟需加强项目造价质量控制。

（3）招标市场公平性缺失：在民用建筑建设招投标过程中，非标清单通常不遵循标准清单格式，可能采用自定义的工程量计算规则、综合单价组成或措施费包干等形式，造价清单编制呈现明显的差异化特征，导致投标报价基准失衡。据统计非标清单项目投标离散系数往往达到 0.15～0.35，显著影响投标过程的透明性和公允性。此外非标准化清单还可能引发投标报价的极端差异，增加了项目业主在选择承包商时的决策困难。

3. 民用建筑造价技术创新探索

针对上述行业发展痛点，佛山轨道交通设计研究院有限公司基于广东省工程造价改革系列举措的顶层设计，通过对大量民用建筑项目造价工程清单数据的详细分析和处理，创新融合特征分类、规则关联、聚类穷举等智能化数据深度挖掘技术，自主研发出一套实用性强的民用建筑标准工程量清单体系。该体系具有四大技术特征：

（1）数据驱动：通过对 200 + 项目造价工程清单数据深度挖掘，构建“以造价大数据为基础底座”的多专业、多要素聚类分析模型，数据穷举率达 99%。

（2）模块设计：采用“基础单元 + 动态扩展”的模块化设计，应用规则关联算法将民用建筑工程分解为土建、装饰、安装和措施工程四大模块，共计 23 类 2109 子项的标准化工程清单库体系，具有很强的通用性和易用性。经实测验证，该体系可覆盖 95%以上民用建筑类型需求，特殊项目仅需通过子项参数调整实现 10%以内的定制化补充。

（3）标准编码：构建 12 位智能编码体系，将清单项与设计规范（《建设工程工程量清单计价标准》GB/T 50500—2024）、施工工艺（CECS 标准）、成本指标（行业数据库）进行动态关联和映射。该编码体系在佛山某片区开发民用建筑项目造价工程中应用后，实现前期-设计-招标-施工阶段数据复用率从 17%提升至 88%，清单编制效率提高 80%。

（4）协同兼容：该体系通过开放型数据接口（API）实现三大兼容，即与主流造价软件（广联达、鲁班等）双向数据互通，与政府监管平台（造价审核、工程审批）无缝对接，与企业 ERP 系统（招标投标、成本管控）深度集成。

1.1.2 编制意义

本书能够作为广东省工程造价管理改革系列举措的标志性成果之一，不仅构建了适应新时代发展需求的标准化造价管理体系，更为中国建筑产业数字化、智能化转型发展提供了重要方法和技术支撑。该标准工程量清单系统整合民用建筑项目造价全部工程模块及其子项，为项目招投标、预算编制、工程施工、造价控制等提供了可靠依据，为建筑业造价管理工作高质量发展提供强有力保障。其核心价值主要体现在以下几个方面：

（1）**管理效能升级**：标准工程量清单的建立，实现了清单编制的统一化和标准化，极大地减少了重复劳动，造价管理工作效率至少提升 40%。清单标准化使项目可以快速启动，项目前期准备时间至少缩短 30%。

（2）**全面提升质量**：标准化清单提供了统一的工程量计算规则和单价说明，确保了各类工程项目数据的一致性和准确性，提高了工程造价管理的质量。这不仅有助于优化项目的投资估算，还能提升工程管理的科学性和严谨性。

（3）**强化投资管控**：通过本标准清单的编制，为民用建筑项目的投资估算提供了精确的参考，有助于合理确定工程投资，降低造价风险。

（4）**驱动设计优化**：标准化的工程量清单为项目的多方案比选和优化设计提供了统一的量化标准，通过清单指标反向优化设计方案，使各方案的经济性和技术性具备可比性，从而提高决策的科学性。

（5）**防范造价失控**：工程量清单是工程造价控制的重要工具。施工过程中，通过工程量清单的细化和量化，可以对项目的各项成本进行严格控制，避免造价失控，并为后续的工程结算和审计提供依据。

（6）**推动智能建造**：基于智能分析系统的研发成果，支持 AI 造价分析，将人工智能技术与工程造价管理深度融合，推动了建筑行业智能化管理水平的提升，为建筑业高质量发展提供了新动能。

（7）**构建数据资产**：通过聚类穷举等数据挖掘技术，建立 23 类 2109 子项的标准清单造价数据库和知识图谱，为政府主管部门提供市场监测、投资决策等领域的数字化治理工具。不仅能够为广东省的工程造价管理改革提供有力支持，也能够为全国其他地区造价管理工作提供宝贵经验和借鉴参考。

（8）**引领行业变革**：标准化工程量清单体系不仅符合社会主义市场经济体制的要求，还与广东省工程造价管理改革的目标相一致，为全国其他地区提供了可借鉴的经验和模式。通过提升造价管理的效率和质量，为建筑业高质量发展提供了系统化解决方案。

1.2　编制总说明

本标准清单适用于广东区域的项目，旨在为该地区招投标和施工阶段的招标清单编制、投标报价、施工图预算编制及施工成本控制提供标准化工具。

本标准清单适用于新建、扩建和改建的民用建筑工程。

鉴于市场价格的动态变化，本书所提供的标准清单应作为指导性参考，用户在实际应用中仍需结合具体项目的实际情况和市场变动进行适当调整和优化。

1.2.1　编制范围

本标准清单覆盖了包括土石方、地基处理及基坑支护、桩基础、砌筑、钢筋混凝土、金属结构、门窗、屋面及防水、保温隔热、楼地面、墙柱面、天棚、油漆及涂料、拆除、动力配电、照明、防雷接地、高低压配电、火灾自动报警、消防水、气体灭火、通风空调、给水排水、建筑智能化、电梯及电扶梯、抗震支架等多个专业的标准清单项目。

本标准清单中综合单价的计算包含人工、机械、材料、管理和利润等费用，但不包括总价措施、其他项目、规费和增值税等费用。

1.2.2　编制依据

（1）本标准清单采用清单计价的模式，部分参考《建设工程工程量清单计价标准》GB/T 50500—2024。

（2）部分参考《房屋建筑与装饰工程工程量计算标准》GB/T 50854—2024 和《通用安装工程工程量计算标准》GB/T 50856—2024 的规定。

（3）土建和装饰工程采用《广东省房屋建筑与装饰工程综合定额（2018）》（粤建市〔2019〕6号），简称“建筑定额”。

（4）安装工程采用《广东省通用安装工程综合定额（2018）》（粤建市〔2019〕6号），简称“安装定额”。

（5）园建和道路工程采用《广东省市政工程综合定额（2018）》（粤建市〔2019〕6号），简称“市政定额”。

（6）绿化工程采用《广东省园林绿化工程综合定额（2018）》（粤建市〔2019〕6号），简称“绿化定额”。

（7）现行的设计、施工验收规范和行业相关计价依据。

（8）某民用建筑工程项目合同清单和施工图纸。

1.2.3 价格基准

（1）人工费：采用广州市建设工程造价管理站发布的2025年01月信息价（简称“2025年01月信息价”）。

（2）材料价格：采用2025年01月信息价计算，信息价中未包含的材料参考同期市场询价。

（3）施工机械台班：采用2025年01月信息价。

（4）设备价：设备价格编制期同材料编制期。设备价为到工地价。

1.2.4 清单使用规则

本标准清单分为土建、装饰、安装和措施工程清单，使用时可以根据设计图纸和项目具体实施情况选择适当的标准清单组合形成造价成果。

综合单价选取可按下述原则：标准清单内有完全适用的，选用该标准清单综合单价；标准清单内未有完全适用的，若只是主材不同，可选用该相近标准清单，并换算主材价格形成新的综合单价。计算公式如下：

$$G = A + (B_2 - B_1) \times (1 + C) \tag{1.2-1}$$

式中：G——经换算后的综合单价；

A——换算前本标准清单综合单价；

B_1——换算前不含税主材采购单价；

B_2——实际使用不含税主材采购单价；

C——对应主材损耗系数，按“建筑定额”“安装定额”“市政定额”和“绿化定额”中的约定计取。

1.2.5 全费用综合单价计算规则

全费用综合单价是指完成工程量清单中规定计量单位项目全部工作内容所需的所有相关费用，包括但不限于人工费、机械费、辅材费、主材费、管理费、利润、绿色施工安全防护措施费、预算包干费、税金等。全费用综合单价的计算公式如下：

$$全费用综合单价 = 综合单价 + 总价措施费 + 预算包干费 + 增值税 \tag{1.2-2}$$

$$综合单价 = 人工费 + 机械费 + 材料费 + 管理费 + 利润 \tag{1.2-3}$$

式中，材料费 = 辅材费 + 主材费，主材费 = 采购单价 × $(1 + C)$，C为主材损耗系数。

$$总价措施费 = (人工费 + 机械费) \times a \tag{1.2-4}$$

式中：a——总价措施的基本费率，土建工程按 19%计算，单独装饰工程按 13%计算，安装工程按 35.77%计算，措施工程不计算。

$$预算包干费 = (人工费 + 机械费) \times b \tag{1.2-5}$$

式中：b——预算包干费的基本费率，土建和装饰工程按 7%计算，安装工程按 10%计算，措施工程按 7%计算。

$$增值税 = (综合单价 + 总价措施费 + 预算包干费) \times 9\% \tag{1.2-6}$$

1.3 本书结构与逻辑框架

本书系统地提供了广东区域民用建筑工程的标准清单，涵盖土建、装饰、安装和措施工程等主要部分。第 1 章概述了清单的编制背景、重要意义及使用规则，帮助读者了解其在工程造价管理中的应用。第 2 章详细列出了土建工程的各项标准清单，包括土石方、地基处理、基坑支护、桩基础、砌筑、钢筋混凝土、金属结构、屋面及防水和保温隔热工程等内容。第 3 章涉及装饰工程的标准清单，涵盖楼地面、墙柱面、天棚、油漆及涂料、拆除等装饰项目的详细说明和指导。第 4 章则针对安装工程，提供了电气、消防、通风空调、给水排水、智能化及抗震支架等领域的标准清单和说明。第 5 章针对措施项目，详细列出了包括脚手架、模板、垂直运输和大型机械设备安拆等标准清单。第 6 章介绍了佛山轨道交通设计研究院有限公司在智能化造价管理方面的探索与成果，共分为两个部分。该院通过研发民用建筑施工成本智能分析系统，创新性地提出并实现了两项关键技术成果：《基于工程清单的施工成本智能计算方法》和《全流程自动计价方法》。这两项技术实现了从图纸信息提取、工程量计算、清单生成到成本预测与利润分析的全过程自动化，为建筑工程造价管理提供了高效、精准且透明的数据支撑。通过这 6 个章节，本书为广东区域的民用建筑项目在招标清单编制、投标报价、预算编制及成本控制等方面提供了全面且标准化的工具和依据。

第2章 土建工程标准清单

本章主要对土建工程各专业工程标准清单的工程量计算规则和单价进行说明，同时呈现各专业工程标准清单，以供参考。

2.1 土石方工程

2.1.1 工程量计算规则

（1）本节包括平整场地、挖一般土方、挖沟槽、基坑土方、挖桩间土方、挖淤泥流砂、挖一般石方、回填土方、回填石方、回填砂、回填石屑、余方弃置等，共28个项目。

（2）使用该专业标准清单前应踏勘施工现场，了解将进行土石方工程的场地及地表情况，确认项目土石方运距。

（3）建筑物场地厚度≤300mm的挖、填、运、找平，应选用平整场地项目。厚度>±300mm的竖向布置挖土或山坡切土应选用挖一般土方项目，场地厚度≤±30cm的就地挖、填、运、找平为平整场地；底宽≤7m且底长>3倍底宽为沟槽；底长≤3倍底宽且底面积≤150m^2为基坑；超出上述范围则为一般土石方。

（4）土方体积应按挖掘前的天然密实体积计算。土方回填，按设计图示尺寸以体积“m^3”计算。

（5）平整场地，按设计图示尺寸以建筑物首层建筑面积“m^2”计算。

（6）挖一般土方，按设计图示尺寸以体积“m^3”计算。

（7）挖沟槽、基坑土方，按设计图示尺寸以基础垫层底面积乘以挖土深度按体积“m^3”计算。基础土方开挖深度应按基础垫层底表面标高至交付施工场地标高确定，无交付施工场地标高时，应按自然地面标高确定。

（8）挖桩间土方、挖淤泥流砂，按设计图示位置、界限以体积“m^3”计算。

（9）挖一般石方，按设计图示尺寸以体积“m^3”计算。

（10）回填土方、回填石方，按设计图示尺寸以体积“m^3”计算。

（11）回填砂、回填石屑，按设计图示尺寸以体积“m^3”计算。

（12）余方弃置，按挖方清单项目工程量减利用回填方体积（正数）“m^3”计算。

（13）余方弃置未考虑土方、石方、建筑垃圾和淤泥等弃置费用。

（14）本节不包括地下常水位以下的施工降水、土石方开挖过程中的地表水排除与边坡支护等，实际发生时，另行列项。

2.1.2 标准清单

土方工程标准清单库，见表 2.1-1。

土方工程标准清单库 表 2.1-1

项目编码	标准名称	项目特征	计量单位	综合单价	人工费	机械费	材料费		管理费	利润
							辅材费	主材费		
010103001001	平整场地	1. 土壤类别：土方 2. 挖填运：标高在±300mm 以内的就地挖、填、运土方及找平 3. 包含一切完成该项工作所发生的相关费用	m^2	2.61	0.15	1.77	0	0	0.3	0.38
010101001001	挖一般土方	1. 土壤类别：一、二类土 2. 开挖方式：挖掘机挖土，人工辅助 3. 挖土深度：综合考虑 4. 弃土：堆放在一边 5. 包含一切完成该项工作所发生的相关费用	m^3	5.71	1.48	2.74	0	0	0.65	0.84
010101001002	挖一般土方	1. 土壤类别：三类土 2. 开挖方式：挖掘机挖土，人工辅助 3. 挖土深度：综合考虑 4. 弃土：堆放在一边 5. 包含一切完成该项工作所发生的相关费用	m^3	7.37	2.18	3.26	0	0	0.84	1.09
010101001003	挖一般土方	1. 土壤类别：四类土 2. 开挖方式：挖掘机挖土，人工辅助 3. 挖土深度：综合考虑 4. 弃土：堆放在一边 5. 包含一切完成该项工作所发生的相关费用	m^3	9.12	3.02	3.71	0	0	1.04	1.35
010101001004	挖桩间土方	1. 土壤类别：一、二类土 2. 开挖方式：挖掘机挖土，人工辅助 3. 挖土深度：综合考虑 4. 弃土：堆放在一边 5. 包含一切完成该项工作所发生的相关费用	m^3	6.52	1.8	3.01	0	0	0.75	0.96
010101001005	挖桩间土方	1. 土壤类别：三类土 2. 开挖方式：挖掘机挖土，人工辅助 3. 包含一切完成该项工作所发生的相关费用	m^3	8.53	2.71	3.58	0	0	0.98	1.26
010101001006	挖桩间土方	1. 土壤类别：四类土 2. 开挖方式：挖掘机挖土，人工辅助 3. 包含一切完成该项工作所发生的相关费用	m^3	10.69	3.8	4.08	0	0	1.22	1.58
010102002001	挖沟槽、基坑土方	1. 土壤类别：一、二类土 2. 开挖方式：挖掘机挖土，人工辅助	m^3	9.48	2.78	4.21	0	0	1.08	1.4

续表

项目编码	标准名称	项目特征	计量单位	综合单价	人工费	机械费	材料费		管理费	利润
							辅材费	主材费		
010102002001	挖沟槽、基坑土方	3. 包含一切完成该项工作所发生的相关费用	m^3	9.48	2.78	4.21	0	0	1.08	1.4
010102002002	挖沟槽、基坑土方	1. 土壤类别：三类土 2. 开挖方式：挖掘机挖土，人工辅助 3. 包含一切完成该项工作所发生的相关费用	m^3	11.76	3.99	4.69	0	0	1.35	1.74
010102002003	挖沟槽、基坑土方	1. 土壤类别：四类土 2. 开挖方式：挖掘机挖土，人工辅助 3. 包含一切完成该项工作所发生的相关费用	m^3	14.22	5.31	5.18	0	0	1.63	2.1
010102004001	挖淤泥流砂	1. 土壤类别：淤泥、流砂 2. 开挖方式：挖掘机挖装淤泥、流砂 3. 包含一切完成该项工作所发生的相关费用	m^3	18.59	3.89	9.83	0	0	2.13	2.74
010101002001	挖一般石方	1. 石方类别：松散石方 2. 开挖方式：挖掘机挖装 3. 包含一切完成该项工作所发生的相关费用	m^3	21.1	1.17	14.41	0	0	2.41	3.11
010102007001	回填土方	1. 回填材料：土 2. 压实方式：人工夯实 3. 填方密实度：满足设计和规范的要求 4. 填方来源运距:5m 以内取土 5. 包含一切完成该项工作所发生的相关费用	m^3	38.37	28.32	0	0	0	4.39	5.66
010102007002	回填土方	1. 回填材料：土 2. 压实方式：夯实机夯实 3. 填方密实度：满足设计和规范的要求 4. 填方来源运距:5m 以内取土 5. 包含一切完成该项工作所发生的相关费用	m^3	16.08	10.22	1.65	0	0	1.84	2.37
010102007003	回填石方	1. 回填材料：石方 2. 压实方式:压路机碾压石方 3. 填方密实度：满足设计和规范的要求 4. 填方来源运距：5m 以内取石方 5. 包含一切完成该项工作所发生的相关费用	m^3	10.12	0.75	6.72	0	0	1.16	1.49
010102007004	回填土方	1. 回填材料：外购土 2. 压实方式：夯实机夯实 3. 填方密实度：满足设计和规范的要求 4. 填方来源运距：综合考虑 5. 包含一切完成该项工作所发生的相关费用	m^3	35.06	10.22	1.65	0	18.98	1.84	2.37

续表

项目编码	标准名称	项目特征	计量单位	综合单价	人工费	机械费	材料费		管理费	利润
							辅材费	主材费		
010102007005	回填砂	1. 回填材料：机制砂 2. 填方密实度：满足设计和规范的要求 3. 完成本清单项目所需的一切相关工作	m^3	221.93	37.46	1.19	0.53	169.03	5.99	7.73
010102007006	回填石屑	1. 回填材料：石屑 2. 填方密实度：满足设计和规范的要求 3. 完成本清单项目所需的一切相关工作	m^3	250.1	43.04	1.49	0.53	189.22	6.9	8.91
010103002001	余方弃置	1. 废弃料品种：土方 2. 运距：5km 3. 装车方式：挖掘机装车 4. 运载车辆：自卸汽车 5. 完成本清单项目所需的一切相关工作	m^3	20.9	0	15.42	0	0	2.39	3.08
010103002002	余方弃置	1. 废弃料品种：土方 2. 运距：每增加或减少 1km 3. 装车方式：挖掘机装车 4. 运载车辆：自卸汽车 5. 完成本清单项目所需的一切相关工作	m^3	2.57	0	1.89	0	0	0.29	0.38
010103002003	余方弃置	1. 废弃料品种：淤泥、流砂 2. 运距：5km 3. 装车方式：挖掘机装车 4. 运载车辆：自卸汽车 5. 完成本清单项目所需的一切相关工作	m^3	28.78	0	21.24	0	0	3.29	4.25
010103002004	余方弃置	1. 废弃料品种：淤泥、流砂 2. 运距：每增加或减少 1km 3. 装车方式：挖掘机装车 4. 运载车辆：自卸汽车 5. 完成本清单项目所需的一切相关工作	m^3	3.21	0	2.37	0	0	0.37	0.47
010103002005	余方弃置	1. 废弃料品种：泥浆 2. 运距：5km 3. 运载车辆：泥浆罐车 4. 完成本清单项目所需的一切相关工作	m^3	94.17	32.37	36.18	0	0	11.91	13.71
010103002006	余方弃置	1. 废弃料品种：泥浆 2. 运距：每增加或减少 1km 3. 运载车辆：泥浆罐车 4. 完成本清单项目所需的一切相关工作	m^3	9.51	0	6.92	0	0	1.2	1.38
010103002007	余方弃置	1. 废弃料品种：松散石方 2. 运距：5km 3. 装车方式：挖掘机装车 4. 运载车辆：自卸汽车 5. 完成本清单项目所需的一切相关工作	m^3	39.6	0	29.22	0	0	4.53	5.84

续表

项目编码	标准名称	项目特征	计量单位	综合单价	人工费	机械费	材料费		管理费	利润
							辅材费	主材费		
010103002008	余方弃置	1. 废弃料品种：松散石方 2. 运距：每增加或减少 1km 3. 装车方式：挖掘机装车 4. 运载车辆：自卸汽车 5. 完成本清单项目所需的一切相关工作	m^3	4.77	0	3.52	0	0	0.55	0.7
010103002009	余方弃置	1. 废弃料品种：建筑垃圾 2. 运距：3km 3. 装车方式：人工装车 4. 运载车辆：自卸汽车 5. 完成本清单项目所需的一切相关工作	m^3	67.32	16	34.22	0	0	7.07	10.04
010103002010	余方弃置	1. 废弃料品种：建筑垃圾 2. 运距：每增加或减少 1km 3. 装车方式：人工装车 4. 运载车辆：自卸汽车 5. 完成本清单项目所需的一切相关工作	m^3	5.62	0	4.19	0	0	0.59	0.84

注：尾数有不闭合的情况，是因为四舍五入产生的；其余表类似情况不再赘述。

2.2 地基处理及基坑支护工程

2.2.1 工程量计算规则

本节包括地下连续墙成槽、地下连续墙灌注混凝土、地下连续墙锁口管、地下连续墙型钢板封口、地下连续墙钢筋、地下连续墙入岩增加费、深层水泥搅拌桩、三轴水泥搅拌桩、型钢桩、高压旋喷桩钻孔、高压旋喷桩喷浆、高压旋喷桩空桩、圆木桩、锚杆钻孔与注浆、锚杆制安与张拉、锚杆土钉入岩增加费、土钉插筋、喷射混凝土、喷射混凝土挂钢筋网、钢筋混凝土支撑、钢支撑、钢板桩、降排水等，共 63 个项目。

（1）地下连续墙成槽按设计图示墙中心线长度乘以厚度乘以槽深，以“m^3”计算。

（2）地下连续墙灌注混凝土应以设计图示墙中心线长度乘以厚度再乘以实际灌注深度，以“m^3”计算。需要凿除墙顶浮浆时，可选用凿桩头清单。

（3）地下连续墙锁口管按设计图示，以“段”计算。

（4）地下连续墙型钢板封口工程量，按设计图示尺寸以“t”计算，如设计没有，则不计算。

（5）地下连续墙钢筋按设计长度乘以单位理论质量，以“t”计算。

（6）地下连续墙入岩增加费按实际入岩体积，以“m^3”计算。

（7）深层水泥搅拌桩以“m”计量，按设计图示尺寸以桩长计算。

（8）三轴水泥搅拌桩，按设计图示尺寸以“m^3”计算。

（9）SMW 工法搅拌桩中的搅拌桩按三轴搅拌桩计算，插拔型钢工程量按设计图示尺寸以“t”计算。

（10）高压旋喷桩钻孔按设计图示尺寸，以“m”计算。

（11）高压旋喷桩喷浆、高压旋喷桩空桩，按设计图示尺寸以“m^3”计算。

（12）圆木桩按原木材积表，以“m^3”计算。

（13）锚杆钻孔与注浆以“m”计量，按设计图示尺寸以钻孔深度计算。

（14）锚杆制安与张拉，按设计长度乘以单位理论质量以“t”计算。

（15）锚杆土钉入岩增加费，按实际入岩长度以“m”计算。

（16）土钉插筋以“m”计量，按设计图示尺寸以钻孔深度计算。

（17）喷射混凝土，按设计图示尺寸以“m^2”计算。

（18）钢筋混凝土支撑，按设计图示尺寸以“m^3”计算。

（19）喷射混凝土挂钢筋网，按设计长度乘以单位理论质量以“t”计算。

（20）钢支撑，根据设计图尺寸按理论质量以“t”计算，不扣除孔眼质量，焊条、铆钉、螺栓等不另增加质量。

（21）钢板桩以“t”计量，按设计图示尺寸以质量计算。

（22）降排水按管井设计深度，以“m”计量。

（23）计算地下连续墙和锚杆土钉入岩增加费的工程量时，极软岩、软岩不作入岩计，较软岩按实际体积的 70%作入岩计，较硬岩、坚硬岩作全入岩计算。

（24）混凝土支撑包含冠梁和腰梁。冠梁是指设置在挡土构件顶部的钢筋混凝土连梁，腰梁是设置在挡土构件侧面的连接锚杆或内支撑的钢筋混凝土或型钢梁式构件。

（25）钢筋混凝土支撑的钢筋制作、安装，按第 2.5 节钢筋混凝土标准清单相关项目列项。

2.2.2　标准清单

地基处理及基坑支护工程标准清单库，见表 2.2-1。

地基处理及基坑支护工程标准清单库　　表 2.2-1

项目编码	标准名称	项目特征	计量单位	综合单价	人工费	机械费	材料费		管理费	利润
							辅材费	主材费		
010201007001	深层水泥搅拌桩	1. 桩类型：喷浆桩体 2. 桩径：600mm 3. 水泥强度等级、掺量：采用42.5R 普通硅酸盐水泥，水泥掺入量按加固土重 9%考虑 4. 完成本清单项目所需的一切相关工作	m	68.95	10.84	24.41	2.75	17.77	6.13	7.05
010201007002	深层水泥搅拌桩	1. 桩类型：喷浆桩体 2. 桩径：850mm 3. 水泥强度等级、掺量：采用42.5R 普通硅酸盐水泥，水泥掺入量按加固土重 9%考虑 4. 完成本清单项目所需的一切相关工作	m	91.16	11.42	25.67	5.38	34.83	6.45	7.42

续表

项目编码	标准名称	项目特征	计量单位	综合单价	人工费	机械费	材料费		管理费	利润
							辅材费	主材费		
010201007003	深层水泥搅拌桩	1. 桩类型：喷浆桩体 2. 桩径：1200mm 3. 水泥强度等级、掺量：采用42.5R普通硅酸盐水泥，水泥掺入量按加固土重9%考虑 4. 完成本清单项目所需的一切相关工作	m	134.66	13.7	26.95	10.55	68.26	7.07	8.13
010201007004	深层水泥搅拌桩	1. 桩类型：空桩 2. 桩径：600mm 3. 完成本清单项目所需的一切相关工作	m	34.9	8.14	17.17	0.13	0	4.4	5.06
010201007005	深层水泥搅拌桩	1. 桩类型：空桩 2. 桩径：850mm 3. 完成本清单项目所需的一切相关工作	m	36.71	8.57	18.01	0.2	0	4.62	5.32
010201007006	深层水泥搅拌桩	1. 桩类型：空桩 2. 桩径：1200mm 3. 完成本清单项目所需的一切相关工作	m	40.49	10.28	18.91	0.38	0	5.07	5.84
010201007007	三轴水泥搅拌桩	1. 搅拌方式：二喷二搅 2. 施工工艺：搭接 3. 水泥强度等级、掺量：采用42.5R普通硅酸盐水泥，水泥掺入量按加固土重20%考虑 4. 完成本清单项目所需的一切相关工作	m^3	208.56	4.14	50.57	2.99	130.43	9.51	10.94
010201007008	三轴水泥搅拌桩	1. 搅拌方式：二喷二搅 2. 施工工艺：套打 3. 水泥强度等级、掺量：采用42.5R普通硅酸盐水泥，水泥掺入量按加固土重20%考虑 4. 完成本清单项目所需的一切相关工作	m^3	246.14	6.2	75.85	2.99	130.43	14.26	16.41
010201007009	三轴水泥搅拌桩	1. 搅拌方式：二喷二搅 2. 施工工艺：空桩 3. 完成本清单项目所需的一切相关工作	m^3	37.58	2.07	25.28	0	0	4.75	5.47
010201007010	三轴水泥搅拌桩	1. 搅拌方式：四喷四搅 2. 施工工艺：搭接 3. 水泥强度等级、掺量：采用42.5R普通硅酸盐水泥，水泥掺入量按加固土重20%考虑 4. 完成本清单项目所需的一切相关工作	m^3	223.32	4.96	60.48	2.99	130.43	11.37	13.09
010201007011	三轴水泥搅拌桩	1. 搅拌方式：四喷四搅 2. 施工工艺：套打 3. 水泥强度等级、掺量：采用42.5R普通硅酸盐水泥，水泥掺入量按加固土重20%考虑 4. 完成本清单项目所需的一切相关工作	m^3	268.27	7.45	90.72	2.99	130.43	17.06	19.63

续表

项目编码	标准名称	项目特征	计量单位	综合单价	人工费	机械费	材料费		管理费	利润
							辅材费	主材费		
010201007012	三轴水泥搅拌桩	1. 搅拌方式：四喷四搅 2. 施工工艺：空桩 3. 完成本清单项目所需的一切相关工作	m^3	44.95	2.48	30.24	0	0	5.69	6.54
010201008001	高压旋喷桩钻孔	1. 类型：钻孔 2. 桩径：综合考虑 3. 完成本清单项目所需的一切相关工作	m	45.58	13.59	19.22	0.51	0	5.7	6.56
010201008002	高压旋喷桩喷浆	1. 类型：喷浆 2. 注浆方法：单管法 3. 水泥强度等级、掺量：采用 42.5R 普通硅酸盐水泥，水泥掺入量按加固土重 25%考虑 4. 完成本清单项目所需的一切相关工作	m^3	360.98	94.04	48.65	1.84	163.12	24.8	28.54
010201008003	高压旋喷桩喷浆	1. 类型：喷浆 2. 注浆方法：双重管法 3. 水泥强度等级、掺量：采用 42.5R 普通硅酸盐水泥，水泥掺入量按加固土重 25%考虑 4. 完成本清单项目所需的一切相关工作	m^3	410.66	100.83	75.24	5.67	163.12	30.6	35.21
010201008004	高压旋喷桩喷浆	1. 类型：喷浆 2. 注浆方法：三重管法 3. 水泥强度等级、掺量：采用 42.5R 普通硅酸盐水泥，水泥掺入量按加固土重 30%考虑 4. 完成本清单项目所需的一切相关工作	m^3	536.5	108.77	128.78	14.41	195.75	41.29	47.51
010201008005	高压旋喷桩空桩	1. 类型：空桩 2. 注浆方法：单管法 3. 完成本清单项目所需的一切相关工作	m^3	98.01	47.02	24.32	0	0	12.4	14.27
010201008006	高压旋喷桩空桩	1. 类型：空桩 2. 注浆方法：双重管法 3. 完成本清单项目所需的一切相关工作	m^3	120.94	50.41	37.62	0	0	15.3	17.61
010201008007	高压旋喷桩空桩	1. 类型：空桩 2. 注浆方法：三重管法 3. 完成本清单项目所需的一切相关工作	m^3	163.17	54.38	64.39	0	0	20.64	23.75
010202001001	地下连续墙成槽	1. 工序名称：成槽 2. 成槽方式：履带式液压抓斗 3. 成槽深度：15m 以内 4. 成槽厚度：60cm 5. 完成本清单项目所需的一切相关工作	m^3	614.81	119.64	272.16	76.57	0	68.09	78.36
010202001002	地下连续墙成槽	1. 工序名称：成槽 2. 成槽方式：履带式液压抓斗 3. 成槽深度：25m 以内 4. 成槽厚度：80cm	m^3	718.05	117.21	354.8	69.61	0	82.04	94.4

续表

项目编码	标准名称	项目特征	计量单位	综合单价	人工费	机械费	材料费		管理费	利润
							辅材费	主材费		
010202001002	地下连续墙成槽	5. 完成本清单项目所需的一切相关工作	m^3	718.05	117.21	354.8	69.61	0	82.04	94.4
010202001003	地下连续墙成槽	1. 工序名称：成槽 2. 成槽方式：履带式液压抓斗 3. 成槽深度：35m 以内 4. 成槽厚度：80cm 5. 完成本清单项目所需的一切相关工作	m^3	869.6	118.2	464.12	69.61	0	101.21	116.46
010202001004	地下连续墙灌注混凝土	1. 工序名称：灌注混凝土 2. 地下连续墙混凝土种类、强度等级：C30 水下混凝土 3. 完成本清单项目所需的一切相关工作	m^3	719.11	65.4	26.1	17.41	576	15.9	18.3
010202001005	地下连续墙锁口管	1. 工序名称：锁口管吊拔 2. 完成本清单项目所需的一切相关工作	段	6313.71	2657.02	1678.23	5.15	352.79	753.47	867.05
010202001006	地下连续墙型钢板封口	1. 工序名称：型钢封口制作与安装 2. 完成本清单项目所需的一切相关工作	t	6904.69	1272.95	505.61	720.91	3740.38	309.12	355.72
010202004001	圆木桩	1. 桩长：综合考虑 2. 施工工艺：挖掘机打 3. 施工场地：平地 4. 完成本清单项目所需的一切相关工作	m^3	1941.07	427.15	307.21	3.68	928.53	127.63	146.87
010202004002	圆木桩	1. 桩长：≤ 5m 2. 施工工艺：吊锤打桩机打桩 3. 施工场地：平地 4. 完成本清单项目所需的一切相关工作	m^3	1502.13	341.03	73.82	3.68	928.53	72.1	82.97
010202004003	圆木桩	1. 桩长：≤ 8m 2. 施工工艺：吊锤打桩机打桩 3. 施工场地：平地 4. 完成本清单项目所需的一切相关工作	m^3	1381.46	263.64	63.38	3.68	928.53	56.84	65.4
010202006001	插拔型钢	1. 类型：SMW 工法搅拌桩中插拔型钢 2. 钢材种类：焊接 H 型钢 3. 完成本清单项目所需的一切相关工作	t	1185.26	166.45	420.24	209.76	169.5	101.97	117.34
010202007001	锚杆钻孔与注浆	1. 锚杆类型、部位：桩间 2. 钻孔直径：≤ 100mm 3. 浆液种类、强度等级：M30 水泥砂浆 4. 完成本清单项目所需的一切相关工作	m	73.38	19.95	26.1	0.27	9.86	8	9.21
010202007002	锚杆钻孔与注浆	1. 锚杆类型、部位：桩间 2. 钻孔直径：≤ 150mm	m	85.54	23.36	29.83	0.27	12.21	9.24	10.64

续表

项目编码	标准名称	项目特征	计量单位	综合单价	人工费	机械费	材料费		管理费	利润
							辅材费	主材费		
010202007002	锚杆钻孔与注浆	3. 浆液种类、强度等级：M30水泥砂浆 4. 完成本清单项目所需的一切相关工作	m	85.54	23.36	29.83	0.27	12.21	9.24	10.64
010202007003	锚杆钻孔与注浆	1. 锚杆类型、部位：桩间 2. 钻孔直径：≤200mm 3. 浆液种类、强度等级：M30水泥砂浆 4. 完成本清单项目所需的一切相关工作	m	104.6	27.25	33.55	0.29	20.8	10.57	12.16
010202008001	土钉插筋	1. 名称：土钉插筋 2. 置入方法：击入式 3. 杆体材料：三级带肋钢筋HRB400，ϕ16mm 4. 完成本清单项目所需的一切相关工作	m	6.66	0.82	0.09	0.14	5.18	0.26	0.18
010202009001	喷射混凝土	1. 部位：放坡护面 2. 厚度：50mm 3. 混凝土类别、强度等级：商品混凝土 C20 4. 完成本清单项目所需的一切相关工作	m^2	102.83	43.08	14.41	1.84	22.02	9.99	11.5
010202009002	喷射混凝土	1. 部位：放坡护面 2. 厚度：50mm 3. 混凝土类别、强度等级：商品混凝土 C25 4. 完成本清单项目所需的一切相关工作	m^2	103.58	43.08	14.41	1.85	22.76	9.99	11.5
010202009003	喷射混凝土	1. 部位：放坡护面 2. 厚度：50mm 3. 混凝土类别、强度等级：商品混凝土 C30 4. 完成本清单项目所需的一切相关工作	m^2	104.25	43.08	14.41	1.85	23.43	9.99	11.5
010202009004	喷射混凝土	1. 部位：放坡护面 2. 厚度：100mm 3. 混凝土类别、强度等级：商品混凝土 C20 4. 完成本清单项目所需的一切相关工作	m^2	155.04	71.28	23.37	3	22.02	16.45	18.93
010202009005	喷射混凝土	1. 部位：放坡护面 2. 厚度：100mm 3. 混凝土类别、强度等级：商品混凝土 C25 4. 完成本清单项目所需的一切相关工作	m^2	155.79	71.28	23.37	3	22.76	16.45	18.93
010202009006	喷射混凝土	1. 部位：放坡护面 2. 厚度：100mm 3. 混凝土类别、强度等级：商品混凝土 C30	m^2	156.46	71.28	23.37	3	23.43	16.45	18.93

续表

项目编码	标准名称	项目特征	计量单位	综合单价	人工费	机械费	材料费		管理费	利润
							辅材费	主材费		
010202009006	喷射混凝土	4. 完成本清单项目所需的一切相关工作	m^2	156.46	71.28	23.37	3	23.43	16.45	18.93
010202009007	喷射混凝土	1. 部位：放坡护面 2. 厚度：150mm 3. 混凝土类别、强度等级：商品混凝土 C20 4. 完成本清单项目所需的一切相关工作	m^2	207.25	99.48	32.33	4.15	22.02	22.91	26.36
010202009008	喷射混凝土	1. 部位：放坡护面 2. 厚度：150mm 3. 混凝土类别、强度等级：商品混凝土 C25 4. 完成本清单项目所需的一切相关工作	m^2	207.99	99.48	32.33	4.16	22.76	22.91	26.36
010202009009	喷射混凝土	1. 部位：放坡护面 2. 厚度：150mm 3. 混凝土类别、强度等级：商品混凝土 C30 4. 完成本清单项目所需的一切相关工作	m^2	208.66	99.48	32.33	4.16	23.43	22.91	26.36
010202010001	钢筋混凝土支撑	1. 部位：综合考虑 2. 混凝土种类：泵送商品混凝土 3. 混凝土强度等级：C25 4. 完成本清单项目所需的一切相关工作	m^3	506.34	39.31	1.33	16.13	429.76	11.68	8.13
010202010002	钢筋混凝土支撑	1. 部位：综合考虑 2. 混凝土种类：泵送商品混凝土 3. 混凝土强度等级：C30 4. 完成本清单项目所需的一切相关工作	m^3	518.28	39.31	0.87	16.13	442.38	11.55	8.04
010202010003	钢筋混凝土支撑	1. 部位：综合考虑 2. 混凝土种类：泵送商品混凝土 3. 混凝土强度等级：C35 4. 完成本清单项目所需的一切相关工作	m^3	536.14	39.31	1.33	16.13	459.55	11.68	8.13
010202010004	钢筋混凝土支撑	1. 部位：综合考虑 2. 混凝土种类：泵送商品混凝土 3. 混凝土强度等级：C40 4. 完成本清单项目所需的一切相关工作	m^3	554.82	39.31	1.33	16.13	478.24	11.68	8.13
010202014001	钢支撑	1. 名称：大型钢支撑安装和拆除 2. 规格：支撑宽大于 8m，小于 15m 3. 使用期：考虑 90d 使用期	t	1771.81	477.49	578.79	169.03	151.66	183.58	211.26

续表

项目编码	标准名称	项目特征	计量单位	综合单价	人工费	机械费	材料费		管理费	利润
							辅材费	主材费		
010202014001	钢支撑	4. 完成本清单项目所需的一切相关工作	t	1771.81	477.49	578.79	169.03	151.66	183.58	211.26
010202014002	钢支撑	1. 名称：钢支撑安装和拆除 2. 规格：支撑宽大于 15m 3. 使用期：考虑 90d 使用期 4. 完成本清单项目所需的一切相关工作	t	2044.41	424.08	891.54	107.49	129.52	228.66	263.12
0102B01001	地下连续墙入岩增加费	1. 名称：地下连续墙入岩增加费 2. 完成本清单项目所需的一切相关工作	m^3	1915.53	324.5	1069.83	0	0	242.33	278.87
0102B01002	锚杆土钉入岩增加费	1. 名称：锚杆成孔入岩增加费 2. 完成本清单项目所需的一切相关工作	m	75.37	43.43	10.42	1.39	0	9.36	10.77
010506020001	地下连续墙钢筋	1. 钢筋种类：圆钢 2. 钢筋规格：HRB400 ϕ25mm 内 3. 连接方式：绑扎 4. 每网片重：8t 内 5. 完成本清单项目所需的一切相关工作	t	6101.02	992.19	743.71	123.14	3395.73	499.07	347.18
010506020002	地下连续墙钢筋	1. 钢筋种类：圆钢 2. 钢筋规格：HRB400 ϕ25mm 内 3. 连接方式：绑扎 4. 每网片重：8t 以上 5. 完成本清单项目所需的一切相关工作	t	5974.01	992.19	658.33	123.14	3395.73	474.52	330.1
010506020003	喷射混凝土挂钢筋网	1. 钢筋种类：圆钢 2. 钢筋规格：HRB400 ϕ10mm 内 3. 连接方式：绑扎 4. 完成本清单项目所需的一切相关工作	t	5631.19	1147.41	233.3	106.29	3471.1	396.95	276.14
010506022001	锚杆制安与张拉	1. 杆体材料品种、规格、数量：3 × 7ϕ15.2 钢绞线 2. 预应力：预应力钢绞线制作、安装和张拉 3. 完成本清单项目所需的一切相关工作	t	13583.41	2790.59	1059.72	858.21	6997.85	1106.97	770.07
011601005001	降排水	1. 井点类型：喷射井点 2. 井管深：10m 3. 成井方式：液压钻机成孔 4. 机械规格型号：电动多级离心清水泵，出口直径 150mm，扬程 180m 以上 5. 降排水时间：90d 6. 完成本清单项目所需的一切相关工作	m	182.69	48.38	55.45	7.32	36.49	14.28	20.77

续表

项目编码	标准名称	项目特征	计量单位	综合单价	人工费	机械费	材料费		管理费	利润
							辅材费	主材费		
011601005002	降排水	1. 井点类型：喷射井点 2. 井管深：20m 3. 成井方式：液压钻机成孔 4. 机械规格型号：电动多级离心清水泵，出口直径 150mm，扬程 180m 以上 5. 降排水时间：90d 6. 完成本清单项目所需的一切相关工作	m	166.59	46.72	45.48	6.18	37.09	12.68	18.44
011601005003	降排水	1. 井点类型：喷射井点 2. 井管深：30m 3. 成井方式：液压钻机成孔 4. 机械规格型号：电动多级离心清水泵，出口直径 150mm，扬程 180m 以上 5. 降排水时间：90d 6. 完成本清单项目所需的一切相关工作	m	148.52	42.64	36.46	3.84	38.86	10.88	15.82
010202006002	钢板桩	1. 名称：打拔槽形钢板桩 2. 使用期：考虑 30d 使用期 3. 完成本清单项目所需的一切相关工作	t	823.82	138.81	400.13	8.25	75.17	93.67	107.79
010202006003	钢板桩	1. 名称：陆上打拔拉森钢板桩 2. 桩长：6m 3. 使用期：考虑 60d 使用期 4. 完成本清单项目所需的一切相关工作	t	1294.67	485.05	349.83	14.95	132.76	145.1	166.98
010202006004	钢板桩	1. 名称：陆上打拔拉森钢板桩 2. 桩长：9m 3. 使用期：考虑 60d 使用期 4. 完成本清单项目所需的一切相关工作	t	1134.96	411.3	307.8	14.3	132.76	124.98	143.82
010202006005	钢板桩	1. 名称：陆上打拔拉森钢板桩 2. 桩长：12m 3. 使用期：考虑 60d 使用期 4. 完成本清单项目所需的一切相关工作	t	1081.16	386.71	293.67	13.68	132.76	118.25	136.08
010202006006	钢板桩	1. 名称：陆上打拔拉森钢板桩 2. 桩长：> 12m 3. 使用期：考虑 60d 使用期 4. 完成本清单项目所需的一切相关工作	t	1026.74	362.13	279.55	12.44	132.76	111.52	128.34
010202006007	钢板桩	1. 名称：水上打拔拉森钢板桩 2. 使用期：考虑 180d 使用期 3. 完成本清单项目所需的一切相关工作	t	1617.46	578.21	349.52	16.54	326.42	161.24	185.54

2.3　桩基础工程

2.3.1　工程量计算规则

本节包括预制钢筋混凝土管桩、管桩电焊接桩、桩尖、预制混凝土管桩填芯、截预制桩头、旋挖灌注桩、钻孔灌注桩、冲孔灌注桩、钢筋笼、灌注桩检测管、桩钢护筒、凿桩头等，共 114 个项目。

（1）预制钢筋混凝土管桩，以“m”计量，按设计图示尺寸以桩长（不包括桩尖）计算。预制混凝土管桩采用一体化桩尖的，桩尖并入桩长计算。

（2）管桩电焊接桩，按设计图示接头数量以“个”计算。

（3）钢桩尖制作，按设计图示尺寸以“t”计算，不扣除孔眼（0.04m^2 内）、切边、切肢的质量，焊条、铆钉、螺栓等不另增加质量，不规则或多边形钢板以其外接矩形面积乘以厚度乘以单位理论质量计算。

（4）预制混凝土管桩填芯，按设计长度乘以管内截面积以“m^3”计算。

（5）截预制桩头，按设计图示数量以“个”计算。

（6）预制钢筋混凝土管桩压试验桩时，人工费、机具费乘以系数 2.00。

（7）预制钢筋混凝土管桩送桩，按送桩长度计算（即打桩机架底至桩顶面或自桩顶面至自然地坪面另加 0.5m 计算），人工费及机具费乘以系数 1.20，不计算预制混凝土管桩材料费用。

（8）旋挖灌注桩、钻孔灌注桩、冲孔灌注桩，按桩长乘以设计截面面积以“m^3”计算。

（9）旋挖灌注桩、钻孔灌注桩和冲孔灌注桩入岩增加费，按入岩厚度乘以设计截面面积以“m^3”计算。极软岩和软岩不作入岩计算，较硬岩、坚硬岩作入岩计算，较软岩按入岩相应清单乘以系数 0.70。

（10）钢筋笼，按设计图示钢筋长度乘单位理论质量“t”计算。

（11）灌注桩检测管，按钢检测管质量以“t”计算。

（12）钢护筒，按钢护筒加工后的成品质量以“t”计算。

（13）凿桩头，以“m^3”计量，按设计桩截面乘以桩头长度以体积计算。

（14）灌注桩等设计要求扩底时，其扩大部分工程量按设计尺寸以体积计算并入其相应项目工程量内。

2.3.2　标准清单

桩基础工程标准清单库，见表 2.3-1。

桩基础工程标准清单库　　表 2.3-1

项目编码	标准名称	项目特征	计量单位	综合单价	人工费	机械费	材料费		管理费	利润
							辅材费	主材费		
010301001001	预制钢筋混凝土管桩	1. 地层情况：根据地质勘察报告综合考虑 2. 桩长：18m 以内	m	119.57	6.04	14.66	0.09	91.04	3.6	4.14

续表

项目编码	标准名称	项目特征	计量单位	综合单价	人工费	机械费	材料费		管理费	利润
							辅材费	主材费		
0103 0100 1001	预制钢筋混凝土管桩	3. 桩径：300mm × 70mm（PHC，AB） 4. 成桩方法：静压 5. 完成本清单项目所需的一切相关工作	m	119.57	6.04	14.66	0.09	91.04	3.6	4.14
0103 0100 1002	预制钢筋混凝土管桩	1. 地层情况：根据地质勘察报告综合考虑 2. 桩长：18m 以内 3. 桩径：400mm × 95mm（PHC，AB） 4. 成桩方法：静压 5. 完成本清单项目所需的一切相关工作	m	163.89	7.41	16.45	0.16	130.95	4.15	4.77
0103 0100 1003	预制钢筋混凝土管桩	1. 地层情况：根据地质勘察报告综合考虑 2. 桩长：18m 以内 3. 桩径：500mm × 100mm（PHC，AB） 4. 成桩方法：静压 5. 完成本清单项目所需的一切相关工作	m	226.9	9.29	19.93	0.25	186.51	5.08	5.84
0103 0100 1004	预制钢筋混凝土管桩	1. 地层情况：根据地质勘察报告综合考虑 2. 桩长：18m 以内 3. 桩径：600mm × 110mm（PHC，AB） 4. 成桩方法：静压 5. 完成本清单项目所需的一切相关工作	m	305.61	12.52	21.56	0.37	258.42	5.92	6.82
0103 0100 1005	预制钢筋混凝土管桩	1. 地层情况：根据地质勘察报告综合考虑 2. 桩长：18m 以外 3. 桩径：300mm × 70mm（PHC，AB） 4. 成桩方法：静压 5. 完成本清单项目所需的一切相关工作	m	119.13	6.04	14.34	0.09	91.04	3.54	4.08
0103 0100 1006	预制钢筋混凝土管桩	1. 地层情况：根据地质勘察报告综合考虑 2. 桩长：18m 以外 3. 桩径：400mm × 95mm（PHC，AB） 4. 成桩方法：静压 5. 完成本清单项目所需的一切相关工作	m	166.58	7.41	18.41	0.16	130.95	4.49	5.16
0103 0100 1007	预制钢筋混凝土管桩	1. 地层情况：根据地质勘察报告综合考虑 2. 桩长：18m 以外 3. 桩径：500mm × 100mm（PHC，AB） 4. 成桩方法：静压	m	243.19	9.29	31.79	0.25	186.51	7.14	8.22

续表

项目编码	标准名称	项目特征	计量单位	综合单价	人工费	机械费	材料费		管理费	利润
							辅材费	主材费		
010301001007	预制钢筋混凝土管桩	5. 完成本清单项目所需的一切相关工作	m	243.19	9.29	31.79	0.25	186.51	7.14	8.22
010301001008	预制钢筋混凝土管桩	1. 地层情况：根据地质勘察报告综合考虑 2. 桩长：18m 以外 3. 桩径：600mm × 110mm（PHC，AB） 4. 成桩方法：静压 5. 完成本清单项目所需的一切相关工作	m	325.99	12.52	36.39	0.37	258.42	8.5	9.78
010301001009	预制钢筋混凝土管桩	1. 地层情况：根据地质勘察报告综合考虑 2. 桩长：综合考虑 3. 桩径：300mm × 70mm（PHC，AB） 4. 成桩方法：锤击 5. 完成本清单项目所需的一切相关工作	m	119.57	6.04	14.66	0.09	91.04	3.6	4.14
010301001010	预制钢筋混凝土管桩	1. 地层情况：根据地质勘察报告综合考虑 2. 桩长：综合考虑 3. 桩径：400mm × 95mm（PHC，AB） 4. 成桩方法：锤击 5. 完成本清单项目所需的一切相关工作	m	161.17	7.46	15.55	0.29	129.27	4	4.6
010301001011	预制钢筋混凝土管桩	1. 地层情况：根据地质勘察报告综合考虑 2. 桩长：综合考虑 3. 桩径：500mm × 100mm（PHC，AB） 4. 成桩方法：锤击 5. 完成本清单项目所需的一切相关工作	m	222.69	8.83	19.18	0.4	183.8	4.87	5.6
010301001012	预制钢筋混凝土管桩	1. 地层情况：根据地质勘察报告综合考虑 2. 桩长：综合考虑 3. 桩径：600mm × 110mm（PHC，AB） 4. 成桩方法：锤击 5. 完成本清单项目所需的一切相关工作	m	311.1	14.6	26.12	0.59	254.57	7.08	8.14
010301005001	管桩电焊接桩	1. 名称：管桩电焊接桩 2. 桩径：300mm 3. 完成本清单项目所需的一切相关工作	个	86.99	14.45	41.29	10.42	0	9.69	11.15
010301005002	管桩电焊接桩	1. 名称：管桩电焊接桩 2. 桩径：400mm 3. 完成本清单项目所需的一切相关工作	个	115.87	19.25	54.97	13.9	0	12.9	14.85

续表

项目编码	标准名称	项目特征	计量单位	综合单价	人工费	机械费	材料费		管理费	利润
							辅材费	主材费		
010301005003	管桩电焊接桩	1. 名称：管桩电焊接桩 2. 桩径：500mm 3. 完成本清单项目所需的一切相关工作	个	147.73	26.24	68.66	17.37	0	16.49	18.98
010301005004	管桩电焊接桩	1. 名称：管桩电焊接桩 2. 桩径：600mm 3. 完成本清单项目所需的一切相关工作	个	173.85	28.9	82.58	20.71	0	19.38	22.3
010301005005	截预制桩头	1. 桩类型：预制桩 2. 桩头截面、高度：综合考虑 3. 混凝土强度等级：综合考虑 4. 有无钢筋：综合考虑 5. 桩头外运：运距 5km 6. 包含一切完成该项工作所发生的相关费用	个	76.06	30.24	25.13	0	0	9.62	11.07
010301005006	凿桩头	1. 桩类型：凿灌注桩桩头 2. 完成本清单项目所需的一切相关工作	m^3	401.84	261.61	30.89	0	0	50.84	58.5
0103B01001	桩尖	1. 名称：钢桩尖制作 2. 类型：十字桩尖 3. 完成本清单项目所需的一切相关工作	个	233.54	71.27	10.21	9.52	112.08	14.16	16.3
010302001001	旋挖灌注桩	1. 类别：实桩 2. 桩径：1000mm 3. 混凝土种类等级：水下混凝土 C30 4. 完成本清单项目所需的一切相关工作	m^3	1144.69	133.4	271.49	12.46	576	70.37	80.98
010302001002	旋挖灌注桩	1. 类别：实桩 2. 桩径：1000mm 3. 混凝土种类等级：水下混凝土 C35 4. 完成本清单项目所需的一切相关工作	m^3	1160.29	133.4	271.49	12.46	591.6	70.37	80.98
010302001003	旋挖灌注桩	1. 类别：实桩 2. 桩径：1000mm 3. 混凝土种类等级：水下混凝土 C40 4. 完成本清单项目所需的一切相关工作	m^3	1186.69	133.4	271.49	12.46	618	70.37	80.98
010302001004	旋挖灌注桩	1. 类别：实桩 2. 桩径：1000mm 3. 混凝土种类等级：水下混凝土 C45 4. 完成本清单项目所需的一切相关工作	m^3	1210.69	133.4	271.49	12.46	642	70.37	80.98
010302001005	旋挖灌注桩	1. 类别：实桩 2. 桩径：1500mm 3. 混凝土种类等级：水下混凝土 C30	m^3	1049.77	116.36	219.7	12.1	576	58.41	67.21

续表

项目编码	标准名称	项目特征	计量单位	综合单价	人工费	机械费	材料费		管理费	利润
							辅材费	主材费		
010302001005	旋挖灌注桩	4. 完成本清单项目所需的一切相关工作	m^3	1049.77	116.36	219.7	12.1	576	58.41	67.21
010302001006	旋挖灌注桩	1. 类别：实桩 2. 桩径：1500mm 3. 混凝土种类等级：水下混凝土 C35 4. 完成本清单项目所需的一切相关工作	m^3	1065.37	116.36	219.7	12.1	591.6	58.41	67.21
010302001007	旋挖灌注桩	1. 类别：实桩 2. 桩径：1500mm 3. 混凝土种类等级：水下混凝土 C40 4. 完成本清单项目所需的一切相关工作	m^3	1091.77	116.36	219.7	12.1	618	58.41	67.21
010302001008	旋挖灌注桩	1. 类别：实桩 2. 桩径：1500mm 3. 混凝土种类等级：水下混凝土 C45 4. 完成本清单项目所需的一切相关工作	m^3	1115.77	116.36	219.7	12.1	642	58.41	67.21
010302001009	旋挖灌注桩	1. 类别：实桩 2. 桩径：2000mm 3. 混凝土种类等级：水下混凝土 C30 4. 完成本清单项目所需的一切相关工作	m^3	1015.94	99.91	211.65	11.93	576	54.15	62.31
010302001010	旋挖灌注桩	1. 类别：实桩 2. 桩径：2000mm 3. 混凝土种类等级：水下混凝土 C35 4. 完成本清单项目所需的一切相关工作	m^3	1031.54	99.91	211.65	11.93	591.6	54.15	62.31
010302001011	旋挖灌注桩	1. 类别：实桩 2. 桩径：2000mm 3. 混凝土种类等级：水下混凝土 C40 4. 完成本清单项目所需的一切相关工作	m^3	1057.94	99.91	211.65	11.93	618	54.15	62.31
010302001012	旋挖灌注桩	1. 类别：实桩 2. 桩径：2000mm 3. 混凝土种类等级：水下混凝土 C45 4. 完成本清单项目所需的一切相关工作	m^3	1081.94	99.91	211.65	11.93	642	54.15	62.31
010302001013	旋挖灌注桩	1. 类别：空桩 2. 桩径：1000mm 3. 完成本清单项目所需的一切相关工作	m^3	473.42	65.08	271.49	11.04	0	58.5	67.31
010302001014	旋挖灌注桩	1. 类别：空桩 2. 桩径：1500mm	m^3	378.5	48.04	219.7	10.68	0	46.53	53.55

续表

项目编码	标准名称	项目特征	计量单位	综合单价	人工费	机械费	材料费		管理费	利润
							辅材费	主材费		
010302001014	旋挖灌注桩	3. 完成本清单项目所需的一切相关工作	m^3	378.5	48.04	219.7	10.68	0	46.53	53.55
010302001015	旋挖灌注桩	1. 类别：空桩 2. 桩径：2000mm 3. 完成本清单项目所需的一切相关工作	m^3	344.67	31.59	211.65	10.51	0	42.28	48.65
010302001016	钻孔灌注桩	1. 类别：实桩 2. 桩径：800mm 3. 混凝土种类等级：水下混凝土 C30 4. 完成本清单项目所需的一切相关工作	m^3	1253.85	207.87	220.38	41.71	623.81	74.43	85.65
010302001017	钻孔灌注桩	1. 类别：实桩 2. 桩径：800mm 3. 混凝土种类等级：水下混凝土 C35 4. 完成本清单项目所需的一切相关工作	m^3	1270.74	207.87	220.38	41.72	640.7	74.43	85.65
010302001018	钻孔灌注桩	1. 类别：实桩 2. 桩径：800mm 3. 混凝土种类等级：水下混凝土 C40 4. 完成本清单项目所需的一切相关工作	m^3	1299.34	207.87	220.38	41.72	669.29	74.43	85.65
010302001019	钻孔灌注桩	1. 类别：实桩 2. 桩径：800mm 3. 混凝土种类等级：水下混凝土 C45 4. 完成本清单项目所需的一切相关工作	m^3	1325.33	207.87	220.38	41.71	695.29	74.43	85.65
010302001020	钻孔灌注桩	1. 类别：实桩 2. 桩径：1200mm 3. 混凝土种类等级：水下混凝土 C30 4. 完成本清单项目所需的一切相关工作	m^3	1227.1	186.49	224.24	39.04	623.81	71.38	82.14
010302001021	钻孔灌注桩	1. 类别：实桩 2. 桩径：1200mm 3. 混凝土种类等级：水下混凝土 C35 4. 完成本清单项目所需的一切相关工作	m^3	1243.99	186.49	224.24	39.05	640.7	71.38	82.14
010302001022	钻孔灌注桩	1. 类别：实桩 2. 桩径：1200mm 3. 混凝土种类等级：水下混凝土 C40 4. 完成本清单项目所需的一切相关工作	m^3	1272.58	186.49	224.24	39.05	669.29	71.38	82.14
010302001023	钻孔灌注桩	1. 类别：实桩 2. 桩径：1200mm	m^3	1298.58	186.49	224.24	39.04	695.29	71.38	82.14

续表

项目编码	标准名称	项目特征	计量单位	综合单价	人工费	机械费	材料费		管理费	利润
							辅材费	主材费		
010302001023	钻孔灌注桩	3. 混凝土种类等级：水下混凝土 C45 4. 完成本清单项目所需的一切相关工作	m^3	1298.58	186.49	224.24	39.04	695.29	71.38	82.14
010302001024	钻孔灌注桩	1. 类别：实桩 2. 桩径：1500mm 3. 混凝土种类等级：水下混凝土 C30 4. 完成本清单项目所需的一切相关工作	m^3	1127.71	165.1	181.68	27.49	623.81	60.27	69.36
010302001025	钻孔灌注桩	1. 类别：实桩 2. 桩径：1500mm 3. 混凝土种类等级：水下混凝土 C35 4. 完成本清单项目所需的一切相关工作	m^3	1144.6	165.1	181.68	27.5	640.7	60.27	69.36
010302001026	钻孔灌注桩	1. 类别：实桩 2. 桩径：1500mm 3. 混凝土种类等级：水下混凝土 C40 4. 完成本清单项目所需的一切相关工作	m^3	1173.2	165.1	181.68	27.5	669.29	60.27	69.36
010302001027	钻孔灌注桩	1. 类别：实桩 2. 桩径：1500mm 3. 混凝土种类等级：水下混凝土 C45 4. 完成本清单项目所需的一切相关工作	m^3	1199.19	165.1	181.68	27.49	695.29	60.27	69.36
010302001028	钻孔灌注桩	1. 类别：实桩 2. 桩径：2000mm 3. 混凝土种类等级：水下混凝土 C30 4. 完成本清单项目所需的一切相关工作	m^3	1068.3	148.37	156.6	25.53	623.81	53	60.99
010302001029	钻孔灌注桩	1. 类别：实桩 2. 桩径：2000mm 3. 混凝土种类等级：水下混凝土 C35 4. 完成本清单项目所需的一切相关工作	m^3	1085.2	148.37	156.6	25.54	640.7	53	60.99
010302001030	钻孔灌注桩	1. 类别：实桩 2. 桩径：2000mm 3. 混凝土种类等级：水下混凝土 C40 4. 完成本清单项目所需的一切相关工作	m^3	1113.79	148.37	156.6	25.54	669.29	53	60.99
010302001031	钻孔灌注桩	1. 类别：实桩 2. 桩径：2000mm 3. 混凝土种类等级：水下混凝土 C45	m^3	1139.78	148.37	156.6	25.53	695.29	53	60.99

续表

项目编码	标准名称	项目特征	计量单位	综合单价	人工费	机械费	材料费		管理费	利润
							辅材费	主材费		
010302001031	钻孔灌注桩	4. 完成本清单项目所需的一切相关工作	m^3	1139.78	148.37	156.6	25.53	695.29	53	60.99
010302001032	钻孔灌注桩	1. 类别：实桩 2. 桩径：2500mm 3. 混凝土种类等级：水下混凝土 C30 4. 完成本清单项目所需的一切相关工作	m^3	1041.97	154.95	132.11	23.79	623.81	49.89	57.41
010302001033	钻孔灌注桩	1. 类别：实桩 2. 桩径：2500mm 3. 混凝土种类等级：水下混凝土 C35 4. 完成本清单项目所需的一切相关工作	m^3	1058.87	154.95	132.11	23.8	640.7	49.89	57.41
010302001034	钻孔灌注桩	1. 类别：实桩 2. 桩径：2500mm 3. 混凝土种类等级：水下混凝土 C40 4. 完成本清单项目所需的一切相关工作	m^3	1087.46	154.95	132.11	23.8	669.29	49.89	57.41
010302001035	钻孔灌注桩	1. 类别：实桩 2. 桩径：2500mm 3. 混凝土种类等级：水下混凝土 C45 4. 完成本清单项目所需的一切相关工作	m^3	1113.45	154.95	132.11	23.79	695.29	49.89	57.41
010302001036	钻孔灌注桩	1. 类别：实桩 2. 桩径：3000mm 3. 混凝土种类等级：水下混凝土 C30 4. 完成本清单项目所需的一切相关工作	m^3	1005.56	140.08	121.63	22.22	623.81	45.48	52.34
010302001037	钻孔灌注桩	1. 类别：实桩 2. 桩径：3000mm 3. 混凝土种类等级：水下混凝土 C35 4. 完成本清单项目所需的一切相关工作	m^3	1022.45	140.08	121.63	22.23	640.7	45.48	52.34
010302001038	钻孔灌注桩	1. 类别：实桩 2. 桩径：3000mm 3. 混凝土种类等级：水下混凝土 C40 4. 完成本清单项目所需的一切相关工作	m^3	1051.04	140.08	121.63	22.23	669.29	45.48	52.34
010302001039	钻孔灌注桩	1. 类别：实桩 2. 桩径：3000mm 3. 混凝土种类等级：水下混凝土 C45 4. 完成本清单项目所需的一切相关工作	m^3	1077.03	140.08	121.63	22.22	695.29	45.48	52.34

续表

项目编码	标准名称	项目特征	计量单位	综合单价	人工费	机械费	材料费		管理费	利润
							辅材费	主材费		
010302001040	钻孔灌注桩	1. 类别：空桩 2. 桩径：800mm 3. 完成本清单项目所需的一切相关工作	m^3	574.19	133.88	254.83	40.18	0	67.56	77.74
010302001041	钻孔灌注桩	1. 类别：空桩 2. 桩径：1200mm 3. 完成本清单项目所需的一切相关工作	m^3	500.11	112.5	224.24	37.51	0	58.52	67.35
010302001042	钻孔灌注桩	1. 类别：空桩 2. 桩径：1500mm 3. 完成本清单项目所需的一切相关工作	m^3	400.72	91.11	181.68	25.96	0	47.41	54.56
010302001043	钻孔灌注桩	1. 类别：空桩 2. 桩径：2000mm 3. 完成本清单项目所需的一切相关工作	m^3	341.32	74.38	156.6	24	0	40.15	46.2
010302001044	钻孔灌注桩	1. 类别：空桩 2. 桩径：2500mm 3. 完成本清单项目所需的一切相关工作	m^3	314.99	80.96	132.11	22.26	0	37.03	42.62
010302001045	钻孔灌注桩	1. 类别：空桩 2. 桩径：3000mm 3. 完成本清单项目所需的一切相关工作	m^3	278.57	66.09	121.63	20.69	0	32.63	37.54
010302001046	冲孔灌注桩	1. 类别：实桩 2. 桩径：800mm 3. 混凝土种类等级：水下混凝土 C30 4. 完成本清单项目所需的一切相关工作	m^3	1433.43	294.74	255.65	53.49	623.81	95.66	110.08
010302001047	冲孔灌注桩	1. 类别：实桩 2. 桩径：800mm 3. 混凝土种类等级：水下混凝土 C35 4. 完成本清单项目所需的一切相关工作	m^3	1450.32	294.74	255.65	53.5	640.7	95.66	110.08
010302001048	冲孔灌注桩	1. 类别：实桩 2. 桩径：800mm 3. 混凝土种类等级：水下混凝土 C40 4. 完成本清单项目所需的一切相关工作	m^3	1478.91	294.74	255.65	53.5	669.29	95.66	110.08
010302001049	冲孔灌注桩	1. 类别：实桩 2. 桩径：800mm 3. 混凝土种类等级：水下混凝土 C45 4. 完成本清单项目所需的一切相关工作	m^3	1504.9	294.74	255.65	53.49	695.29	95.66	110.08

续表

项目编码	标准名称	项目特征	计量单位	综合单价	人工费	机械费	材料费		管理费	利润
							辅材费	主材费		
0103 0200 1050	冲孔灌注桩	1. 类别：实桩 2. 桩径：1200mm 3. 混凝土种类等级：水下混凝土 C30 4. 完成本清单项目所需的一切相关工作	m^3	1328.59	260.53	214.84	51.72	623.81	82.62	95.07
0103 0200 1051	冲孔灌注桩	1. 类别：实桩 2. 桩径：1200mm 3. 混凝土种类等级：水下混凝土 C35 4. 完成本清单项目所需的一切相关工作	m^3	1345.48	260.53	214.84	51.73	640.7	82.62	95.07
0103 0200 1052	冲孔灌注桩	1. 类别：实桩 2. 桩径：1200mm 3. 混凝土种类等级：水下混凝土 C40 4. 完成本清单项目所需的一切相关工作	m^3	1374.08	260.53	214.84	51.73	669.29	82.62	95.07
0103 0200 1053	冲孔灌注桩	1. 类别：实桩 2. 桩径：1200mm 3. 混凝土种类等级：水下混凝土 C45 4. 完成本清单项目所需的一切相关工作	m^3	1400.07	260.53	214.84	51.72	695.29	82.62	95.07
0103 0200 1054	冲孔灌注桩	1. 类别：实桩 2. 桩径：1500mm 3. 混凝土种类等级：水下混凝土 C30 4. 完成本清单项目所需的一切相关工作	m^3	1214.57	226.32	174.12	40.63	623.81	69.6	80.09
0103 0200 1055	冲孔灌注桩	1. 类别：实桩 2. 桩径：1500mm 3. 混凝土种类等级：水下混凝土 C35 4. 完成本清单项目所需的一切相关工作	m^3	1231.46	226.32	174.12	40.64	640.7	69.6	80.09
0103 0200 1056	冲孔灌注桩	1. 类别：实桩 2. 桩径：1500mm 3. 混凝土种类等级：水下混凝土 C40 4. 完成本清单项目所需的一切相关工作	m^3	1260.06	226.32	174.12	40.64	669.29	69.6	80.09
0103 0200 1057	冲孔灌注桩	1. 类别：实桩 2. 桩径：1500mm 3. 混凝土种类等级：水下混凝土 C45 4. 完成本清单项目所需的一切相关工作	m^3	1286.05	226.32	174.12	40.63	695.29	69.6	80.09

续表

项目编码	标准名称	项目特征	计量单位	综合单价	人工费	机械费	材料费		管理费	利润
							辅材费	主材费		
010302001058	冲孔灌注桩	1. 类别：实桩 2. 桩径：2000mm 3. 混凝土种类等级：水下混凝土 C30 4. 完成本清单项目所需的一切相关工作	m^3	1132.58	199.89	142.16	38.86	623.81	59.45	68.41
010302001059	冲孔灌注桩	1. 类别：实桩 2. 桩径：2000mm 3. 混凝土种类等级：水下混凝土 C35 4. 完成本清单项目所需的一切相关工作	m^3	1149.47	199.89	142.16	38.87	640.7	59.45	68.41
010302001060	冲孔灌注桩	1. 类别：实桩 2. 桩径：2000mm 3. 混凝土种类等级：水下混凝土 C40 4. 完成本清单项目所需的一切相关工作	m^3	1178.06	199.89	142.16	38.87	669.29	59.45	68.41
010302001061	冲孔灌注桩	1. 类别：实桩 2. 桩径：2000mm 3. 混凝土种类等级：水下混凝土 C45 4. 完成本清单项目所需的一切相关工作	m^3	1204.06	199.89	142.16	38.86	695.29	59.45	68.41
010302001062	冲孔灌注桩	1. 类别：实桩 2. 桩径：2500mm 3. 混凝土种类等级：水下混凝土 C30 4. 完成本清单项目所需的一切相关工作	m^3	1091.06	187.39	127.58	34.54	623.81	54.74	62.99
010302001063	冲孔灌注桩	1. 类别：实桩 2. 桩径：2500mm 3. 混凝土种类等级：水下混凝土 C35 4. 完成本清单项目所需的一切相关工作	m^3	1107.95	187.39	127.58	34.55	640.7	54.74	62.99
010302001064	冲孔灌注桩	1. 类别：实桩 2. 桩径：2500mm 3. 混凝土种类等级：水下混凝土 C40 4. 完成本清单项目所需的一切相关工作	m^3	1136.55	187.39	127.58	34.55	669.29	54.74	62.99
010302001065	冲孔灌注桩	1. 类别：实桩 2. 桩径：2500mm 3. 混凝土种类等级：水下混凝土 C45 4. 完成本清单项目所需的一切相关工作	m^3	1162.54	187.39	127.58	34.54	695.29	54.74	62.99

续表

项目编码	标准名称	项目特征	计量单位	综合单价	人工费	机械费	材料费		管理费	利润
							辅材费	主材费		
010302001066	冲孔灌注桩	1. 类别：实桩 2. 桩径：3000mm 3. 混凝土种类等级：水下混凝土 C30 4. 完成本清单项目所需的一切相关工作	m^3	1054.29	175.69	113.59	33.07	623.81	50.28	57.86
010302001067	冲孔灌注桩	1. 类别：实桩 2. 桩径：3000mm 3. 混凝土种类等级：水下混凝土 C35 4. 完成本清单项目所需的一切相关工作	m^3	1071.19	175.69	113.59	33.08	640.7	50.28	57.86
010302001068	冲孔灌注桩	1. 类别：实桩 2. 桩径：3000mm 3. 混凝土种类等级：水下混凝土 C40 4. 完成本清单项目所需的一切相关工作	m^3	1099.78	175.69	113.59	33.08	669.29	50.28	57.86
010302001069	冲孔灌注桩	1. 类别：实桩 2. 桩径：3000mm 3. 混凝土种类等级：水下混凝土 C45 4. 完成本清单项目所需的一切相关工作	m^3	1125.77	175.69	113.59	33.07	695.29	50.28	57.86
010302001070	冲孔灌注桩	1. 类别：空桩 2. 桩径：800mm 3. 完成本清单项目所需的一切相关工作	m^3	697.45	214.21	255.65	51.96	0	81.66	93.97
010302001071	冲孔灌注桩	1. 类别：空桩 2. 桩径：1200mm 3. 完成本清单项目所需的一切相关工作	m^3	592.61	180	214.84	50.19	0	68.62	78.97
010302001072	冲孔灌注桩	1. 类别：空桩 2. 桩径：1500mm 3. 完成本清单项目所需的一切相关工作	m^3	478.59	145.79	174.12	39.1	0	55.6	63.98
010302001073	冲孔灌注桩	1. 类别：空桩 2. 桩径：2000mm 3. 完成本清单项目所需的一切相关工作	m^3	396.6	119.36	142.16	37.33	0	45.45	52.3
010302001074	冲孔灌注桩	1. 类别：空桩 2. 桩径：2500mm 3. 完成本清单项目所需的一切相关工作	m^3	355.08	106.86	127.58	33.01	0	40.75	46.89
010302001075	冲孔灌注桩	1. 类别：空桩 2. 桩径：3000mm 3. 完成本清单项目所需的一切相关工作	m^3	318.32	95.16	113.59	31.54	0	36.28	41.75

续表

项目编码	标准名称	项目特征	计量单位	综合单价	人工费	机械费	材料费		管理费	利润
							辅材费	主材费		
0102B01003	旋挖灌注桩入岩增加费	1. 名称：旋挖灌注桩入岩增加费 2. 桩径：1000mm 3. 完成本清单项目所需的一切相关工作	m^3	3708.6	129.77	1928.64	880.75	0	357.75	411.68
0102B01004	旋挖灌注桩入岩增加费	1. 名称：旋挖灌注桩入岩增加费 2. 桩径：1500mm 3. 完成本清单项目所需的一切相关工作	m^3	3340.53	95.68	1839.93	681.39	0	336.41	387.12
0102B01005	旋挖灌注桩入岩增加费	1. 名称：旋挖灌注桩入岩增加费 2. 桩径：2000mm 3. 完成本清单项目所需的一切相关工作	m^3	3131.49	63.16	1757.9	629.71	0	316.5	364.21
0102B01006	旋挖灌注桩入岩增加费	1. 名称：旋挖灌注桩入岩增加费 2. 桩径：2500mm 3. 完成本清单项目所需的一切相关工作	m^3	2808.04	46.79	1697.04	412.37	0	303.08	348.77
0102B01007	钻孔灌注桩入岩增加费	1. 名称：钻孔灌注桩入岩增加费 2. 桩径：800mm 3. 完成本清单项目所需的一切相关工作	m^3	1299.18	267.76	677.93	0	0	164.36	189.14
0102B01008	钻孔灌注桩入岩增加费	1. 名称：钻孔灌注桩入岩增加费 2. 桩径：1200mm 3. 完成本清单项目所需的一切相关工作	m^3	1138.31	224.99	603.59	0	0	144.01	165.72
0102B01009	钻孔灌注桩入岩增加费	1. 名称：钻孔灌注桩入岩增加费 2. 桩径：1500mm 3. 完成本清单项目所需的一切相关工作	m^3	1145.8	182.23	651.81	0	0	144.96	166.81
0102B01010	钻孔灌注桩入岩增加费	1. 名称：钻孔灌注桩入岩增加费 2. 桩径：2000mm 3. 完成本清单项目所需的一切相关工作	m^3	986.32	148.76	569.2	0	0	124.78	143.59
0102B01011	钻孔灌注桩入岩增加费	1. 名称：钻孔灌注桩入岩增加费 2. 桩径：2500mm 3. 完成本清单项目所需的一切相关工作	m^3	831.25	121.42	483.65	0	0	105.16	121.01
0102B01012	钻孔灌注桩入岩增加费	1. 名称：钻孔灌注桩入岩增加费 2. 桩径：3000mm 3. 完成本清单项目所需的一切相关工作	m^3	763.48	99.11	456.63	0	0	96.59	111.15

续表

项目编码	标准名称	项目特征	计量单位	综合单价	人工费	机械费	材料费		管理费	利润
							辅材费	主材费		
0102B01013	冲孔灌注桩入岩增加费	1. 名称：冲孔灌注桩入岩增加费 2. 桩径：800mm 3. 完成本清单项目所需的一切相关工作	m^3	1450.09	481.96	573.57	0	0	183.45	211.11
0102B01014	冲孔灌注桩入岩增加费	1. 名称：冲孔灌注桩入岩增加费 2. 桩径：1200mm 3. 完成本清单项目所需的一切相关工作	m^3	1218.56	404.99	482.01	0	0	154.16	177.4
0102B01015	冲孔灌注桩入岩增加费	1. 名称：冲孔灌注桩入岩增加费 2. 桩径：1500mm 3. 完成本清单项目所需的一切相关工作	m^3	986.94	328.02	390.38	0	0	124.86	143.68
0102B01016	冲孔灌注桩入岩增加费	1. 名称：冲孔灌注桩入岩增加费 2. 桩径：2000mm 3. 完成本清单项目所需的一切相关工作	m^3	805.63	267.76	318.67	0	0	101.92	117.29
0102B01017	冲孔灌注桩入岩增加费	1. 名称：冲孔灌注桩入岩增加费 2. 桩径：2500mm 3. 完成本清单项目所需的一切相关工作	m^3	723.43	240.43	286.16	0	0	91.52	105.32
0102B01018	冲孔灌注桩入岩增加费	1. 名称：冲孔灌注桩入岩增加费 2. 桩径：3000mm 3. 完成本清单项目所需的一切相关工作	m^3	644.26	214.13	254.84	0	0	81.51	93.79
010502024001	预制混凝土管桩填芯	1. 名称：预制混凝土管桩填芯 2. 混凝土种类等级：普通混凝土 C30 3. 完成本清单项目所需的一切相关工作	m^3	633.79	137.92	0.86	0.74	442.38	24.12	27.76
010506021001	钢筋笼	1. 名称：桩钢筋笼制作安装 2. 钢筋规格：综合考虑 3. 完成本清单项目所需的一切相关工作	t	4898.3	508.26	445.92	98.12	3380.83	274.33	190.84
010302007001	灌注桩检测管	1. 名称：灌注桩检测管制作安装 2. 规格：Q235C 钢管 ϕ57mm × 3mm 3. 理论质量：3.995kg/m 4. 完成本清单项目所需的一切相关工作	t	5641.02	797.68	110.39	86.68	4306.84	157.82	181.61
010607004001	桩钢护筒	1. 名称：钢护筒埋设、拆除 2. 完成本清单项目所需的一切相关工作	t	2437.19	1070.13	161.56	229.16	515.93	214.07	246.34

2.4　砌筑工程

2.4.1　工程量计算规则

本节包括砖基础、实心砖墙、砌块墙、砖砌地沟、砖砌明沟、砖散水、砖砌台阶、零星砌砖、砖烟道等，共 21 个项目。

（1）砖基础，按设计图示尺寸以“m³”计算。基础大放脚 T 形接头处重叠部分和嵌入基础的钢筋、铁件、管径在 600mm 以内的管道、基础防潮层的体积以及单个面积在 0.3m² 内的孔洞所占体积不予扣除，但墙垛基础大放脚突出部分也不增加。

（2）实心砖墙、砌块墙，按设计图示尺寸以“m³”计算。扣除门窗洞口、嵌入墙内的钢筋混凝土柱、梁、圈梁、挑梁、过梁及凹进墙内的壁龛、管槽、暖气槽、消火栓箱所占体积，不扣除梁头、板头、檩头、垫木、木楞头、沿缘木、木砖、门窗走头、砖墙内加固钢筋、木筋、铁件、钢管及单个面积≤0.3m² 的孔洞所占的体积。凸出墙面的腰线、挑檐、压顶、窗台线、虎头砖、门窗套的体积也不增加。凸出墙面的砖垛并入墙体体积内计算。

（3）砖砌地沟，按设计图示尺寸以“m³”计算。

（4）砖砌明沟，按设计图示中心线长度以“m”计算，明沟与散水以沟边砖与散水交界处为界。

（5）砖散水，按设计图示尺寸以“m²”计算。

（6）砖砌台阶，按水平投影面积以“m²”计算，台阶两侧砌体另行计算。

（7）零星砌体，按设计图示尺寸以“m³”计算。

（8）砖烟道，按设计图示尺寸以“m³”计算。扣除各种孔洞、钢筋混凝土圈梁、过梁等体积。

（9）墙长度，外墙按中心线计算，内墙按净长计算。

2.4.2　标准清单

砌筑工程标准清单库，见表 2.4-1。

砌筑工程标准清单库　　表 2.4-1

项目编码	标准名称	项目特征	计量单位	综合单价	人工费	机械费	材料费		管理费	利润
							辅材费	主材费		
010401001001	砖基础	1. 砖品种、规格：标准砖 240mm×115mm×53mm 2. 砂浆种类、强度等级：湿拌砌筑砂浆 M5.0 3. 完成本清单项目所需的一切相关工作	m³	499.85	167.81	0	2.25	270.82	25.41	33.56
010401002001	实心砖墙	1. 砖品种、规格：标准砖 240mm×115mm×53mm 2. 墙体类型：直形外墙 3. 墙体厚度：3/4 砖（180mm）	m³	575.47	220.55	0	2.29	275.13	33.39	44.11

续表

项目编码	标准名称	项目特征	计量单位	综合单价	人工费	机械费	材料费		管理费	利润
							辅材费	主材费		
010401002001	实心砖墙	4. 砂浆种类、强度等级：湿拌砌筑砂浆 M5.0 5. 完成本清单项目所需的一切相关工作	m^3	575.47	220.55	0	2.29	275.13	33.39	44.11
010401002002	实心砖墙	1. 砖品种、规格：标准砖 240mm × 115mm × 53mm 2. 墙体类型：直形外墙 3. 墙体厚度：1 砖（240mm） 4. 砂浆种类、强度等级：湿拌砌筑砂浆 M5.0 5. 完成本清单项目所需的一切相关工作	m^3	557.36	206.07	0	2.42	276.46	31.2	41.21
010401002003	实心砖墙	1. 砖品种、规格：标准砖 240mm × 115mm × 53mm 2. 墙体类型：直形外墙 3. 墙体厚度：1 砖半（365mm） 4. 砂浆种类、强度等级：湿拌砌筑砂浆 M5.0 5. 完成本清单项目所需的一切相关工作	m^3	532.21	186.35	0	2.5	277.87	28.21	37.27
010401002004	实心砖墙	1. 砖品种、规格：标准砖 240mm × 115mm × 53mm 2. 墙体类型：直形内墙 3. 墙体厚度：1/4 砖（53mm） 4. 砂浆种类、强度等级：湿拌砌筑砂浆 M5.0 5. 完成本清单项目所需的一切相关工作	m^3	612.89	262.19	0	1.47	257.09	39.7	52.44
010401002005	实心砖墙	1. 砖品种、规格：标准砖 240mm × 115mm × 53mm 2. 墙体类型：直形内墙 3. 墙体厚度：1/2 砖（115mm） 4. 砂浆种类、强度等级：湿拌砌筑砂浆 M5.0 5. 完成本清单项目所需的一切相关工作	m^3	578.91	226.65	0	2.09	270.53	34.31	45.33
010401002006	实心砖墙	1. 砖品种、规格：标准砖 240mm × 115mm × 53mm 2. 墙体类型：直形内墙 3. 墙体厚度：3/4 砖（180mm） 4. 砂浆种类、强度等级：湿拌砌筑砂浆 M5.0 5. 完成本清单项目所需的一切相关工作	m^3	557.12	209.51	0	2.22	271.76	31.72	41.9
010401002007	实心砖墙	1. 砖品种、规格：标准砖 240mm × 115mm × 53mm 2. 墙体类型：直形内墙 3. 墙体厚度：1 砖（240mm） 4. 砂浆种类、强度等级：湿拌砌筑砂浆 M5.0 5. 完成本清单项目所需的一切相关工作	m^3	540.04	195.76	0	2.29	273.2	29.64	39.15

续表

项目编码	标准名称	项目特征	计量单位	综合单价	人工费	机械费	材料费		管理费	利润
							辅材费	主材费		
010401008001	砖砌台阶	1. 砖品种、规格：标准砖 240mm × 115mm × 53mm 2. 砂浆种类、强度等级：湿拌砌筑砂浆 M5.0 3. 完成本清单项目所需的一切相关工作	m^2	160.36	72.31	0	0.52	62.12	10.95	14.46
010401008002	零星砌砖	1. 砖品种、规格：标准砖 240mm × 115mm × 53mm 2. 砂浆种类、强度等级：湿拌砌筑砂浆 M5.0 3. 完成本清单项目所需的一切相关工作	m^3	740.01	345.08	0	2.08	271.59	52.25	69.02
010401008003	砖烟道	1. 砖品种、规格：标准砖 240mm × 115mm × 53mm 2. 砂浆种类、强度等级：湿拌砌筑砂浆 M5.0 3. 完成本清单项目所需的一切相关工作	m^3	668.46	260.22	0	3.07	313.73	39.4	52.04
010401008004	砖烟道	1. 砖品种、规格：耐火砖 240mm × 115mm × 53mm 2. 砂浆种类、强度等级：耐火砂浆 M5.0 3. 完成本清单项目所需的一切相关工作	m^3	1615.9	286.25	0	0.22	1228.84	43.34	57.25
010401009001	砖散水	1. 砖品种、规格：标准砖 240mm × 115mm × 53mm 2. 铺砖形式：平铺 3. 完成本清单项目所需的一切相关工作	m^2	66.47	34.06	0	0.19	20.25	5.16	6.81
010401010001	砖砌地沟	1. 砖品种、规格：标准砖 240mm × 115mm × 53mm 2. 沟截面尺寸：两边 1/2 砖 3. 垫层材料种类、强度和厚度：混凝土 C10 100mm 厚 4. 砂浆种类、强度等级：砌筑砂浆 M5.0 5. 完成本清单项目所需的一切相关工作	m^3	548.5	201.8	0	2.2	273.58	30.55	40.36
010401010002	砖砌明沟	1. 砖品种、规格：标准砖 240mm × 115mm × 53mm 2. 沟截面尺寸：两边 1/2 砖 3. 垫层材料种类、强度和厚度：混凝土 C10 100mm 厚 4. 砂浆种类、强度等级：砌筑砂浆 M5.0 5. 完成本清单项目所需的一切相关工作	m	114.68	52.03	0.32	2.36	41.05	8.46	10.47

续表

项目编码	标准名称	项目特征	计量单位	综合单价	人工费	机械费	材料费		管理费	利润
							辅材费	主材费		
010402001001	砌块墙	1. 墙体厚度：200mm 2. 砖品种、规格、强度等级：蒸压加气混凝土砌块 B07 A5.0 3. 墙体类型：外墙 4. 砂浆种类、强度等级：湿拌砌筑砂浆 M5.0 5. 完成本清单项目所需的一切相关工作	m^3	483.95	174.55	0	1.32	246.74	26.43	34.91
010402001002	砌块墙	1. 墙体厚度：250mm 2. 砖品种、规格、强度等级：蒸压加气混凝土砌块 B07 A5.0 3. 墙体类型：外墙 4. 砂浆种类、强度等级：湿拌砌筑砂浆 M5.0 5. 完成本清单项目所需的一切相关工作	m^3	476.84	170.15	0	1.3	245.59	25.76	34.03
010402001003	砌块墙	1. 墙体厚度：300mm 2. 砖品种、规格、强度等级：蒸压加气混凝土砌块 B07 A5.0 3. 墙体类型：外墙 4. 砂浆种类、强度等级：湿拌砌筑砂浆 M5.0 5. 完成本清单项目所需的一切相关工作	m^3	468.05	163.75	0	1.74	245.02	24.79	32.75
010402001004	砌块墙	1. 墙体厚度：100mm 2. 砖品种、规格、强度等级：蒸压加气混凝土砌块 B07 A5.0 3. 墙体类型：内墙 4. 砂浆种类、强度等级：湿拌砌筑砂浆 M5.0 5. 完成本清单项目所需的一切相关工作	m^3	495.11	182.79	0	1.05	247.04	27.67	36.56
010402001005	砌块墙	1. 墙体厚度：200mm 2. 砖品种、规格、强度等级：蒸压加气混凝土砌块 B07 A5.0 3. 墙体类型：内墙 4. 砂浆种类、强度等级：湿拌砌筑砂浆 M5.0 5. 完成本清单项目所需的一切相关工作	m^3	470.68	166.67	0	1.21	244.23	25.23	33.33
010402001006	砌块墙	1. 墙体厚度：250mm 2. 砖品种、规格、强度等级：蒸压加气混凝土砌块 B07 A5.0 3. 墙体类型：内墙 4. 砂浆种类、强度等级：湿拌砌筑砂浆 M5.0 5. 完成本清单项目所需的一切相关工作	m^3	466.46	164.39	0	0.99	243.31	24.89	32.88

2.5　钢筋混凝土工程

2.5.1　工程量计算规则

本节包括垫层、其他混凝土基础、基础梁、现浇混凝土梁、圈梁、过梁、现浇混凝土柱、构造柱、现浇混凝土墙、现浇混凝土板、拱板、栏板、反檐、天沟（檐沟）、挑檐板、雨篷、悬挑板、阳台板、直形楼梯、台阶、压顶、扶手、小型构件、后浇带、现浇构件钢筋、植筋、钢筋连接头、止水螺杆、预埋螺栓、预埋铁件、装配式混凝土柱、装配式混凝土梁、装配式混凝土板、装配式混凝土墙、装配式混凝土楼梯、装配式混凝土阳台板、装配式后浇混凝土、装配式后浇混凝土钢筋等，共 133 个项目。

（1）垫层，按照设计图示尺寸以"m^3"计算。垫层包括混凝土垫层和轻质混凝土垫层。

（2）其他混凝土基础包括带形基础、独立基础、满堂基础、桩承台基础、设备基础等项目，按设计图示尺寸以"m^3"计算。不扣除构件内钢筋、预埋铁件和伸入承台基础的桩头所占体积。

（3）基础梁、现浇混凝土梁、圈梁、过梁等项目，按设计图示尺寸以"m^3"计算，不扣除构件内钢筋、预埋铁件所占体积，伸入墙内的梁头、梁垫并入梁体积内。现浇混凝土梁包括矩形梁、异形梁和连续梁等。

（4）现浇混凝土柱、构造柱，按设计图示尺寸以"m^3"计算。构造柱嵌接墙体部分并入柱身体积。依附柱上的牛腿和升板的柱帽，并入柱身体积计算。现浇混凝土柱包括矩形柱、多边形柱、异形柱、圆形柱、钢管柱等项目。

（5）现浇混凝土墙包括直形墙、弧形墙、电梯井墙等项目，按设计图示尺寸以"m^3"计算。不扣除构件内钢筋、预埋铁件所占体积，扣除门窗洞口及单个面积大于 0.3m^2 的孔洞所占体积，墙垛及凸出墙面部分并入墙体体积计算，长度小于 1.5m 的墙体按异形柱计算。

（6）现浇混凝土板、拱板、栏板、反檐，按设计图示尺寸以"m^3"计算。不扣除构件内钢筋、预埋铁件及单个面积小于或等于 0.3m^2 的柱、垛以及孔洞所占体积，压形钢板混凝土楼板扣除构件内压形钢板所占体积，厚度小于 0.14m 的墙体按栏板计算。现浇混凝土板包括有梁板、无梁板、平板等项目。

（7）有梁板（包括主、次梁与板）按梁、板体积之和计算；无梁板按板和柱帽体积之和计算；各类板伸入墙内的板头并入板体积内计算。

（8）天沟（檐沟）、挑檐板，按设计图示尺寸以"m^3"计算。

（9）雨篷、悬挑板、阳台板，按设计图示尺寸以墙外部分体积"m^3"计算。包括伸出墙外的牛腿和雨篷反挑檐的体积。

（10）现浇挑檐、天沟板、雨篷、阳台与板（包括屋面板、楼板）连接时，以外墙外边线为分界线；与圈梁（包括其他梁）连接时，以梁外边线为分界线。外边线以外为挑檐、天沟、雨篷或阳台。

（11）直形楼梯，按设计图示尺寸以"m^3"计算。

（12）直形楼梯水平投影面积包括休息平台、平台梁、斜梁和楼梯的连接梁。当直形楼梯与现浇楼板无梯梁连接时，以楼梯的最后一个踏步边缘加 300mm 为界。

（13）台阶、压顶、扶手、小型构件，按设计图示尺寸以"m^3"计算。

（14）后浇带工程量按设计图示尺寸，以"m^3"计算。后浇带项目适用于梁、墙、板的后浇带。

（15）现浇构件钢筋，按设计图示钢筋长度乘单位理论质量"t"计算。钢筋工作内容中的焊接（或绑扎）连接，不需要计量，在综合单价中考虑；但机械连接需要单独列项计算工程量。

（16）植筋，按设计图示数量以"个"计算。植入钢筋按外露和植入部分长度之和乘以单位理论质量计算，并入现浇构件钢筋工程量内。

（17）钢筋连接头，按设计图示数量以"个"计算。

（18）止水螺杆，按设计图示数量以"套"计算。

（19）预埋螺栓、预埋铁件，按设计图示尺寸以"t"计算。

（20）现浇构件中伸出构件的锚固钢筋应并入现浇构件钢筋工程量内，除设计（包括规范规定）标明的搭接外，其他施工搭接不计算工程量。

（21）装配式混凝土柱、装配式混凝土梁、装配式混凝土板、装配式混凝土墙、装配式混凝土楼梯、装配式混凝土阳台板，按成品构件设计图示尺寸实际体积以"m^3"计算，依附于构件制作的各类保温层、饰面层的体积并入相应构件安装中计算，不扣除构件内钢筋、预埋铁件、配管、套管、线盒及单个面积 ≤ 0.3m^2 的孔洞、线箱等所占体积，构件外露钢筋体积亦不再增加。

（22）装配式后浇混凝土按设计图示尺寸实际体积以"m^3"计算，不扣除混凝土内钢筋、预埋铁件及单个面积 ≤ 0.3m^2 的孔洞等所占体积。

（23）装配式后浇混凝土钢筋，按设计图示钢筋长度乘以钢筋单位理论质量以"t"计算，应包括双层及多层钢筋的"铁马凳"数量，但不包括预制构件外露钢筋的数量。

2.5.2 标准清单

钢筋混凝土工程标准清单库，见表 2.5-1。

钢筋混凝土工程标准清单库　　　　表 2.5-1

项目编码	标准名称	项目特征	计量单位	综合单价	人工费	机械费	材料费		管理费	利润
							辅材费	主材费		
010502024002	垫层	1. 名称：混凝土垫层 2. 混凝土种类等级：普通商品混凝土 C20 3. 泵送高度：50m 以内（含 ±0.00 以下） 4. 完成本清单项目所需的一切相关工作	m^3	536.47	64.05	14.48	2	417.67	22.58	15.71

续表

项目编码	标准名称	项目特征	计量单位	综合单价	人工费	机械费	材料费		管理费	利润
							辅材费	主材费		
010502024003	垫层	1. 名称：混凝土垫层 2. 混凝土种类等级：普通商品混凝土 C25 3. 泵送高度：50m 以内（含 ±0.00 以下） 4. 完成本清单项目所需的一切相关工作	m^3	550.68	64.05	14.48	2	431.88	22.58	15.71
010502024004	垫层	1. 名称：轻质混凝土垫层 2. 混凝土种类等级：炉（煤）渣混凝土 C10 3. 完成本清单项目所需的一切相关工作	m^3	396.48	71.74	11.9	76.75	195.32	24.05	16.73
010502024005	垫层	1. 名称：轻质混凝土垫层 2. 混凝土种类等级：泡沫混凝土 500kg/m^3 3. 完成本清单项目所需的一切相关工作	m^3	302.34	71.74	11.9	13.77	164.16	24.05	16.73
010502024006	垫层	1. 名称：轻质混凝土垫层 2. 混凝土种类等级：陶粒混凝土 C25 3. 完成本清单项目所需的一切相关工作	m^3	508.07	71.74	11.9	10.61	373.05	24.05	16.73
010502004001	其他混凝土基础	1. 名称：其他混凝土基础 2. 混凝土种类等级：普通商品混凝土 C20 3. 泵送高度：50m 以内（含 ±0.00 以下） 4. 完成本清单项目所需的一切相关工作	m^3	524.34	50.94	15.3	8.13	417.68	19.04	13.25
010502004002	其他混凝土基础	1. 名称：其他混凝土基础 2. 混凝土种类等级：普通商品混凝土 C25 3. 泵送高度：50m 以内（含 ±0.00 以下） 4. 完成本清单项目所需的一切相关工作	m^3	538.55	50.94	15.3	8.13	431.89	19.04	13.25
010502004003	其他混凝土基础	1. 名称：其他混凝土基础 2. 混凝土种类等级：普通商品混凝土 C30 3. 泵送高度：50m 以内（含 ±0.00 以下） 4. 完成本清单项目所需的一切相关工作	m^3	551.24	50.94	15.3	8.14	444.57	19.04	13.25
010502004004	其他混凝土基础	1. 名称：其他混凝土基础 2. 混凝土种类等级：普通商品混凝土 C35 3. 泵送高度：50m 以内（含 ±0.00 以下） 4. 完成本清单项目所需的一切相关工作	m^3	568.5	50.94	15.3	8.13	461.83	19.04	13.25

续表

项目编码	标准名称	项目特征	计量单位	综合单价	人工费	机械费	材料费		管理费	利润
							辅材费	主材费		
010502004005	其他混凝土基础	1. 名称：其他混凝土基础 2. 混凝土种类等级：普通商品混凝土 C40 3. 泵送高度：50m 以内（含±0.00 以下） 4. 完成本清单项目所需的一切相关工作	m^3	587.27	50.94	15.3	8.13	480.61	19.04	13.25
010503001001	现浇混凝土柱	1. 名称：矩形柱、多边形柱、异形柱、圆形柱、钢管柱 2. 混凝土种类等级：普通商品混凝土 C30 3. 泵送高度：50m 以内（含±0.00 以下） 4. 完成本清单项目所需的一切相关工作	m^3	677.11	129.07	15.8	17.05	444.57	41.65	28.97
010503001002	现浇混凝土柱	1. 名称：矩形柱、多边形柱、异形柱、圆形柱、钢管柱 2. 混凝土种类等级：普通商品混凝土 C35 3. 泵送高度：50m 以内（含±0.00 以下） 4. 完成本清单项目所需的一切相关工作	m^3	694.36	129.07	15.8	17.04	461.83	41.65	28.97
010503001003	现浇混凝土柱	1. 名称：矩形柱、多边形柱、异形柱、圆形柱、钢管柱 2. 混凝土种类等级：普通商品混凝土 C40 3. 泵送高度：50m 以内（含±0.00 以下） 4. 完成本清单项目所需的一切相关工作	m^3	713.14	129.07	15.8	17.04	480.61	41.65	28.97
010503001004	现浇混凝土柱	1. 名称：矩形柱、多边形柱、异形柱、圆形柱、钢管柱 2. 混凝土种类等级：普通商品混凝土 C45 3. 泵送高度：50m 以内（含±0.00 以下） 4. 完成本清单项目所需的一切相关工作	m^3	731.92	129.07	15.8	17.05	499.38	41.65	28.97
010503001005	现浇混凝土柱	1. 名称：矩形柱、多边形柱、异形柱、圆形柱、钢管柱 2. 混凝土种类等级：普通商品混凝土 C50 3. 泵送高度：50m 以内（含±0.00 以下） 4. 完成本清单项目所需的一切相关工作	m^3	749.17	129.07	15.8	17.04	516.64	41.65	28.97

续表

项目编码	标准名称	项目特征	计量单位	综合单价	人工费	机械费	材料费		管理费	利润
							辅材费	主材费		
010503001006	现浇混凝土柱	1. 名称：矩形柱、多边形柱、异形柱、圆形柱、钢管柱 2. 混凝土种类等级：普通商品混凝土 C55 3. 泵送高度：50m 以内（含 ±0.00 以下） 4. 完成本清单项目所需的一切相关工作	m^3	768.46	129.07	15.8	17.05	535.92	41.65	28.97
010503001007	现浇混凝土柱	1. 名称：矩形柱、多边形柱、异形柱、圆形柱、钢管柱 2. 混凝土种类等级：普通商品混凝土 C60 3. 泵送高度：50m 以内（含 ±0.00 以下） 4. 完成本清单项目所需的一切相关工作	m^3	786.73	129.07	15.8	17.05	554.19	41.65	28.97
010502021001	构造柱	1. 名称：构造柱 2. 混凝土种类等级：普通商品混凝土 C25 3. 完成本清单项目所需的一切相关工作	m^3	762.73	205.07	15.8	2.3	431.89	63.5	44.17
010502021002	构造柱	1. 名称：构造柱 2. 混凝土种类等级：普通商品混凝土 C30 3. 完成本清单项目所需的一切相关工作	m^3	775.42	205.07	15.8	2.31	444.57	63.5	44.17
010502021003	构造柱	1. 名称：构造柱 2. 混凝土种类等级：普通商品混凝土 C35 3. 完成本清单项目所需的一切相关工作	m^3	792.68	205.07	15.8	2.3	461.83	63.5	44.17
010502021004	构造柱	1. 名称：构造柱 2. 混凝土种类等级：普通商品混凝土 C40 3. 完成本清单项目所需的一切相关工作	m^3	811.45	205.07	15.8	2.3	480.61	63.5	44.17
010502005001	基础梁	1. 名称：基础梁 2. 混凝土种类等级：普通商品混凝土 C30 3. 泵送高度：50m 以内（含 ±0.00 以下） 4. 完成本清单项目所需的一切相关工作	m^3	546.51	40.95	15.81	17.51	444.57	16.32	11.35
010502005002	基础梁	1. 名称：基础梁 2. 混凝土种类等级：普通商品混凝土 C35 3. 泵送高度：50m 以内（含 ±0.00 以下） 4. 完成本清单项目所需的一切相关工作	m^3	563.76	40.95	15.81	17.5	461.83	16.32	11.35

续表

项目编码	标准名称	项目特征	计量单位	综合单价	人工费	机械费	材料费		管理费	利润
							辅材费	主材费		
010502005003	基础梁	1. 名称：基础梁 2. 混凝土种类等级：普通商品混凝土 C40 3. 泵送高度：50m 以内（含 ±0.00 以下） 4. 完成本清单项目所需的一切相关工作	m^3	582.54	40.95	15.81	17.5	480.61	16.32	11.35
010502005004	基础梁	1. 名称：基础梁 2. 混凝土种类等级：普通商品混凝土 C45 3. 泵送高度：50m 以内（含 ±0.00 以下） 4. 完成本清单项目所需的一切相关工作	m^3	601.32	40.95	15.81	17.51	499.38	16.32	11.35
010502005005	基础梁	1. 名称：基础梁 2. 混凝土种类等级：普通商品混凝土 C50 3. 泵送高度：50m 以内（含 ±0.00 以下） 4. 完成本清单项目所需的一切相关工作	m^3	618.57	40.95	15.81	17.5	516.64	16.32	11.35
010503003001	现浇混凝土梁	1. 名称：矩形梁、异形梁、连续梁 2. 混凝土种类等级：普通商品混凝土 C30 3. 泵送高度：50m 以内（含 ±0.00 以下） 4. 完成本清单项目所需的一切相关工作	m^3	564.27	54.22	15.81	15.54	444.57	20.13	14.01
010503003002	现浇混凝土梁	1. 名称：矩形梁、异形梁、连续梁 2. 混凝土种类等级：普通商品混凝土 C35 3. 泵送高度：50m 以内（含 ±0.00 以下） 4. 完成本清单项目所需的一切相关工作	m^3	581.52	54.22	15.81	15.53	461.83	20.13	14.01
010503003003	现浇混凝土梁	1. 名称：矩形梁、异形梁、连续梁 2. 混凝土种类等级：普通商品混凝土 C40 3. 泵送高度：50m 以内（含 ±0.00 以下） 4. 完成本清单项目所需的一切相关工作	m^3	600.3	54.22	15.81	15.52	480.61	20.13	14.01
010503003004	现浇混凝土梁	1. 名称：矩形梁、异形梁、连续梁 2. 混凝土种类等级：普通商品混凝土 C45 3. 泵送高度：50m 以内（含 ±0.00 以下）	m^3	619.08	54.22	15.81	15.54	499.38	20.13	14.01

续表

项目编码	标准名称	项目特征	计量单位	综合单价	人工费	机械费	材料费		管理费	利润
							辅材费	主材费		
010503003004	现浇混凝土梁	4. 完成本清单项目所需的一切相关工作	m^3	619.08	54.22	15.81	15.54	499.38	20.13	14.01
010503003005	现浇混凝土梁	1. 名称：矩形梁、异形梁、连续梁 2. 混凝土种类等级：普通商品混凝土 C50 3. 泵送高度：50m 以内（含 ±0.00 以下） 4. 完成本清单项目所需的一切相关工作	m^3	636.33	54.22	15.81	15.53	516.64	20.13	14.01
010503003006	现浇混凝土梁	1. 名称：矩形梁、异形梁、连续梁 2. 混凝土种类等级：普通商品混凝土 C55 3. 泵送高度：50m 以内（含 ±0.00 以下） 4. 完成本清单项目所需的一切相关工作	m^3	655.62	54.22	15.81	15.54	535.92	20.13	14.01
010503003007	现浇混凝土梁	1. 名称：矩形梁、异形梁、连续梁 2. 混凝土种类等级：普通商品混凝土 C60 3. 泵送高度：50m 以内（含 ±0.00 以下） 4. 完成本清单项目所需的一切相关工作	m^3	673.89	54.22	15.81	15.54	554.19	20.13	14.01
010502022001	圈梁、过梁	1. 名称：圈梁、过梁 2. 混凝土种类等级：普通商品混凝土 C20 3. 完成本清单项目所需的一切相关工作	m^3	619.84	124.81	1.33	16.58	415.62	36.27	25.23
010502022002	圈梁、过梁	1. 名称：圈梁、过梁 2. 混凝土种类等级：普通商品混凝土 C25 3. 完成本清单项目所需的一切相关工作	m^3	633.98	124.81	1.33	16.58	429.76	36.27	25.23
010502022003	圈梁、过梁	1. 名称：圈梁、过梁 2. 混凝土种类等级：普通商品混凝土 C30 3. 完成本清单项目所需的一切相关工作	m^3	646.6	124.81	1.33	16.59	442.38	36.27	25.23
010502022004	圈梁、过梁	1. 名称：圈梁、过梁 2. 混凝土种类等级：普通商品混凝土 C35 3. 完成本清单项目所需的一切相关工作	m^3	663.77	124.81	1.33	16.59	459.55	36.27	25.23

续表

项目编码	标准名称	项目特征	计量单位	综合单价	人工费	机械费	材料费		管理费	利润
							辅材费	主材费		
010502022005	圈梁、过梁	1. 名称：圈梁、过梁 2. 混凝土种类等级：普通商品混凝土 C40 3. 完成本清单项目所需的一切相关工作	m^3	682.46	124.81	1.33	16.58	478.24	36.27	25.23
010502010001	现浇混凝土墙	1. 名称：直形、弧形、电梯井墙 2. 混凝土种类等级：普通商品混凝土 C30 3. 泵送高度：50m 以内（含 ±0.00 以下） 4. 完成本清单项目所需的一切相关工作	m^3	593.91	74.36	15.78	15.26	444.57	25.92	18.03
010502010002	现浇混凝土墙	1. 名称：直形、弧形、电梯井墙 2. 混凝土种类等级：普通商品混凝土 C35 3. 泵送高度：50m 以内（含 ±0.00 以下） 4. 完成本清单项目所需的一切相关工作	m^3	611.17	74.36	15.78	15.25	461.83	25.92	18.03
010502010003	现浇混凝土墙	1. 名称：直形、弧形、电梯井墙 2. 混凝土种类等级：普通商品混凝土 C40 3. 泵送高度：50m 以内（含 ±0.00 以下） 4. 完成本清单项目所需的一切相关工作	m^3	629.94	74.36	15.78	15.24	480.61	25.92	18.03
010502010004	现浇混凝土墙	1. 名称：直形、弧形、电梯井墙 2. 混凝土种类等级：普通商品混凝土 C45 3. 泵送高度：50m 以内（含 ±0.00 以下） 4. 完成本清单项目所需的一切相关工作	m^3	648.72	74.36	15.78	15.26	499.38	25.92	18.03
010502010005	现浇混凝土墙	1. 名称：直形、弧形、电梯井墙 2. 混凝土种类等级：普通商品混凝土 C50 3. 泵送高度：50m 以内（含 ±0.00 以下） 4. 完成本清单项目所需的一切相关工作	m^3	665.98	74.36	15.78	15.25	516.64	25.92	18.03
010502010006	现浇混凝土墙	1. 名称：直形、弧形、电梯井墙 2. 混凝土种类等级：普通商品混凝土 C55 3. 泵送高度：50m 以内（含 ±0.00 以下）	m^3	685.26	74.36	15.78	15.26	535.92	25.92	18.03

续表

项目编码	标准名称	项目特征	计量单位	综合单价	人工费	机械费	材料费		管理费	利润
							辅材费	主材费		
010502010006	现浇混凝土墙	4. 完成本清单项目所需的一切相关工作	m^3	685.26	74.36	15.78	15.26	535.92	25.92	18.03
010502010007	现浇混凝土墙	1. 名称：直形、弧形、电梯井墙 2. 混凝土种类等级：普通商品混凝土 C60 3. 泵送高度：50m 以内（含 ±0.00 以下） 4. 完成本清单项目所需的一切相关工作	m^3	703.53	74.36	15.78	15.26	554.19	25.92	18.03
010502013001	现浇混凝土板	1. 名称：平板、有梁板、无梁板 2. 混凝土种类等级：普通商品混凝土 C30 3. 泵送高度：50m 以内（含 ±0.00 以下） 4. 完成本清单项目所需的一切相关工作	m^3	565.78	51.93	15.97	20.23	444.57	19.52	13.58
010502013002	现浇混凝土板	1. 名称：平板、有梁板、无梁板 2. 混凝土种类等级：普通商品混凝土 C35 3. 泵送高度：50m 以内（含 ±0.00 以下） 4. 完成本清单项目所需的一切相关工作	m^3	583.03	51.93	15.97	20.22	461.83	19.52	13.58
010502013003	现浇混凝土板	1. 名称：平板、有梁板、无梁板 2. 混凝土种类等级：普通商品混凝土 C40 3. 泵送高度：50m 以内（含 ±0.00 以下） 4. 完成本清单项目所需的一切相关工作	m^3	601.81	51.93	15.97	20.21	480.61	19.52	13.58
010502013004	现浇混凝土板	1. 名称：平板、有梁板、无梁板 2. 混凝土种类等级：普通商品混凝土 C45 3. 泵送高度：50m 以内（含 ±0.00 以下） 4. 完成本清单项目所需的一切相关工作	m^3	620.59	51.93	15.97	20.23	499.38	19.52	13.58
010502019001	拱板	1. 名称：拱板 2. 混凝土种类等级：普通商品混凝土 C30 3. 泵送高度：50m 以内（含 ±0.00 以下） 4. 完成本清单项目所需的一切相关工作	m^3	669.41	122.03	15.97	19.59	444.57	39.67	27.6

续表

项目编码	标准名称	项目特征	计量单位	综合单价	人工费	机械费	材料费		管理费	利润
							辅材费	主材费		
010502019002	拱板	1. 名称：拱板 2. 混凝土种类等级：普通商品混凝土 C35 3. 泵送高度：50m 以内（含 ±0.00 以下） 4. 完成本清单项目所需的一切相关工作	m^3	686.67	122.03	15.97	19.58	461.83	39.67	27.6
010502019003	拱板	1. 名称：拱板 2. 混凝土种类等级：普通商品混凝土 C40 3. 泵送高度：50m 以内（含 ±0.00 以下） 4. 完成本清单项目所需的一切相关工作	m^3	705.45	122.03	15.97	19.57	480.61	39.67	27.6
010502019004	拱板	1. 名称：拱板 2. 混凝土种类等级：普通商品混凝土 C45 3. 泵送高度：50m 以内（含 ±0.00 以下） 4. 完成本清单项目所需的一切相关工作	m^3	724.22	122.03	15.97	19.59	499.38	39.67	27.6
010502019005	栏板、反檐	1. 名称：栏板、反檐 2. 混凝土种类等级：普通商品混凝土 C25 3. 泵送高度：50m 以内（含 ±0.00 以下） 4. 完成本清单项目所需的一切相关工作	m^3	737.86	187.2	16.61	2.8	431.89	58.6	40.76
010502019006	栏板、反檐	1. 名称：栏板、反檐 2. 混凝土种类等级：普通商品混凝土 C30 3. 泵送高度：50m 以内（含 ±0.00 以下） 4. 完成本清单项目所需的一切相关工作	m^3	750.54	187.2	16.61	2.81	444.57	58.6	40.76
010502019007	栏板、反檐	1. 名称：栏板、反檐 2. 混凝土种类等级：普通商品混凝土 C35 3. 泵送高度：50m 以内（含 ±0.00 以下） 4. 完成本清单项目所需的一切相关工作	m^3	767.8	187.2	16.61	2.8	461.83	58.6	40.76
010502019008	天沟（檐沟）、挑檐板	1. 名称：天沟（檐沟）、挑檐板 2. 混凝土种类等级：普通商品混凝土 C25 3. 泵送高度：50m 以内（含 ±0.00 以下） 4. 完成本清单项目所需的一切相关工作	m^3	762.73	200.98	16.61	7.18	431.89	62.56	43.52

续表

项目编码	标准名称	项目特征	计量单位	综合单价	人工费	机械费	材料费		管理费	利润
							辅材费	主材费		
010502019009	天沟（檐沟）、挑檐板	1. 名称：天沟（檐沟）、挑檐板 2. 混凝土种类等级：普通商品混凝土 C30 3. 泵送高度：50m 以内（含±0.00 以下） 4. 完成本清单项目所需的一切相关工作	m^3	775.43	200.98	16.61	7.19	444.57	62.56	43.52
010502019010	天沟（檐沟）、挑檐板	1. 名称：天沟（檐沟）、挑檐板 2. 混凝土种类等级：普通商品混凝土 C35 3. 泵送高度：50m 以内（含±0.00 以下） 4. 完成本清单项目所需的一切相关工作	m^3	792.67	200.98	16.61	7.18	461.83	62.56	43.52
010502019011	雨篷、悬挑板、阳台板	1. 名称：雨篷、悬挑板、阳台板 2. 混凝土种类等级：普通商品混凝土 C25 3. 泵送高度：50m 以内（含±0.00 以下） 4. 完成本清单项目所需的一切相关工作	m^3	738.49	183.61	16.76	8.55	431.89	57.61	40.07
010502019012	雨篷、悬挑板、阳台板	1. 名称：雨篷、悬挑板、阳台板 2. 混凝土种类等级：普通商品混凝土 C30 3. 泵送高度：50m 以内（含±0.00 以下） 4. 完成本清单项目所需的一切相关工作	m^3	751.18	183.61	16.76	8.56	444.57	57.61	40.07
010502019013	雨篷、悬挑板、阳台板	1. 名称：雨篷、悬挑板、阳台板 2. 混凝土种类等级：普通商品混凝土 C35 3. 泵送高度：50m 以内（含±0.00 以下） 4. 完成本清单项目所需的一切相关工作	m^3	768.43	183.61	16.76	8.55	461.83	57.61	40.07
010502020001	直形楼梯	1. 名称：直形楼梯 2. 混凝土种类等级：普通商品混凝土 C20 3. 泵送高度：50m 以内（含±0.00 以下） 4. 完成本清单项目所需的一切相关工作	m^3	602.56	92.05	16.61	23.24	417.68	31.24	21.73

续表

项目编码	标准名称	项目特征	计量单位	综合单价	人工费	机械费	材料费		管理费	利润
							辅材费	主材费		
010502020002	直形楼梯	1. 名称：直形楼梯 2. 混凝土种类等级：普通商品混凝土 C25 3. 泵送高度：50m 以内（含±0.00 以下） 4. 完成本清单项目所需的一切相关工作	m^3	616.77	92.05	16.61	23.24	431.89	31.24	21.73
010502020003	直形楼梯	1. 名称：直形楼梯 2. 混凝土种类等级：普通商品混凝土 C30 3. 泵送高度：50m 以内（含±0.00 以下） 4. 完成本清单项目所需的一切相关工作	m^3	629.45	92.05	16.61	23.25	444.57	31.24	21.73
010502020004	直形楼梯	1. 名称：直形楼梯 2. 混凝土种类等级：普通商品混凝土 C35 3. 泵送高度：50m 以内（含±0.00 以下） 4. 完成本清单项目所需的一切相关工作	m^3	646.71	92.05	16.61	23.24	461.83	31.24	21.73
010502020005	直形楼梯	1. 名称：直形楼梯 2. 混凝土种类等级：普通商品混凝土 C40 3. 泵送高度：50m 以内（含±0.00 以下） 4. 完成本清单项目所需的一切相关工作	m^3	665.49	92.05	16.61	23.24	480.61	31.24	21.73
010502032001	台阶	1. 名称：台阶 2. 混凝土种类等级：普通商品混凝土 C20 3. 泵送高度：50m 以内（含±0.00 以下） 4. 完成本清单项目所需的一切相关工作	m^3	603.33	106.14	15.87	6.23	415.62	35.08	24.4
010502032002	台阶	1. 名称：台阶 2. 混凝土种类等级：普通商品混凝土 C25 3. 泵送高度：50m 以内（含±0.00 以下） 4. 完成本清单项目所需的一切相关工作	m^3	618.57	106.14	16.61	6.23	429.76	35.29	24.55
010502019014	压顶、扶手	1. 名称：压顶、扶手 2. 混凝土种类等级：普通商品混凝土 C20 3. 泵送高度：50m 以内（含±0.00 以下） 4. 完成本清单项目所需的一切相关工作	m^3	825.03	250.93	14.48	12.55	417.68	76.31	53.08

续表

项目编码	标准名称	项目特征	计量单位	综合单价	人工费	机械费	材料费		管理费	利润
							辅材费	主材费		
010502019015	压顶、扶手	1. 名称：压顶、扶手 2. 混凝土种类等级：普通商品混凝土 C25 3. 泵送高度：50m 以内（含 ±0.00 以下） 4. 完成本清单项目所需的一切相关工作	m^3	839.24	250.93	14.48	12.55	431.89	76.31	53.08
010502019016	压顶、扶手	1. 名称：压顶、扶手 2. 混凝土种类等级：普通商品混凝土 C30 3. 泵送高度：50m 以内（含 ±0.00 以下） 4. 完成本清单项目所需的一切相关工作	m^3	894.85	271.8	15.45	14.14	453.96	82.06	57.45
010502019017	压顶、扶手	1. 名称：压顶、扶手 2. 混凝土种类等级：普通商品混凝土 C35 3. 泵送高度：50m 以内（含 ±0.00 以下） 4. 完成本清单项目所需的一切相关工作	m^3	869.18	250.93	14.48	12.55	461.83	76.31	53.08
010503016001	小型构件	1. 名称：小型构件 2. 混凝土种类等级：普通商品混凝土 C20 3. 完成本清单项目所需的一切相关工作	m^3	881.46	299.41	0	20.47	415.62	86.08	59.88
010503016002	小型构件	1. 名称：小型构件 2. 混凝土种类等级：普通商品混凝土 C25 3. 完成本清单项目所需的一切相关工作	m^3	895.6	299.41	0	20.47	429.76	86.08	59.88
010503016003	小型构件	1. 名称：小型构件 2. 混凝土种类等级：普通商品混凝土 C30 3. 完成本清单项目所需的一切相关工作	m^3	908.23	299.41	0	20.47	442.38	86.08	59.88
010503016004	小型构件	1. 名称：小型构件 2. 混凝土种类等级：普通商品混凝土 C35 3. 完成本清单项目所需的一切相关工作	m^3	925.4	299.41	0	20.47	459.55	86.08	59.88
010502033001	后浇带	1. 名称：后浇带 2. 混凝土种类等级：C30 补偿收缩混凝土 3. 泵送高度：50m 以内（含 ±0.00 以下） 4. 完成本清单项目所需的一切相关工作	m^3	696.33	95.4	17.47	29.78	498.66	32.45	22.57

续表

项目编码	标准名称	项目特征	计量单位	综合单价	人工费	机械费	材料费		管理费	利润
							辅材费	主材费		
010502033002	后浇带	1. 名称：后浇带 2. 混凝土种类等级：C35 补偿收缩混凝土 3. 泵送高度：50m 以内（含±0.00 以下） 4. 完成本清单项目所需的一切相关工作	m^3	715.68	95.4	17.47	29.77	518.02	32.45	22.57
010502033003	后浇带	1. 名称：后浇带 2. 混凝土种类等级：C40 补偿收缩混凝土 3. 泵送高度：50m 以内（含±0.00 以下） 4. 完成本清单项目所需的一切相关工作	m^3	736.74	95.4	17.47	29.77	539.08	32.45	22.57
010502033004	后浇带	1. 名称：后浇带 2. 混凝土种类等级：C45 补偿收缩混凝土 3. 泵送高度：50m 以内（含±0.00 以下） 4. 完成本清单项目所需的一切相关工作	m^3	757.81	95.4	17.47	29.76	560.15	32.45	22.57
010502033005	后浇带	1. 名称：后浇带 2. 混凝土种类等级：C50 补偿收缩混凝土 3. 泵送高度：50m 以内（含±0.00 以下） 4. 完成本清单项目所需的一切相关工作	m^3	777.16	95.4	17.47	29.77	579.5	32.45	22.57
010506006001	现浇构件钢筋	1. 名称：现浇构件圆钢 2. 规格型号：ϕ4mm 内 3. 完成本清单项目所需的一切相关工作	t	5731.38	1452.31	50.58	58.43	3437.4	432.08	300.58
010506006002	现浇构件钢筋	1. 名称：现浇构件圆钢 2. 规格型号：ϕ10mm 内 3. 完成本清单项目所需的一切相关工作	t	4676.62	766.36	29.09	55.99	3437.4	228.69	159.09
010506006003	现浇构件钢筋	1. 名称：现浇构件圆钢 2. 规格型号：ϕ25mm 内 3. 完成本清单项目所需的一切相关工作	t	4226.06	480.18	54.06	83.73	3347.65	153.59	106.85
010506006004	现浇构件钢筋	1. 名称：现浇构件圆钢 2. 规格型号：ϕ25mm 外 3. 完成本清单项目所需的一切相关工作	t	4235.2	441.03	44.5	98.69	3414.28	139.59	97.11
010506006005	现浇构件钢筋	1. 名称：现浇构件箍筋 2. 规格型号：HRB 400 10mm 内 3. 完成本清单项目所需的一切相关工作	t	5917.43	1566.37	60.96	54.27	3442.5	467.86	325.47

续表

项目编码	标准名称	项目特征	计量单位	综合单价	人工费	机械费	材料费		管理费	利润
							辅材费	主材费		
010506006006	现浇构件钢筋	1. 名称：现浇构件箍筋 2. 规格型号：HRB 400 10mm 外 3. 完成本清单项目所需的一切相关工作。	t	4550.83	809.83	24.33	34.12	3275.9	239.82	166.83
010506006007	现浇构件钢筋	1. 名称：现浇构件箍筋 2. 规格型号：ϕ10mm 内 3. 完成本清单项目所需的一切相关工作	t	5581.53	1344.54	60.41	54.27	3437.4	403.92	280.99
010506006008	现浇构件钢筋	1. 名称：现浇构件箍筋 2. 规格型号：ϕ10mm 外 3. 完成本清单项目所需的一切相关工作	t	4568.68	773.61	24.33	34.09	3347.65	229.41	159.59
010506006009	现浇构件钢筋	1. 名称：现浇构件钢筋 2. 规格型号：HRB 400 带肋钢筋 10mm 内 3. 完成本清单项目所需的一切相关工作	t	4688.12	742.56	68.34	39.41	3442.5	233.13	162.18
010506006010	现浇构件钢筋	1. 名称：现浇构件钢筋 2. 规格型号：HRB 400 带肋钢筋 25mm 内 3. 完成本清单项目所需的一切相关工作	t	4254.26	539.67	58.24	88.97	3275.9	171.9	119.58
010506006011	现浇构件钢筋	1. 名称：现浇构件钢筋 2. 规格型号：HRB 400 带肋钢筋 28mm 内 3. 完成本清单项目所需的一切相关工作	t	4257.93	477.25	57.2	97.86	3365.08	153.65	106.89
010506006012	现浇构件钢筋	1. 名称：现浇构件钢筋 2. 规格型号：带肋钢筋 ϕ10mm 内 3. 完成本清单项目所需的一切相关工作	t	4579.21	707.85	29.83	39.41	3442.5	212.08	147.54
010506006013	现浇构件钢筋	1. 名称：现浇构件钢筋 2. 规格型号：带肋钢筋 ϕ25mm 内 3. 完成本清单项目所需的一切相关工作	t	4214.74	515.93	55.41	88.97	3275.9	164.26	114.27
010506006014	现浇构件钢筋	1. 名称：现浇构件钢筋 2. 规格型号：带肋钢筋 ϕ28mm 内 3. 完成本清单项目所需的一切相关工作	t	4229.61	461.29	54.12	97.86	3365.08	148.18	103.08
010506024001	止水螺杆	1. 名称：外墙止水螺杆 2. 完成本清单项目所需的一切相关工作	套	17.98	4.34	0	1.4	10.22	1.14	0.87
010506025001	预埋螺栓	1. 螺栓种类：六角螺栓 2. 连接方式：加工 3. 完成本清单项目所需的一切相关工作	t	9948.09	2853.94	295.18	244.08	5019.7	905.37	629.82

续表

项目编码	标准名称	项目特征	计量单位	综合单价	人工费	机械费	材料费		管理费	利润
							辅材费	主材费		
010506025002	预埋铁件	1. 材料：含铁件、吊环等 2. 计价包括：预埋铁件制作、运输、安装埋设、焊接固定等相关费用 3. 完成本清单项目所需的一切相关工作	t	11645.36	2853.94	254.75	244.08	6777.1	893.75	621.74
010506024002	钢筋连接头	1. 连接方式：套筒直螺纹钢筋连接 2. 规格型号：ϕ18mm 3. 完成本清单项目所需的一切相关工作	个	13.09	5.43	0.72	0.61	3.32	1.77	1.23
010506024003	钢筋连接头	1. 连接方式：套筒直螺纹钢筋连接 2. 规格型号：ϕ25mm 3. 完成本清单项目所需的一切相关工作	个	14.94	6.37	0.94	0.76	3.32	2.1	1.46
010506024004	钢筋连接头	1. 连接方式：套筒直螺纹钢筋连接 2. 规格型号：ϕ32mm 3. 完成本清单项目所需的一切相关工作	个	20.83	7.24	1.15	0.92	7.42	2.41	1.68
010506024005	钢筋连接头	1. 连接方式：套筒直螺纹钢筋连接 2. 规格型号：ϕ45mm 3. 完成本清单项目所需的一切相关工作	个	37.92	7.68	1.49	1.17	23.11	2.64	1.83
010506024006	钢筋连接头	1. 连接方式：电渣压力焊连接 2. 规格型号：ϕ18mm 内 3. 完成本清单项目所需的一切相关工作	个	8.94	3.99	1.23	1.17	0	1.5	1.04
010506024007	钢筋连接头	1. 连接方式：电渣压力焊连接 2. 规格型号：ϕ32mm 内 3. 完成本清单项目所需的一切相关工作	个	11.55	4.92	1.64	1.79	0	1.89	1.31
010504001001	装配式混凝土柱	1. 构件类型：装配式混凝土柱 2. 构件混凝土强度等级：C35 3. 钢筋含量：180～195kg/m³ 4. 砂浆配合比：砌筑用水泥砂浆（配合比）中砂 M7.5	m³	3023.16	105.31	0	18.4	2848.1	30.28	21.06
010504002001	装配式混凝土梁	1. 构件类型：装配式混凝土单梁 2. 构件混凝土强度等级：C35 3. 钢筋含量：180～195kg/m³	m³	3144.84	143.54	0	23.85	2907.47	41.27	28.71

续表

项目编码	标准名称	项目特征	计量单位	综合单价	人工费	机械费	材料费		管理费	利润
							辅材费	主材费		
010504002002	装配式混凝土梁	1. 构件类型：装配式混凝土叠合梁 2. 构件混凝土强度等级：C35 3. 钢筋含量：180～195kg/m³	m³	3218.86	186.39	0	34.13	2907.47	53.59	37.28
010504004001	装配式混凝土板	1. 构件类型：装配式混凝土整体板 2. 构件混凝土强度等级：C35 3. 钢筋含量：130～160kg/m³	m³	2694.72	184.24	3.44	62.83	2352.71	53.96	37.54
010504004002	装配式混凝土板	1. 构件类型：装配式混凝土板 2. 构件混凝土强度等级：C35 3. 钢筋含量：130～160kg/m³	m³	2808.33	230.25	5.73	104.61	2352.71	67.84	47.2
010504005001	装配式混凝土墙	1. 构件类型：实心剪力墙外墙板 2. 构件混凝土强度等级：C35 3. 钢筋含量：85～100kg/m³ 4. 砂浆配合比：砌筑用水泥砂浆（配合比）中砂 M7.5 5. 墙厚：250mm	m³	2588.99	110.63	0	60.45	2363.97	31.81	22.13
010504005002	装配式混凝土墙	1. 构件类型：实心剪力墙内墙板 2. 构件混凝土强度等级：C35 3. 钢筋含量：60～70kg/m³ 4. 砂浆配合比：砌筑用水泥砂浆（配合比）中砂 M7.5 5. 墙厚：200mm	m³	2455.28	114.99	0	91.47	2192.76	33.06	23
010504010001	装配式混凝土楼梯	1. 构件类型：装配式混凝土楼梯 2. 构件混凝土强度等级：C35 3. 钢筋含量：80～100kg/m³ 4. 砂浆配合比：砌筑用水泥砂浆（配合比）中砂 M7.5 5. 支座形式：简支	m³	2777.28	175.22	0	11.28	2505.36	50.38	35.04
010504010002	装配式混凝土楼梯	1. 构件类型：装配式混凝土楼梯 2. 构件混凝土强度等级：C35 3. 钢筋含量：80～100kg/m³ 4. 砂浆配合比：砌筑用水泥砂浆（配合比）中砂 M7.5 5. 支座形式：固支	m³	2815.82	190.33	1.23	30.3	2500.57	55.07	38.31
010504011001	装配式混凝土阳台板	1. 构件类型：叠合板式阳台 2. 构件混凝土强度等级：C35 3. 钢筋含量：110～118kg/m³	m³	3017.76	244.68	5.73	93.83	2551.45	71.99	50.08

续表

项目编码	标准名称	项目特征	计量单位	综合单价	人工费	机械费	材料费		管理费	利润
							辅材费	主材费		
010504011002	装配式混凝土阳台板	1. 构件类型：全预制式阳台 2. 构件混凝土强度等级：C35 3. 钢筋含量：110～118kg/m^3	m^3	2886.29	194.51	2.87	47.21	2545.48	56.75	39.48
010504015001	装配式后浇混凝土	1. 部位：梁、柱接头 2. 混凝土种类：普通混凝土 3. 混凝土强度等级：C35	m^3	1043.72	390.7	0	0.73	461.83	112.33	78.14
010504015002	装配式后浇混凝土	1. 部位：叠合梁、板 2. 混凝土种类：普通混凝土 3. 混凝土强度等级：C35	m^3	600.28	88.38	0	1.38	467.43	25.41	17.68
010504015003	装配式后浇混凝土	1. 部位：叠合剪力墙 2. 混凝土种类：普通混凝土 3. 混凝土强度等级：C35	m^3	660.27	132.87	0	0.79	461.83	38.2	26.58
010504015004	装配式后浇混凝土	1. 部位：连接墙、柱 2. 混凝土种类：普通混凝土 3. 混凝土强度等级：C35	m^3	726.33	177.49	0	0.49	461.83	51.03	35.5
010506016001	装配式后浇混凝土钢筋	1. 钢筋种类：带肋钢筋 2. 钢筋规格：ϕ10～25mm 3. 接驳方式：绑扎	t	5202.02	1200.25	33.15	27.52	3339.82	354.6	246.68
010506025003	植筋	1. 名称：植筋 2. 规格型号：ϕ6.5mm 3. 不含所植钢筋材料费用 4. 完成本清单项目所需的一切相关工作	根	5.53	3.26	0	0.68	0	0.94	0.65
010506025004	植筋	1. 名称：植筋 2. 规格型号：ϕ8mm 3. 不含所植钢筋材料费用 4. 完成本清单项目所需的一切相关工作	根	5.67	3.26	0	0.83	0	0.94	0.65
010506025005	植筋	1. 名称：植筋 2. 规格型号：ϕ10mm 3. 不含所植钢筋材料费用 4. 完成本清单项目所需的一切相关工作	根	11.78	7.24	0	1	0	2.08	1.45
010506025006	植筋	1. 名称：植筋 2. 规格型号：ϕ12mm 3. 不含所植钢筋材料费用 4. 完成本清单项目所需的一切相关工作	根	11.96	7.24	0	1.19	0	2.08	1.45
010506025007	植筋	1. 名称：植筋 2. 规格型号：ϕ14mm 3. 不含所植钢筋材料费用 4. 完成本清单项目所需的一切相关工作	根	18.94	11.8	0	1.39	0	3.39	2.36
010506025008	植筋	1. 名称：植筋 2. 规格型号：ϕ16mm 3. 不含所植钢筋材料费用 4. 完成本清单项目所需的一切相关工作	根	19.17	11.8	0	1.62	0	3.39	2.36

续表

项目编码	标准名称	项目特征	计量单位	综合单价	人工费	机械费	材料费		管理费	利润
							辅材费	主材费		
010506025009	植筋	1. 名称：植筋 2. 规格型号：ϕ18mm 3. 不含所植钢筋材料费用 4. 完成本清单项目所需的一切相关工作	根	30.18	19.04	0	1.86	0	5.48	3.81
010506025010	植筋	1. 名称：植筋 2. 规格型号：ϕ20mm 3. 不含所植钢筋材料费用 4. 完成本清单项目所需的一切相关工作	根	31.02	19.04	0	2.7	0	5.48	3.81
010506025011	植筋	1. 名称：植筋 2. 规格型号：ϕ22mm 3. 不含所植钢筋材料费用 4. 完成本清单项目所需的一切相关工作	根	49.72	31.51	0	2.84	0	9.06	6.3
010506025012	植筋	1. 名称：植筋 2. 规格型号：ϕ25mm 3. 不含所植钢筋材料费用 4. 完成本清单项目所需的一切相关工作	根	50.54	31.51	0	3.66	0	9.06	6.3
010506025013	植筋	1. 名称：植筋 2. 规格型号：ϕ28mm 3. 不含所植钢筋材料费用 4. 完成本清单项目所需的一切相关工作	根	69.06	42.95	0	5.17	0	12.35	8.59
010506025014	植筋	1. 名称：植筋 2. 规格型号：ϕ32mm 3. 不含所植钢筋材料费用 4. 完成本清单项目所需的一切相关工作	根	70.35	42.95	0	6.46	0	12.35	8.59

2.6 金属结构工程

2.6.1 工程量计算规则

本节包括实腹钢柱、空腹钢柱、钢管柱、钢梁、钢吊车梁、钢支撑、钢拉条、钢檩条、钢梯、钢平台、钢走道、钢板天沟、压型钢板楼板、高强度螺栓等，共 17 个项目。

（1）实腹钢柱、空腹钢柱，按设计图示尺寸以质量“t”计算。不扣除孔眼的质量，焊条、铆钉、螺栓等不另增加质量，依附在钢柱上的牛腿及悬臂梁等并入钢柱工程量内。

（2）钢管柱，按设计图示尺寸以质量“t”计算。不扣除孔眼的质量，焊条、铆钉、螺栓等不另增加质量，钢管柱上的节点板、加强环、内衬管、牛腿等并入钢管柱工程量内。

（3）钢梁、钢吊车梁，按设计图示尺寸以质量“t”计算。不扣除孔眼的质量，焊条、铆钉、螺栓等不另增加质量，制动梁、制动板、制动桁架、车挡并入钢吊车梁工程量内。

（4）钢支撑、钢拉条、钢檩条、钢梯、钢平台、钢走道、钢栏杆、零星钢构件，按设计图示尺寸以质量“t”计算。不扣除孔眼的质量，焊条、铆钉、螺栓等不另增加质量。

（5）钢板天沟，按设计图示尺寸以质量“t”计算。不扣除孔眼的质量，焊条、铆钉、螺栓等不另增加质量，依附漏斗的型钢并入漏斗工程量内。

（6）压型钢板楼板，按设计图示尺寸以铺设水平投影面积“m^2”计算。不扣除单个面积≤$0.3m^2$柱、垛及孔洞所占面积。

（7）高强度螺栓，按设计图示数量以“套”计算。

2.6.2 标准清单

金属结构工程标准清单库，见表 2.6-1。

金属结构工程标准清单库　　表 2.6-1

项目编码	标准名称	项目特征	计量单位	综合单价	人工费	机械费	材料费		管理费	利润
							辅材费	主材费		
010506024008	高强度螺栓	1. 材料种类：高强度螺栓 2. 材料规格：M24 3. 完成本清单项目所需的一切相关工作	套	16.92	3.66	0.08	0.62	10.74	1.08	0.75
010603001001	实腹钢柱	1. 名称：H 型钢柱制作安装 2. 钢材品种、规格：H 型钢 Q355B 516mm × 500mm × 20mm × 32mm 3. 单根柱质量：3t 以内 4. 完成本清单项目所需的一切相关工作	t	7252.81	558.62	283.59	440.42	5566.37	235.37	168.44
010603001002	实腹钢柱	1. 名称：H 型钢柱制作安装 2. 钢材品种、规格：H 型钢 Q355B 990mm × 436mm × 38mm × 64mm 3. 单根柱质量：8t 以内 4. 完成本清单项目所需的一切相关工作	t	7169.7	473.11	331.29	413.63	5566.37	224.42	160.88
010603002001	空腹钢柱	1. 名称：矩形管钢柱制作安装 2. 钢材品种、规格：矩形管 Q235 300mm × 300mm × 10mm × 10mm 3. 单根柱质量：3t 以内 4. 完成本清单项目所需的一切相关工作	t	7174.87	544.24	240.13	440.26	5566.37	227	156.87
010603003001	钢管柱	1. 名称：钢管柱制作安装 2. 钢材品种、规格：无缝钢管 DN300mm × 8mm 3. 单根柱质量：3t 以内 4. 完成本清单项目所需的一切相关工作	t	7905.91	544.24	240.13	440.26	6297.41	227	156.87
010604001001	钢梁	1. 名称：H 型钢梁制作安装 2. 钢材品种、规格：H 型钢 Q355B 500mm × 200mm × 10mm × 16mm 3. 单根梁质量：1.5t 以内 4. 完成本清单项目所需的一切相关工作	t	6340.14	486.9	368.64	434.93	4630.97	247.59	171.11

续表

项目编码	标准名称	项目特征	计量单位	综合单价	人工费	机械费	材料费		管理费	利润
							辅材费	主材费		
010604001002	钢梁	1. 名称：H 型钢梁制作安装 2. 钢材品种、规格：H 型钢 Q355B 800mm × 300mm × 14mm × 26mm 3. 单根梁质量：3t 以内 4. 完成本清单项目所需的一切相关工作	t	6078.09	461.59	283.54	337.32	4630.97	215.64	149.03
010604002001	钢吊车梁	1. 名称：钢吊车梁制作安装 2. 钢材品种、规格：H 型钢 Q355B 500mm × 200mm × 10mm × 16mm 3. 单根梁质量：1.5t 以内 4. 完成本清单项目所需的一切相关工作	t	6284.2	449.8	368.96	384.49	4680.25	236.95	163.75
010604002002	钢吊车梁	1. 名称：钢吊车梁制作安装 2. 钢材品种、规格：H 型钢 Q355B 800mm × 300mm × 14mm × 26mm 3. 单根梁质量：3t 以内 4. 完成本清单项目所需的一切相关工作	t	6122.69	367.38	368.96	370.37	4655.61	213.1	147.27
010605001001	压型钢板楼板	1. 钢材品种、规格：压型钢板 2. 钢板厚度：1.2mm 厚 3. 完成本清单项目所需的一切相关工作	m^2	140.44	11.27	2.64	3.74	116	4.02	2.78
010607002001	钢支撑、钢拉条	1. 名称：钢支撑、钢拉条制作安装 2. 钢材品种、规格：型钢 Q235B 3. 完成本清单项目所需的一切相关工作	t	5749.7	738.05	414.21	477.17	3556.36	333.46	230.45
010607003001	钢檩条	1. 名称：钢檩条制作安装 2. 钢材品种、规格：H 型钢 Q235B 346mm × 174mm × 6mm × 9mm 3. 完成本清单项目所需的一切相关工作	t	5657.59	738.05	250.7	477.17	3707.78	286.14	197.75
010607005001	钢平台、钢走道	1. 名称：钢平台、钢走道 2. 钢材品种、规格：型钢 Q235B 3. 完成本清单项目所需的一切相关工作	t	6626.47	748.39	302.78	485.32	4575.54	304.21	210.23
010607006001	钢梯	1. 名称：爬式钢梯 2. 钢材品种、规格：型钢 Q235B 3. 完成本清单项目所需的一切相关工作	t	6925.56	844.21	343.81	589.72	4566.41	343.81	237.6
010607006002	钢梯	1. 名称：踏步式钢梯 2. 钢材品种、规格：型钢 Q235B 3. 完成本清单项目所需的一切相关工作	t	6757.92	823.23	325.75	480.22	4566.41	332.51	229.8

续表

项目编码	标准名称	项目特征	计量单位	综合单价	人工费	机械费	材料费		管理费	利润
							辅材费	主材费		
010607009001	钢板天沟	1. 名称：钢板天沟 2. 钢材品种、规格：1.5mm 厚 304 不锈钢板 3. 完成本清单项目所需的一切相关工作	m^2	887.51	317.63	81.86	121.28	171.23	115.61	79.9
010607010001	零星钢构件	1. 名称：零星钢构件 2. 钢材品种、规格：型钢 Q235B 3. 完成本清单项目所需的一切相关工作	t	17357.35	7789.22	899.22	495.66	3921.14	2514.43	1737.68

2.7 门窗工程

2.7.1 工程量计算规则

本节包括钢质防火门、木质防火门、防火卷帘门、金属卷帘门、钢质防盗门、木质门、铝合金推拉门、铝合金地弹门、铝合金平开门、全玻璃门、电子感应门、防火窗、金属百叶窗、铝合金固定窗、铝合金推拉窗、铝合金平开窗、窗台板等，共 42 个项目。

（1）钢质防火门、木质防火门，按设计图示门洞口面积以“m^2”计算。

（2）防火卷帘门、金属卷帘门，按设计图示门洞口面积以“m^2”计算。

（3）钢质防盗门、木质门，按设计图示门洞口面积以“m^2”计算。

（4）铝合金推拉门、铝合金地弹门、铝合金平开门，按设计图示门洞口面积以“m^2”计算。

（5）全玻璃门、电子感应门，按设计图示门洞口面积以“m^2”计算。

（6）防火窗、金属百叶窗，按设计图示门洞口面积以“m^2”计算。

（7）铝合金固定窗、铝合金推拉窗、铝合金平开窗，按设计图示门洞口面积以“m^2”计算。

（8）窗台板包括木窗台板和石材窗台板，按设计图示尺寸以展开面积“m^2”计算。

（9）本节的玻璃品种、厚度，与实际不同时可以调整，如使用钢化、中空、夹胶等玻璃。

2.7.2 标准清单

门窗工程标准清单库，见表 2.7-1。

门窗工程标准清单库　　表 2.7-1

项目编码	标准名称	项目特征	计量单位	综合单价	人工费	机械费	材料费		管理费	利润
							辅材费	主材费		
010801002001	木质门	1. 门种类：单扇成品套装平开门（含框、扇） 2. 门框、扇材质：杉木夹板 3. 综合考虑门锁和门铰等所有五金配件制作安装	m^2	458.07	25.32	0	13.97	410	3.71	5.06

续表

项目编码	标准名称	项目特征	计量单位	综合单价	人工费	机械费	材料费		管理费	利润
							辅材费	主材费		
010801002001	木质门	4. 完成本清单项目所需的一切相关工作	m^2	458.07	25.32	0	13.97	410	3.71	5.06
010801002002	木质门	1. 门种类：双扇成品套装平开门（含框、扇） 2. 门框、扇材质：杉木夹板 3. 综合考虑门锁和门铰等所有五金配件制作安装 4. 完成本清单项目所需的一切相关工作	m^2	446.41	20.13	0	10.3	409	2.95	4.03
010802003001	钢质防盗门	1. 名称：钢质防盗门制作安装 2. 门框、扇材质：202 不锈钢 3. 其他：门锁、拉手和门铰等所有五金配件制作安装 4. 完成本清单项目所需的一切相关工作	m^2	972.96	18.68	0.4	0.84	946.43	2.8	3.82
010802003002	铝合金推拉门	1. 门种类：46 系列铝合金推拉门（壁厚 2mm） 2. 门框、扇材质：高强铝合金型材 3. 玻璃种类、规格：5mm 普通玻璃 4. 综合考虑门锁、拉手等所有五金配件制作安装 5. 完成本清单项目所需的一切相关工作	m^2	565.16	30.22	0	16.53	507.93	4.43	6.04
010802003003	铝合金推拉门	1. 门种类：50 系列铝合金推拉门（壁厚 2mm） 2. 门框、扇材质：高强铝合金型材 3. 玻璃种类、规格：5mm 普通玻璃 4. 综合考虑门锁、拉手等所有五金配件制作安装 5. 完成本清单项目所需的一切相关工作	m^2	624.74	30.22	0	16.53	567.51	4.43	6.04
010802003004	铝合金推拉门	1. 门种类：105 系列铝合金推拉门（壁厚 2mm） 2. 门框、扇材质：高强铝合金型材 3. 玻璃种类、规格：6mm + 12A + 6mm 双钢化中空 Low-E 超白均质玻璃（双银） 4. 综合考虑门锁、拉手等所有五金配件制作安装 5. 完成本清单项目所需的一切相关工作	m^2	860.09	30.22	0	16.53	802.87	4.43	6.04

续表

项目编码	标准名称	项目特征	计量单位	综合单价	人工费	机械费	材料费		管理费	利润
							辅材费	主材费		
010802003005	铝合金地弹门	1. 门种类:105 系列铝合金地弹门 2. 门框、扇材质:高强铝合金型材 3. 玻璃品种、厚度:6mm + 12A + 6mm 双钢化中空 Low-E 超白均质玻璃(双银) 4. 综合考虑门锁、拉手及地弹簧等所有五金配件制作安装 5. 完成本清单项目所需的一切相关工作	m^2	1172.09	124.01	0	5.75	999.35	18.18	24.8
010802003006	铝合金平开门	1. 门种类:46 系列铝合金平开门(壁厚 2mm) 2. 门框、扇材质:高强铝合金型材 3. 玻璃种类、规格:5mm 普通玻璃 4. 综合考虑门锁、拉手等所有五金配件制作安装 5. 完成本清单项目所需的一切相关工作	m^2	601.05	34.54	0	26.88	527.66	5.06	6.91
010802003007	铝合金平开门	1. 门种类:50 系列铝合金平开门(壁厚 2mm) 2. 门框、扇材质:高强铝合金型材 3. 玻璃种类、规格:5mm 普通玻璃 4. 综合考虑门锁、拉手等所有五金配件制作安装 5. 完成本清单项目所需的一切相关工作	m^2	664.47	34.54	0	26.88	591.08	5.06	6.91
010802003008	铝合金平开门	1. 门种类:70 系列铝合金平开门(壁厚 2mm) 2. 门框、扇材质:高强铝合金型材 3. 玻璃种类、规格:5mm 普通玻璃 4. 综合考虑门锁、拉手等所有五金配件制作安装 5. 完成本清单项目所需的一切相关工作	m^2	710.96	34.54	0	26.88	637.57	5.06	6.91
010801004001	钢质防火门	1. 名称:甲级单扇防火门制作安装 2. 门框、扇材质:钢质 3. 规格型号:A1.50(甲级) 4. 其他:闭门器、门锁、拉手及门铰等所有五金配件制作安装 5. 完成本清单项目所需的一切相关工作	m^2	536	32.48	0	1.11	491.16	4.76	6.5

续表

项目编码	标准名称	项目特征	计量单位	综合单价	人工费	机械费	材料费		管理费	利润
							辅材费	主材费		
010801004002	钢质防火门	1. 名称：甲级双扇防火门制作安装 2. 门框、扇材质：钢质 3. 规格型号：A1.50（甲级） 4. 其他：闭门器、门锁、拉手及门铰等所有五金配件制作安装 5. 完成本清单项目所需的一切相关工作	m^2	601.6	46.28	0	44.13	495.16	6.78	9.25
010801004003	钢质防火门	1. 名称：乙级单扇防火门制作安装 2. 门框、扇材质：钢质 3. 规格型号：A1.00（乙级） 4. 其他：闭门器、门锁、拉手及门铰等所有五金配件制作安装 5. 完成本清单项目所需的一切相关工作	m^2	525	32.48	0	1.11	480.16	4.76	6.5
010801004004	钢质防火门	1. 名称：乙级双扇防火门制作安装 2. 门框、扇材质：钢质 3. 规格型号：A1.00（乙级） 4. 其他：闭门器、门锁、拉手及门铰等所有五金配件制作安装 5. 完成本清单项目所需的一切相关工作	m^2	591.6	46.28	0	44.13	485.16	6.78	9.25
010801004005	钢质防火门	1. 名称：丙级单扇防火门制作安装 2. 门框、扇材质：钢质 3. 规格型号：A0.50（丙级） 4. 其他：闭门器、门锁、拉手及门铰等所有五金配件制作安装 5. 完成本清单项目所需的一切相关工作	m^2	514	32.48	0	1.11	469.16	4.76	6.5
010801004006	钢质防火门	1. 名称：丙级双扇防火门制作安装 2. 门框、扇材质：钢质 3. 规格型号：A0.50（丙级） 4. 其他：闭门器、门锁、拉手及门铰等所有五金配件制作安装 5. 完成本清单项目所需的一切相关工作	m^2	581.6	46.28	0	44.13	475.16	6.78	9.25
010801004007	木质防火门	1. 名称：甲级单扇防火门制作安装 2. 门框、扇材质：木质 3. 规格型号：A1.50（甲级）	m^2	583.32	40.14	0	1.11	528.16	5.88	8.03

续表

项目编码	标准名称	项目特征	计量单位	综合单价	人工费	机械费	材料费		管理费	利润
							辅材费	主材费		
010801004007	木质防火门	4. 其他：闭门器、门锁、拉手及门铰等所有五金配件制作安装 5. 完成本清单项目所需的一切相关工作	m^2	583.32	40.14	0	1.11	528.16	5.88	8.03
010801004008	木质防火门	1. 名称：甲级双扇防火门制作安装 2. 门框、扇材质：木质 3. 规格型号：A1.50（甲级） 4. 其他：闭门器、门锁、拉手及门铰等所有五金配件制作安装 5. 完成本清单项目所需的一切相关工作	m^2	650.92	53.94	0	44.13	534.16	7.91	10.79
010801004009	木质防火门	1. 名称：乙级单扇防火门制作安装 2. 门框、扇材质：木质 3. 规格型号：A1.00（乙级） 4. 其他：闭门器、门锁、拉手及门铰等所有五金配件制作安装 5. 完成本清单项目所需的一切相关工作	m^2	574.32	40.14	0	1.11	519.16	5.88	8.03
010801004010	木质防火门	1. 名称：乙级双扇防火门制作安装 2. 门框、扇材质：木质 3. 规格型号：A1.00（乙级） 4. 其他：闭门器、门锁、拉手及门铰等所有五金配件制作安装 5. 完成本清单项目所需的一切相关工作	m^2	641.92	53.94	0	44.13	525.16	7.91	10.79
010801004011	木质防火门	1. 名称：丙级单扇防火门制作安装 2. 门框、扇材质：木质 3. 规格型号：A0.50（丙级） 4. 其他：闭门器、门锁、拉手及门铰等所有五金配件制作安装 5. 完成本清单项目所需的一切相关工作	m^2	555.32	40.14	0	1.11	500.16	5.88	8.03
010801004012	木质防火门	1. 名称：丙级双扇防火门制作安装 2. 门框、扇材质：木质 3. 规格型号：A0.50（丙级） 4. 其他：闭门器、门锁、拉手及门铰等所有五金配件制作安装 5. 完成本清单项目所需的一切相关工作	m^2	641.92	53.94	0	44.13	525.16	7.91	10.79

续表

项目编码	标准名称	项目特征	计量单位	综合单价	人工费	机械费	材料费		管理费	利润
							辅材费	主材费		
010802003009	钢质防盗门	1. 名称：钢质防盗门制作安装 2. 门框、扇材质：钢质 3. 其他：门锁、拉手和门铰等所有五金配件制作安装 4. 完成本清单项目所需的一切相关工作	m^2	663.42	18.68	0.4	0.84	636.89	2.8	3.82
010803001001	金属卷帘门	1. 名称：镀锌钢卷帘门 2. 门材质：镀锌钢卷 3. 启动装置规格：综合考虑 4. 完成本清单项目所需的一切相关工作	m^2	796.74	62.8	3.44	39.35	668.2	9.71	13.25
010803001002	防火卷帘门	1. 名称：钢质防火卷帘 2. 门材质：钢质 3. 启动装置规格：综合考虑 4. 完成本清单项目所需的一切相关工作	m^2	1211.66	66.49	3.2	5.43	1112.39	10.22	13.94
010805001001	电子感应门	1. 门种类：电子感应自动门（玻璃门）4000mm × 2500mm 2. 门框材质:304 本色拉丝不锈钢 3. 玻璃种类、规格：12mm 厚超白钢化玻璃 4. 综合考虑门锁、拉手等所有五金配件制作安装 5. 完成本清单项目所需的一切相关工作	樘	16060.72	1112.96	0	62.01	14500	163.16	222.59
010805004001	全玻璃门	1. 门种类：不锈钢全玻璃门 2. 门框材质：304 不锈钢 3. 玻璃种类、规格：12mm 厚超白钢化玻璃 4. 综合考虑门锁、拉手等所有五金配件制作安装 5. 完成本清单项目所需的一切相关工作	m^2	1213.55	33.4	1.22	15.36	1151.57	5.08	6.92
010807001001	铝合金固定窗	1. 窗种类：70 系列铝合金固定窗 2. 型材壁厚：1.4mm 3. 铝合金表面处理：氟碳喷涂（三涂） 4. 综合考虑所有五金配件制作安装 5. 完成本清单项目所需的一切相关工作	m^2	470.95	17.7	0	37.9	409.22	2.59	3.54
010807001002	铝合金固定窗	1. 窗种类：90 系列铝合金固定窗 2. 型材壁厚：1.4mm 3. 铝合金表面处理：氟碳喷涂（三涂） 4. 综合考虑所有五金配件制作安装	m^2	514	17.7	0	37.9	452.27	2.59	3.54

续表

项目编码	标准名称	项目特征	计量单位	综合单价	人工费	机械费	材料费		管理费	利润
							辅材费	主材费		
010807001002	铝合金固定窗	5. 完成本清单项目所需的一切相关工作	m^2	514	17.7	0	37.9	452.27	2.59	3.54
010807001003	铝合金推拉窗	1. 窗种类：70 系列铝合金推拉窗 2. 型材壁厚：1.4mm 3. 铝合金表面处理：氟碳喷涂（三涂） 4. 综合考虑所有五金配件制作安装 5. 完成本清单项目所需的一切相关工作	m^2	447.29	23.41	0	21	394.76	3.43	4.68
010807001004	铝合金推拉窗	1. 窗种类：90 系列铝合金推拉窗 2. 型材壁厚：1.4mm 3. 铝合金表面处理：氟碳喷涂（三涂） 4. 综合考虑所有五金配件制作安装 5. 完成本清单项目所需的一切相关工作	m^2	511.52	23.41	0	21	458.99	3.43	4.68
010807001005	铝合金平开窗	1. 窗种类：38 系列铝合金平开窗 2. 型材壁厚：1.2mm 3. 铝合金表面处理：氟碳喷涂（三涂） 4. 综合考虑所有五金配件制作安装 5. 完成本清单项目所需的一切相关工作	m^2	416.91	23.41	0	27.4	357.99	3.43	4.68
010807001006	铝合金平开窗	1. 窗种类：50 系列铝合金平开窗 2. 型材壁厚：1.4mm 3. 铝合金表面处理：氟碳喷涂（三涂） 4. 综合考虑所有五金配件制作安装 5. 完成本清单项目所需的一切相关工作	m^2	466.97	23.41	0	27.4	408.05	3.43	4.68
010807001007	铝合金平开窗	1. 窗种类：70 系列铝合金平开窗 2. 型材壁厚：1.4mm 3. 铝合金表面处理：氟碳喷涂（三涂） 4. 综合考虑所有五金配件制作安装 5. 完成本清单项目所需的一切相关工作	m^2	545.03	23.41	0	27.4	486.11	3.43	4.68

续表

项目编码	标准名称	项目特征	计量单位	综合单价	人工费	机械费	材料费		管理费	利润
							辅材费	主材费		
010807002001	防火窗	1. 名称：钢质防火门视窗 2. 规格型号：综合考虑 3. 完成本清单项目所需的一切相关工作	m^2	588.86	20.53	0	1.21	560	3.01	4.11
010807002002	防火窗	1. 名称：木质防火门视窗 2. 规格型号：综合考虑 3. 完成本清单项目所需的一切相关工作	m^2	536.86	20.53	0	1.21	508	3.01	4.11
010807002003	防火窗	1. 窗种类：甲级金属防火窗 2. 型材壁厚：1.4mm 3. 玻璃品种：甲级防火玻璃 4. 铝合金表面处理：氟碳喷涂（三涂） 5. 综合考虑所有五金配件制作安装 6. 完成本清单项目所需的一切相关工作	m^2	704.14	20.53	0	1.21	675.28	3.01	4.11
010807002004	防火窗	1. 窗种类：乙级金属防火窗 2. 型材壁厚：1.4mm 3. 玻璃品种：乙级防火玻璃 4. 铝合金表面处理：氟碳喷涂（三涂） 5. 综合考虑所有五金配件制作安装 6. 完成本清单项目所需的一切相关工作	m^2	691.77	20.53	0	1.21	662.91	3.01	4.11
010807003001	金属百叶窗	1. 窗种类：全铝合金百叶窗，带防鼠网 2. 型材壁厚：1.4mm 3. 铝合金表面处理：氟碳喷涂（三涂） 4. 综合考虑所有五金配件制作安装 5. 完成本清单项目所需的一切相关工作	m^2	528	29.33	0	30.89	457.61	4.3	5.87
010809001001	窗台板	1. 名称：木窗台板 2. 材质：胶合板 18mm 厚 3. 完成本清单项目所需的一切相关工作	m^2	66.21	11.41	0.22	6.16	44.37	1.71	2.33
010809001002	窗台板	1. 名称：木窗台板 2. 材质：硬木 25mm 厚 3. 完成本清单项目所需的一切相关工作	m^2	125.28	16.31	1.43	2.7	98.68	2.6	3.55
010809001003	窗台板	1. 名称：石材窗台板 2. 材质：大理石板 25mm 厚 3. 完成本清单项目所需的一切相关工作	m^2	364.75	53.09	0.9	0.09	291.96	7.91	10.8

2.8 屋面及防水工程

2.8.1 工程量计算规则

本节包括屋面卷材防水、屋面涂膜防水、屋面刚性层防水、屋面分格缝、屋面变形缝、墙面卷材防水、墙面涂膜防水、墙面砂浆防水、墙面变形缝、楼（地）面卷材防水、楼（地）面涂膜防水、楼（地）面砂浆防水、楼（地）面变形缝等，共49个项目。

（1）屋面卷材防水、屋面涂膜防水，按设计图示尺寸以面积“m^2”计算。斜屋顶（不包括平屋顶找坡）按斜面积计算，平屋顶按水平投影面积计算。不扣除房上烟囱、风帽底座、风道、屋面小气窗和斜沟所占面积。屋面的女儿墙、伸缩缝和天窗等处的弯起部分，并入屋面工程量内。

（2）屋面刚性层防水，按设计图示尺寸以面积“m^2”计算。不扣除房上烟囱、风帽底座、风道等所占的面积。

（3）屋面刚性层防水如使用钢筋网者，钢筋制安参考“钢筋混凝土工程”章节相应清单开项。

（4）屋面分格缝，按设计图示尺寸以长度“m”计算。

（5）屋面变形缝，按设计图示尺寸以长度“m”计算。

（6）屋面防水搭接及附加层用量不另行计算，在综合单价中考虑。

（7）墙面卷材防水、墙面涂膜防水、墙面砂浆防水，按设计图示尺寸以面积“m^2”计算。

（8）墙面变形缝，按设计图示尺寸以长度“m”计算。墙面变形缝，若做双面，工程量乘以系数2。

（9）楼（地）面卷材防水、楼（地）面涂膜防水、楼（地）面砂浆防水，按设计图示尺寸以面积“m^2”计算。

（10）楼（地）面防水，按主墙间净空面积计算，扣除凸出地面的构筑物、设备基础等所占面积，不扣除间壁墙及单个面积小于或等于$0.3m^2$柱、垛、烟囱和孔洞所占面积。

（11）楼(地)面防水反边高度小于或等于300mm算作地面防水，反边高度大于300mm算作墙面防水计算。

（12）楼（地）面变形缝，按设计图示尺寸以长度“m”计算。

2.8.2 标准清单

屋面及防水工程标准清单库，见表2.8-1。

屋面及防水工程标准清单库 表2.8-1

项目编码	标准名称	项目特征	计量单位	综合单价	人工费	机械费	材料费		管理费	利润
							辅材费	主材费		
010902001001	屋面卷材防水	1. 部位：屋面 2. 卷材品种、厚度：自粘聚合物改性沥青防水卷材（有胎类），3mm厚	m^2	50.02	7.75	0	2.7	36.91	1.12	1.55

续表

项目编码	标准名称	项目特征	计量单位	综合单价	人工费	机械费	材料费		管理费	利润
							辅材费	主材费		
010902001001	屋面卷材防水	3. 防水层数：1 层 4. 做法：自粘、满铺 5. 完成本清单项目所需的一切相关工作	m^2	50.02	7.75	0	2.7	36.91	1.12	1.55
010902001002	屋面卷材防水	1. 部位：屋面 2. 卷材品种、厚度：自粘聚合物改性沥青防水卷材（有胎类），3mm 厚 3. 防水层数：每增减 1 层 4. 做法：自粘、满铺 5. 完成本清单项目所需的一切相关工作	m^2	43.09	6.56	0	0.16	34.11	0.95	1.31
010902001003	屋面卷材防水	1. 部位：屋面 2. 卷材品种、厚度：SBS 聚酯胎改性沥青卷材，3mm 厚 3. 防水层数：1 层 4. 做法：热熔、满铺 5. 完成本清单项目所需的一切相关工作	m^2	36.71	7.91	0	3.67	22.4	1.14	1.58
010902001004	屋面卷材防水	1. 部位：屋面 2. 卷材品种、厚度：SBS 聚酯胎改性沥青卷材，3mm 厚 3. 防水层数：每增减 1 层 4. 做法：热熔、满铺 5. 完成本清单项目所需的一切相关工作	m^2	30.99	6.65	0	1.13	20.92	0.96	1.33
010902001005	屋面卷材防水	1. 部位：屋面 2. 卷材品种、厚度：SBS 耐根穿刺改性沥青防水卷材，4mm 厚 3. 防水层数：1 层 4. 做法：综合考虑 5. 完成本清单项目所需的一切相关工作	m^2	83.92	7.06	0	11.39	63.03	1.02	1.41
010902002001	屋面涂膜防水	1. 部位：屋面 2. 防水膜品种：单组分聚氨酯涂膜防水（Ⅰ型） 3. 厚度：2mm 4. 完成本清单项目所需的一切相关工作	m^2	47.38	6.76	0	0.5	37.79	0.98	1.35
010902002002	屋面涂膜防水	1. 部位：屋面 2. 防水膜品种：单组分聚氨酯涂膜防水（Ⅰ型） 3. 厚度：每增减 0.5mm 4. 完成本清单项目所需的一切相关工作	m^2	11.72	1.69	0	0	9.45	0.24	0.34
010902002003	屋面涂膜防水	1. 部位：屋面 2. 防水膜品种：双组分聚氨酯涂膜防水（Ⅰ型） 3. 厚度：2mm 4. 完成本清单项目所需的一切相关工作	m^2	54.89	6.89	0	0.5	45.12	1	1.38

续表

项目编码	标准名称	项目特征	计量单位	综合单价	人工费	机械费	材料费		管理费	利润
							辅材费	主材费		
010902002004	屋面涂膜防水	1. 部位：屋面 2. 防水膜品种：双组分聚氨酯涂膜防水（Ⅰ型） 3. 厚度：每增减 0.5mm 4. 完成本清单项目所需的一切相关工作	m^2	13.55	1.69	0	0	11.28	0.24	0.34
010902002005	屋面涂膜防水	1. 部位：屋面 2. 防水膜品种：聚合物水泥（JS-Ⅱ）防水涂料 3. 厚度：2mm 4. 完成本清单项目所需的一切相关工作	m^2	48.53	6.76	0	0.5	38.93	0.98	1.35
010902002006	屋面涂膜防水	1. 部位：屋面 2. 防水膜品种：聚合物水泥（JS-Ⅱ）防水涂料 3. 厚度：每增减 0.5mm 4. 完成本清单项目所需的一切相关工作	m^2	12.01	1.69	0	0	9.73	0.24	0.34
010902002007	屋面涂膜防水	1. 部位：屋面 2. 防水膜品种：非固化橡胶沥青防水涂料 3. 厚度：2mm 4. 完成本清单项目所需的一切相关工作	m^2	56.09	5.8	3.24	1.5	42.43	1.31	1.81
010902002008	屋面涂膜防水	1. 部位：屋面 2. 防水膜品种：非固化橡胶沥青防水涂料 3. 厚度：每增减 0.5mm 4. 完成本清单项目所需的一切相关工作	m^2	13.65	1.45	0.81	0	10.61	0.33	0.45
010902004001	屋面刚性层防水	1. 部位：屋面 2. 防水材料：细石混凝土C20 3. 厚度：35mm 4. 完成本清单项目所需的一切相关工作	m^2	31.45	11.18	0	0.42	16	1.62	2.24
010902004002	屋面刚性层防水	1. 部位：屋面 2. 防水材料：细石混凝土C20 3. 厚度：每增减 10mm 4. 完成本清单项目所需的一切相关工作	m^2	7.8	2.58	0	0	4.33	0.37	0.52
010902004003	屋面刚性层防水	1. 部位：屋面 2. 防水材料：湿拌地面砂浆M15 3. 厚度：25mm 4. 完成本清单项目所需的一切相关工作	m^2	25.67	10.59	0	0.32	11.11	1.53	2.12

续表

项目编码	标准名称	项目特征	计量单位	综合单价	人工费	机械费	材料费		管理费	利润
							辅材费	主材费		
010902004004	屋面刚性层防水	1. 部位：屋面 2. 防水材料：湿拌地面砂浆M15 3. 厚度：每增减 10mm 4. 完成本清单项目所需的一切相关工作	m^2	8.67	3.32	0	0.1	4.1	0.48	0.66
010902004005	屋面分格缝	1. 部位：细石混凝土屋面 2. 材料：石油沥青 3. 厚度：35mm 4. 完成本清单项目所需的一切相关工作	m	8.32	4.08	0	2.71	0.12	0.59	0.82
010902004006	屋面分格缝	1. 部位：水泥砂浆屋面 2. 材料：石油沥青 3. 厚度：25mm 4. 完成本清单项目所需的一切相关工作	m	8.64	3.94	0	3.35	0	0.57	0.79
010902004007	屋面分格缝	1. 部位：细石混凝土或水泥砂浆屋面 2. 材料：石油沥青 3. 厚度：每增减 10mm 4. 完成本清单项目所需的一切相关工作	m	2.85	1.4	0	0.97	0	0.2	0.28
010901008001	屋面变形缝	1. 嵌缝材料种类：聚氨酯密封膏 2. 止水带材料种类：橡胶止水带 3. 盖缝材料：镀锌钢板0.75mm 厚 4. 缝宽：100mm 内 5. 完成本清单项目所需的一切相关工作	m	149.93	46.06	0	4.51	83.5	6.66	9.21
010903001001	墙面卷材防水	1. 部位：墙面 2. 卷材品种、厚度：SBS 聚酯胎改性沥青卷材（Ⅰ型），4mm 厚 3. 防水层数：1 层 4. 做法：热熔、满铺 5. 完成本清单项目所需的一切相关工作	m^2	43.59	9.89	0	3.83	26.46	1.43	1.98
010903001002	墙面卷材防水	1. 部位：墙面 2. 卷材品种、厚度：SBS 聚酯胎改性沥青卷材（Ⅰ型），4mm 厚 3. 防水层数：每增减 1 层 4. 做法：热熔、满铺 5. 完成本清单项目所需的一切相关工作	m^2	35.42	7.64	0	1.09	24.05	1.11	1.53
010903001003	墙面卷材防水	1. 部位：墙面 2. 卷材品种、厚度：单面自粘聚合物改性沥青卷材（无胎Ⅰ型），1.5mm 厚	m^2	35.89	9.69	0	2.86	20	1.4	1.94

续表

项目编码	标准名称	项目特征	计量单位	综合单价	人工费	机械费	材料费		管理费	利润
							辅材费	主材费		
010903001003	墙面卷材防水	3. 防水层数：1层 4. 做法：自粘、满铺 5. 完成本清单项目所需的一切相关工作	m^2	35.89	9.69	0	2.86	20	1.4	1.94
010903001004	墙面卷材防水	1. 部位：墙面 2. 卷材品种、厚度：自粘聚合物改性沥青防水卷材（有胎类），3mm厚 3. 防水层数：1层 4. 做法：自粘、湿铺 5. 完成本清单项目所需的一切相关工作	m^2	59.66	7.92	0	5.13	43.89	1.14	1.58
010903001005	墙面卷材防水	1. 部位：墙面 2. 卷材品种、厚度：单面自粘聚合物改性沥青卷材（无胎Ⅰ型），1.5mm厚 3. 防水层数：每增减1层 4. 做法：自粘、满铺 5. 完成本清单项目所需的一切相关工作	m^2	30.32	7.54	0	2.42	17.75	1.09	1.51
010903002001	墙面涂膜防水	1. 部位：墙面 2. 防水膜品种：单组分聚氨酯防水涂料（Ⅰ型） 3. 厚度：2mm 4. 完成本清单项目所需的一切相关工作	m^2	48.89	7.83	0	0.5	37.86	1.13	1.57
010903002002	墙面涂膜防水	1. 部位：墙面 2. 防水膜品种：单组分聚氨酯防水涂料（Ⅰ型） 3. 厚度：每增减0.5mm 4. 完成本清单项目所需的一切相关工作	m^2	11.61	1.96	0	0	8.98	0.28	0.39
010903002003	墙面涂膜防水	1. 部位：墙面 2. 防水膜品种：双组分聚氨酯防水涂料（Ⅰ型） 3. 厚度：2mm 4. 完成本清单项目所需的一切相关工作	m^2	56.2	7.83	0	0.5	45.17	1.13	1.57
010903002004	墙面涂膜防水	1. 部位：墙面 2. 防水膜品种：双组分聚氨酯防水涂料（Ⅰ型） 3. 厚度：每增减0.5mm 4. 完成本清单项目所需的一切相关工作	m^2	13.92	1.96	0	0	11.29	0.28	0.39
010903002005	墙面涂膜防水	1. 部位：墙面或地面 2. 防水膜品种：聚合物水泥防水涂料（JS-Ⅱ） 3. 厚度：2mm 4. 完成本清单项目所需的一切相关工作	m^2	54.46	6.89	0	0.5	44.7	1	1.38

续表

项目编码	标准名称	项目特征	计量单位	综合单价	人工费	机械费	材料费		管理费	利润
							辅材费	主材费		
010903002006	墙面涂膜防水	1. 部位：墙面或地面 2. 防水膜品种：聚合物水泥防水涂料（JS-Ⅱ） 3. 厚度：每增减 0.5mm 4. 完成本清单项目所需的一切相关工作	m^2	13.49	1.72	0	0	11.17	0.25	0.34
010903002007	墙面涂膜防水	1. 部位：墙面或地面 2. 防水膜品种：水泥基渗透结晶防水涂料 3. 厚度：1mm 4. 完成本清单项目所需的一切相关工作	m^2	36	6.23	0	0.39	27.23	0.9	1.25
010903002008	墙面涂膜防水	1. 部位：墙面或地面 2. 防水膜品种：水泥基渗透结晶防水涂料 3. 厚度：每增减 0.1mm 4. 完成本清单项目所需的一切相关工作	m^2	3.09	0.62	0	0	2.25	0.09	0.12
010903003001	墙面砂浆防水	1. 部位：墙面 2. 材料：湿拌防水砂浆、P6、M15 3. 厚度：20mm 4. 完成本清单项目所需的一切相关工作	m^2	20.38	8.94	0	0.3	8.06	1.29	1.79
010903003002	墙面砂浆防水	1. 部位：墙面 2. 材料：湿拌防水砂浆、P6、M15 3. 厚度：每增减 5mm 4. 完成本清单项目所需的一切相关工作	m^2	5.12	2.29	0	0.07	1.98	0.33	0.46
010903004001	墙面变形缝	1. 嵌缝材料种类：聚氯乙烯胶泥 2. 止水带材料种类：橡胶止水带 3. 盖缝材料：铝合金盖缝板 1.5mm 厚 4. 缝宽：100mm 内 5. 完成本清单项目所需的一切相关工作	m	159.36	28.71	0	5.26	115.51	4.15	5.74
010904001001	楼（地）面卷材防水	1. 部位：楼（地）面 2. 卷材品种、厚度：SBS 聚酯胎改性沥青卷材（Ⅰ型），4mm 厚 3. 防水层数：1 层 4. 做法：热熔、满铺 5. 完成本清单项目所需的一切相关工作	m^2	45.21	8.71	0	3.97	29.53	1.26	1.74

续表

项目编码	标准名称	项目特征	计量单位	综合单价	人工费	机械费	材料费		管理费	利润
							辅材费	主材费		
010904001002	楼(地)面卷材防水	1. 部位：楼（地）面 2. 卷材品种、厚度：SBS 聚酯胎改性沥青卷材（Ⅰ型），4mm 厚 3. 防水层数：每增减 1 层 4. 做法：热熔、满铺 5. 完成本清单项目所需的一切相关工作	m^2	34.32	6.65	0	1.11	24.28	0.96	1.33
010904001003	楼(地)面卷材防水	1. 部位：楼（地）面 2. 卷材品种、厚度：自粘聚合物改性沥青防水卷材（有胎类），3mm 厚 3. 防水层数：1 层 4. 做法：自粘、满铺 5. 完成本清单项目所需的一切相关工作	m^2	56.56	8.53	0	2.75	42.34	1.23	1.71
010904001004	楼(地)面卷材防水	1. 部位：楼（地）面 2. 卷材品种、厚度：自粘聚合物改性沥青防水卷材（有胎类），3mm 厚 3. 防水层数：每增减 1 层 4. 做法：自粘、满铺 5. 完成本清单项目所需的一切相关工作	m^2	45.86	6.56	0	2.5	34.55	0.95	1.31
010904001005	楼(地)面卷材防水	1. 部位：楼（地）面 2. 卷材品种、厚度：自粘聚合物改性沥青防水卷材（有胎类），3mm 厚 3. 防水层数：1 层 4. 做法：自粘、湿铺 5. 完成本清单项目所需的一切相关工作	m^2	63.37	6.97	0	5.17	48.83	1.01	1.39
010904002001	楼(地)面涂膜防水	1. 部位：楼（地）面 2. 防水膜品种：单组分聚氨酯防水涂料（Ⅰ型） 3. 厚度：2mm 4. 完成本清单项目所需的一切相关工作	m^2	53.15	6.89	0	0.5	43.39	1	1.38
010904002002	楼(地)面涂膜防水	1. 部位：楼（地）面 2. 防水膜品种：单组分聚氨酯防水涂料（Ⅰ型） 3. 厚度：每增减 0.5mm 4. 完成本清单项目所需的一切相关工作	m^2	11.29	1.72	0	0	8.98	0.25	0.34
010904002003	楼(地)面涂膜防水	1. 部位：楼（地）面 2. 防水膜品种：双组分聚氨酯防水涂料（Ⅰ型） 3. 厚度：2mm 4. 完成本清单项目所需的一切相关工作	m^2	61.56	6.89	0	0.5	51.8	1	1.38

续表

项目编码	标准名称	项目特征	计量单位	综合单价	人工费	机械费	材料费		管理费	利润
							辅材费	主材费		
010904002004	楼（地）面涂膜防水	1. 部位：楼（地）面 2. 防水膜品种：双组分聚氨酯防水涂料（Ⅰ型） 3. 厚度：每增减 0.5mm 4. 完成本清单项目所需的一切相关工作	m^2	15.27	1.72	0	0	12.95	0.25	0.34
010904003001	楼（地）面砂浆防水	1. 部位：楼（地）面 2. 材料：湿拌防水砂浆、P6、M15 3. 厚度：20mm 4. 完成本清单项目所需的一切相关工作	m^2	20.38	8.94	0	0.3	8.06	1.29	1.79
010904003002	楼（地）面砂浆防水	1. 部位：楼（地）面 2. 材料：湿拌防水砂浆、P6、M15 3. 厚度：每增减 5mm 4. 完成本清单项目所需的一切相关工作	m^2	4.99	2.19	0	0.07	1.98	0.32	0.44
010904004001	楼（地）面变形缝	1. 嵌缝材料种类：聚氨酯密封膏 2. 止水带材料种类：橡胶止水带 3. 盖缝材料：镀锌钢板 5mm 厚 4. 缝宽：150mm 内 5. 完成本清单项目所需的一切相关工作	m	158.28	34.17	0	3.17	109.17	4.94	6.83

2.9　保温隔热工程

2.9.1　工程量计算规则

本节包括保温隔热屋面、保温隔热墙面、保温隔热楼地面、隔离层等，共 18 个项目。

（1）保温隔热屋面，按设计图示尺寸以面积“m^2”计算。扣除面积大于 $0.3m^2$ 孔洞及占位面积。

（2）保温隔热墙面，按设计图示尺寸以面积“m^2”计算。扣除门窗洞口以及面积大于 $0.3m^2$ 梁、孔洞所占面积；门窗洞口侧壁以及与墙相连的柱，并入保温墙体工程量内。

（3）保温隔热楼地面，按设计图示尺寸以面积“m^2”计算。扣除面积大于 $0.3m^2$ 柱、垛、孔洞所占面积，门洞、空圈、暖气包槽、壁龛的开口部分不增加面积。

（4）隔离层，按设计图示尺寸以展开面积“m^2”计算。扣除面积大于 $0.3m^2$ 孔洞及占位面积。

2.9.2 标准清单

保温隔热工程标准清单库，见表2.9-1。

保温隔热工程标准清单库 表2.9-1

项目编码	标准名称	项目特征	计量单位	综合单价	人工费	机械费	材料费		管理费	利润
							辅材费	主材费		
011001001001	保温隔热屋面	1. 部位：屋面 2. 材料：聚苯乙烯泡沫板 3. 厚度：50mm 4. 完成本清单项目所需的一切相关工作	m²	46.63	11.27	0	0.04	31.44	1.63	2.25
011001001002	保温隔热屋面	1. 部位：屋面 2. 材料：硬质聚氨酯泡沫塑料 3. 厚度：20mm 4. 完成本清单项目所需的一切相关工作	m²	29.75	11.89	1.28	1.08	10.97	1.9	2.63
011001001003	保温隔热屋面	1. 部位：屋面 2. 材料：硬质聚氨酯泡沫塑料 3. 厚度：每增减5mm 4. 完成本清单项目所需的一切相关工作	m²	5.44	2.36	0.32	0	1.84	0.39	0.54
011001001004	保温隔热屋面	1. 部位：屋面 2. 材料：陶粒混凝土C25 3. 厚度：100mm 4. 完成本清单项目所需的一切相关工作	m²	61.68	17.8	0	0.26	37.49	2.57	3.56
011001001005	保温隔热屋面	1. 部位：屋面 2. 材料：陶粒混凝土C25 3. 厚度：每增减10mm 4. 完成本清单项目所需的一切相关工作	m²	5.69	1.43	0	0.02	3.75	0.21	0.29
011001001006	保温隔热屋面	1. 部位：屋面 2. 材料：泡沫混凝土 配合比400kg/m³ 3. 厚度：100mm 4. 完成本清单项目所需的一切相关工作	m²	31.9	11.36	1.18	1.65	13.39	1.81	2.51
011001001007	保温隔热屋面	1. 部位：屋面 2. 材料：泡沫混凝土 配合比400kg/m³ 3. 厚度：每增减10mm 4. 完成本清单项目所需的一切相关工作	m²	2.82	0.9	0.12	0.11	1.34	0.15	0.2
011001001008	保温隔热屋面	1. 部位：屋面 2. 材料：加气混凝土 配合比500kg/m³ 3. 厚度：100mm 4. 完成本清单项目所需的一切相关工作	m²	33.33	11.36	1.18	2.94	13.53	1.81	2.51

续表

项目编码	标准名称	项目特征	计量单位	综合单价	人工费	机械费	材料费		管理费	利润
							辅材费	主材费		
011001001009	保温隔热屋面	1. 部位：屋面 2. 材料：加气混凝土 配合比 500kg/m^3 3. 厚度：每增减 10mm 4. 完成本清单项目所需的一切相关工作	m^2	2.96	0.9	0.12	0.24	1.35	0.15	0.2
011001003001	保温隔热墙面	1. 部位：外墙 2. 材料：XPS 聚苯乙烯挤塑板 3. 厚度：20mm 4. 增强网格：镀锌铁丝网 ϕ0.9mm × 10mm × 10mm 5. 完成本清单项目所需的一切相关工作	m^2	83.61	42.91	0	11.01	14.91	6.2	8.58
011001003002	保温隔热墙面	1. 部位：外墙 2. 材料：EPS 聚苯板 3. 厚度：20mm 4. 增强网格：镀锌铁丝网 ϕ0.9mm × 10mm × 10mm 5. 完成本清单项目所需的一切相关工作	m^2	115.45	42.91	0	10.09	47.67	6.2	8.58
011001005001	保温隔热楼地面	1. 部位：楼地面 2. 材料：聚苯乙烯泡沫板 3. 厚度：50mm 4. 做法：粘贴 5. 完成本清单项目所需的一切相关工作	m^2	66.9	20.44	0	0	39.42	2.95	4.09
011001005002	保温隔热楼地面	1. 部位：楼地面 2. 材料：聚苯乙烯泡沫板 3. 厚度：50mm 4. 做法：干铺 5. 完成本清单项目所需的一切相关工作	m^2	46.05	10.87	0	0	31.44	1.57	2.17
011003001001	隔离层	1. 部位：楼地面 2. 材料：聚乙烯薄膜 3. 厚度：0.05mm 4. 做法：铺设 5. 完成本清单项目所需的一切相关工作	m^2	4.56	3.13	0	0	0.35	0.45	0.63
011003001002	隔离层	1. 部位：楼地面 2. 材料：无纺布 3. 做法：铺设 4. 完成本清单项目所需的一切相关工作	m^2	8.3	1.76	0	0.01	5.92	0.25	0.35

第3章　装饰工程标准清单

3.1　楼地面工程

3.1.1　工程量计算规则

本节包括水泥砂浆楼地面、细石混凝土楼地面、自流坪楼地面、平面砂浆找平层、石材楼地面、块料楼地面、地毯楼地面、实木地板、抗静电活动地板地面、石材踢脚线、块料踢脚线、木质踢脚线、金属踢脚线、水泥砂浆踢脚线、石材楼梯面层、现浇水磨石楼梯面层、块料楼梯面层、水泥砂浆楼梯面层、石材台阶面、现浇水磨石台阶面、块料台阶面、水泥砂浆台阶面、石材零星项目、块料零星项目等，共45个项目。

（1）水泥砂浆楼地面、细石混凝土楼地面、自流坪楼地面，按设计图示尺寸以面积"m^2"计算。扣除凸出地面构筑物、设备基础、室内铁道、地沟等所占面积，不扣除间壁墙及小于或等于0.3m^2的柱、垛、附墙烟囱及孔洞所占面积。门洞、空圈、暖气包槽、壁龛的开口部分不增加面积。

（2）平面砂浆找平层，按设计图示尺寸以面积"m^2"计算。

（3）石材楼地面、块料楼地面，按设计图示尺寸以面积"m^2"计算。门洞、空圈、暖气包槽、壁龛的开口部分并入相应的工程量内。

（4）地毯楼地面、实木地板、抗静电活动地板地面，按设计图示尺寸以面积"m^2"计算。门洞、空圈、暖气包槽、壁龛的开口部分并入相应的工程量内。

（5）石材踢脚线、块料踢脚线、木质踢脚线、金属踢脚线、水泥砂浆踢脚线，按设计图示长度乘以高度以面积"m^2"计算。

（6）石材楼梯面层、现浇水磨石楼梯面层、块料楼梯面层、水泥砂浆楼梯面层，按设计图示尺寸以楼梯（包括踏步、休息平台及小于或等于500mm的楼梯井）水平投影面积"m^2"计算。楼梯与楼地面相连时，算至梯口梁内侧边沿；无梯口梁者，算至最上一层踏步边沿加300mm。

（7）石材台阶面、现浇水磨石台阶面、块料台阶面、水泥砂浆台阶面，按设计图示尺寸以台阶（包括最上层踏步边沿加300mm）水平投影面积"m^2"计算。

（8）石材零星项目、块料零星项目，按设计图示尺寸以面积"m^2"计算。

（9）楼梯、台阶侧面装饰，小于或等于0.5m^2少量分散的楼地面装修，应按零星装饰项目列项。

3.1.2　标准清单

楼地面工程标准清单库，见表3.1-1。

楼地面工程标准清单库　　表 3.1-1

项目编码	标准名称	项目特征	计量单位	综合单价	人工费	机械费	材料费		管理费	利润
							辅材费	主材费		
011101001001	水泥砂浆楼地面	1. 部位：楼地面 2. 砂浆品种和强度等级：湿拌地面砂浆 M15 3. 厚度：20mm 4. 完成本清单项目所需的一切相关工作	m^2	28.36	14.16	0	0.29	8.58	2.51	2.83
011101001002	水泥砂浆楼地面	1. 部位：防滑坡道 2. 砂浆品种和强度等级：湿拌地面砂浆 M15 3. 厚度：20mm 4. 完成本清单项目所需的一切相关工作	m^2	34.08	16.67	0	0.33	10.79	2.96	3.33
011101001003	水泥砂浆楼地面	1. 部位：楼地面加浆抹光随捣随抹 2. 砂浆品种和强度等级：湿拌地面砂浆 M15 3. 厚度：5mm 4. 完成本清单项目所需的一切相关工作	m^2	12.22	7	0	0.15	2.42	1.24	1.4
011101002001	细石混凝土楼地面	1. 材料：普通混凝土 2. 混凝土强度等级：C20 3. 厚度：30mm 4. 完成本清单项目所需的一切相关工作	m^2	25.73	9.33	0.03	0.02	12.82	1.66	1.87
011101002002	细石混凝土楼地面	1. 材料：普通混凝土 2. 混凝土强度等级：C20 3. 厚度：每增减 5mm 4. 完成本清单项目所需的一切相关工作	m^2	4.33	1.62	0	0	2.1	0.29	0.32
011101003001	自流坪楼地面	1. 基面：清洁处理地面、打磨除尘 2. 底层：环氧底漆一道 0.2mm 厚 3. 中层：环氧中层漆一道 1.0mm 厚 4. 面层：环氧面漆一道 1.0mm 厚 5. 完成本清单项目所需的一切相关工作	m^2	65.1	12.77	0.18	0.02	47.24	2.3	2.59
011101003002	自流坪楼地面	1. 面层材料：环氧面漆 2. 厚度：每增减 0.5mm 3. 完成本清单项目所需的一切相关工作	m^2	14.45	0.93	0.03	0	13.13	0.17	0.19
011101003003	自流坪楼地面	1. 面层材料：金刚砂 2. 完成本清单项目所需的一切相关工作	m^2	29.3	5.75	0.07	1.94	19.35	1.03	1.16
011101003004	自流坪楼地面	1. 面层材料：水泥自流平 2. 厚度：3～5mm 3. 完成本清单项目所需的一切相关工作	m^2	11.39	4.35	0.18	0.08	5.08	0.8	0.91

续表

项目编码	标准名称	项目特征	计量单位	综合单价	人工费	机械费	材料费		管理费	利润
							辅材费	主材费		
011101006001	平面砂浆找平层	1. 部位：楼地面 2. 砂浆品种和强度等级：湿拌地面砂浆 M15 3. 厚度：20mm 4. 其他：在硬基层上施工 5. 完成本清单项目所需的一切相关工作	m^2	18.81	7.6	0	0.18	8.17	1.35	1.52
011101006002	平面砂浆找平层	1. 部位：楼地面 2. 砂浆品种和强度等级：湿拌地面砂浆 M15 3. 厚度：20mm 4. 其他：在填充层上施工 5. 完成本清单项目所需的一切相关工作	m^2	20.65	7.62	0	0.2	9.96	1.35	1.52
011101006003	平面砂浆找平层	1. 部位：楼地面 2. 砂浆品种和强度等级：湿拌地面砂浆 M15 3. 厚度：每增减 5mm 4. 其他：在硬基层或填充层上施工 5. 完成本清单项目所需的一切相关工作	m^2	3.85	1.31	0	0.04	2.01	0.23	0.26
011102001001	石材楼地面	1. 部位：楼地面 2. 结合层厚度、材料和强度等级：20mm 厚干硬性水泥砂浆 M20 3. 面层厚度和材料：20mm 厚大理石 4. 完成本清单项目所需的一切相关工作	m^2	280.86	31.45	0.44	1.32	235.61	5.65	6.38
011102001002	石材楼地面	1. 部位：楼地面 2. 结合层厚度、材料和强度等级：20mm 厚干硬性水泥砂浆 M20 3. 面层厚度和材料：20mm 厚花岗岩 4. 完成本清单项目所需的一切相关工作	m^2	224.87	27.8	0.44	1.37	184.61	5.01	5.65
011102001003	石材楼地面	1. 部位：楼地面 2. 结合层厚度、材料和强度等级：20mm 厚干硬性水泥砂浆 M20 3. 面层材料：预制水磨石块 4. 完成本清单项目所需的一切相关工作	m^2	118.78	27.38	0.44	0.67	79.8	4.93	5.56
011102003001	块料楼地面	1. 部位：楼地面 2. 结合层厚度、材料和强度等级：20mm 厚干硬性水泥砂浆 M15	m^2	103.9	31.87	0.44	0.38	59.01	5.73	6.46

续表

项目编码	标准名称	项目特征	计量单位	综合单价	人工费	机械费	材料费		管理费	利润
							辅材费	主材费		
011102003001	块料楼地面	3. 面层材料和规格：瓷质抛光砖 300mm × 300mm 4. 完成本清单项目所需的一切相关工作	m^2	103.9	31.87	0.44	0.38	59.01	5.73	6.46
011102003002	块料楼地面	1. 部位：楼地面 2. 结合层厚度、材料和强度等级：20mm 厚干硬性水泥砂浆 M15 3. 面层材料和规格：瓷质抛光砖 400mm × 400mm 4. 完成本清单项目所需的一切相关工作	m^2	98.94	28.72	0.44	0.38	58.4	5.17	5.83
011102003003	块料楼地面	1. 部位：楼地面 2. 结合层厚度、材料和强度等级：20mm 厚干硬性水泥砂浆 M15 3. 面层材料和规格：瓷质抛光砖 600mm × 600mm 4. 完成本清单项目所需的一切相关工作	m^2	129.02	31.56	0.44	0.39	84.56	5.67	6.4
011102003004	块料楼地面	1. 部位：楼地面 2. 结合层厚度、材料和强度等级：20mm 厚干硬性水泥砂浆 M15 3. 面层材料和规格：瓷质抛光砖 800mm × 800mm 4. 完成本清单项目所需的一切相关工作	m^2	134.42	32.8	0.44	0.38	88.25	5.89	6.65
011102003005	块料楼地面	1. 部位：楼地面 2. 结合层厚度、材料和强度等级：20mm 厚干硬性水泥砂浆 M15 3. 面层材料和规格：瓷质抛光砖 1000mm × 1000mm 4. 完成本清单项目所需的一切相关工作	m^2	203.66	41.22	0.44	0.38	145.89	7.39	8.33
011104001001	地毯楼地面	1. 部位：楼地面 2. 地毯品种、规格：方块地毯 600mm × 600mm 3. 压线条：木条、铝合金条、地毯烫带 4. 完成本清单项目所需的一切相关工作	m^2	229.33	20.44	0	2.64	198.54	3.62	4.09
011104001002	地毯楼地面	1. 部位：楼地面 2. 地毯品种、规格：防静电地毯、规格综合考虑 3. 压线条：木条、铝合金条、地毯烫带 4. 完成本清单项目所需的一切相关工作	m^2	261.24	41.57	0	26.97	177.02	7.37	8.31

续表

项目编码	标准名称	项目特征	计量单位	综合单价	人工费	机械费	材料费		管理费	利润
							辅材费	主材费		
011104002001	实木地板	1. 部位：楼地面 2. 防潮层：清理基层、铺防潮层 3. 地板品种、规格：实木地板 4. 其他：铺在水泥地面上平口 5. 完成本清单项目所需的一切相关工作	m^2	119.33	24.51	0.08	8.22	77.24	4.36	4.92
011104002002	实木地板	1. 部位：楼地面 2. 防潮层：清理基层、铺防潮层 3. 地板品种、规格：实木地板 4. 其他：铺在水泥地面上企口 5. 完成本清单项目所需的一切相关工作	m^2	199.23	30.11	0.08	8.22	149.42	5.35	6.04
011104003001	抗静电活动地板地面	1. 部位：楼地面 2. 支架品种：镀锌支架，规格综合考虑 3. 地板品种、规格：防静电活动地板 500mm × 500mm × 30mm 4. 完成本清单项目所需的一切相关工作	m^2	576.69	35.3	0	0.09	527.98	6.26	7.06
011105001001	水泥砂浆踢脚线	1. 砂浆品种和强度等级：湿拌抹灰砂浆 M15 2. 厚度：20mm 3. 完成本清单项目所需的一切相关工作	m^2	63.39	39.95	0	0.29	8.07	7.08	7.99
011105002001	石材踢脚线	1. 结合层厚度、材料和强度等级：20mm 厚湿拌抹灰砂浆 M20 2. 面层厚度和材料：20mm 厚大理石 3. 完成本清单项目所需的一切相关工作	m^2	297.54	47.83	0	0.72	230.95	8.48	9.57
011105002002	石材踢脚线	1. 结合层厚度、材料和强度等级：20mm 厚湿拌抹灰砂浆 M20 2. 面层厚度和材料：20mm 厚花岗岩 3. 完成本清单项目所需的一切相关工作	m^2	250.47	50.65	0	0.76	179.95	8.98	10.13
011105003001	块料踢脚线	1. 结合层厚度、材料和强度等级：20mm 厚湿拌抹灰砂浆 M15 2. 面层材料和规格：釉面砖 100mm × 200mm 3. 完成本清单项目所需的一切相关工作	m^2	115.21	64.33	0	0.36	26.25	11.41	12.87

续表

项目编码	标准名称	项目特征	计量单位	综合单价	人工费	机械费	材料费		管理费	利润
							辅材费	主材费		
011105005001	木质踢脚线	1. 材料和规格：实木100mm高 2. 完成本清单项目所需的一切相关工作	m^2	189.6	36.17	0.16	56.5	83.07	6.44	7.26
011105006001	金属踢脚线	1. 材料和规格：不锈钢踢脚线，100mm高，厚度1mm 2. 完成本清单项目所需的一切相关工作	m^2	332.67	42.12	0	3.34	271.32	7.47	8.42
011105006002	金属踢脚线	1. 材料和规格：铝合金踢脚线，100mm高，厚度1mm 2. 完成本清单项目所需的一切相关工作	m^2	238.83	42.12	0	3.34	177.48	7.47	8.42
011106002001	石材楼梯面层	1. 部位：楼梯 2. 结合层厚度、材料和强度等级：20mm厚干硬性水泥砂浆M20 3. 面层厚度和材料：20mm厚大理石 4. 完成本清单项目所需的一切相关工作	m^2	435.78	71.06	0.6	1.81	335.28	12.7	14.33
011106002002	石材楼梯面层	1. 部位：楼梯 2. 结合层厚度、材料和强度等级：20mm厚干硬性水泥砂浆M20 3. 面层厚度和材料：20mm厚花岗岩 4. 完成本清单项目所需的一切相关工作	m^2	365.17	72.53	0.6	1.87	262.59	12.97	14.63
011106003001	块料楼梯面层	1. 部位：台阶 2. 结合层厚度、材料和强度等级：20mm厚干硬性水泥砂浆M15 3. 面层材料和规格：瓷质抛光砖，规格综合考虑 4. 完成本清单项目所需的一切相关工作	m^2	230.83	117.54	0.61	0.52	67.58	20.95	23.63
011106001001	水泥砂浆楼梯面层	1. 部位：楼梯 2. 砂浆品种和强度等级：湿拌地面砂浆M15 3. 厚度：20mm 4. 完成本清单项目所需的一切相关工作	m^2	70.54	42.34	0	0.37	11.85	7.51	8.47
011106002003	现浇水磨石楼梯面层	1. 部位：楼梯 2. 结合层厚度、材料和强度等级：20mm厚干硬性水泥砂浆M20 3. 面层材料：预制水磨石块 4. 完成本清单项目所需的一切相关工作	m^2	207.36	67.12	0.6	0.92	113.17	12.01	13.54
011107002001	石材台阶面	1. 部位：台阶 2. 结合层厚度、材料和强度等级：20mm厚干硬性水泥砂浆M20	m^2	443.93	56.26	0.65	2.02	363.52	10.09	11.38

续表

项目编码	标准名称	项目特征	计量单位	综合单价	人工费	机械费	材料费		管理费	利润
							辅材费	主材费		
011107002001	石材台阶面	3. 面层厚度和材料：20mm厚大理石 4. 完成本清单项目所需的一切相关工作	m^2	443.93	56.26	0.65	2.02	363.52	10.09	11.38
011107002002	石材台阶面	1. 部位：台阶 2. 结合层厚度、材料和强度等级：20mm厚干硬性水泥砂浆M20 3. 面层厚度和材料：20mm厚花岗岩 4. 完成本清单项目所需的一切相关工作	m^2	371.02	60.56	0.65	2.02	284.7	10.85	12.24
011107003001	块料台阶面	1. 部位：台阶 2. 结合层厚度、材料和强度等级：20mm厚干硬性水泥砂浆M15 3. 面层材料和规格：瓷质抛光砖，规格综合考虑 4. 完成本清单项目所需的一切相关工作	m^2	196.99	88.83	0.66	0.5	73.24	15.87	17.9
011107001001	水泥砂浆台阶面	1. 部位：台阶 2. 砂浆品种和强度等级：湿拌地面砂浆M15 3. 厚度：20mm 4. 完成本清单项目所需的一切相关工作	m^2	55.59	30.75	0	0.41	12.82	5.45	6.15
011107002003	现浇水磨石台阶面	1. 部位：台阶 2. 结合层厚度、材料和强度等级：20mm厚干硬性水泥砂浆M20 3. 面层材料：预制水磨石块 4. 完成本清单项目所需的一切相关工作	m^2	200.26	54.95	0.65	1	122.69	9.86	11.12
011108001001	石材零星项目	1. 部位：零星位置 2. 结合层厚度、材料和强度等级：20mm厚干硬性水泥砂浆M20 3. 面层厚度和材料：20mm厚大理石 4. 完成本清单项目所需的一切相关工作	m^2	336.29	64.4	0.44	1.37	245.62	11.5	12.97
011108001002	石材零星项目	1. 部位：零星位置 2. 结合层厚度、材料和强度等级：20mm厚干硬性水泥砂浆M20 3. 面层厚度和材料：20mm厚花岗岩 4. 完成本清单项目所需的一切相关工作	m^2	285.25	66.01	0.44	1.37	192.37	11.78	13.29

续表

项目编码	标准名称	项目特征	计量单位	综合单价	人工费	机械费	材料费		管理费	利润
							辅材费	主材费		
011108003001	块料零星项目	1. 部位：零星位置 2. 结合层厚度、材料和强度等级：20mm 厚干硬性水泥砂浆 M15 3. 面层材料和规格：瓷质抛光砖，规格综合考虑 4. 完成本清单项目所需的一切相关工作	m^2	220.8	91.52	0.44	0.34	93.8	16.31	18.39

3.2　墙柱面工程

3.2.1　工程量计算规则

本节包括砌块墙钢丝网加固、墙面一般抹灰、立面砂浆找平层、石材墙面、干挂石材钢骨架、块料墙面、非承重隔墙、玻璃隔断、成品隔断、带骨架幕墙等，共 30 个项目。

（1）砌块墙钢丝网加固，按设计图示尺寸以面积“m^2”计算。

（2）墙面一般抹灰、立面砂浆找平层按设计图示尺寸，以面积“m^2”计算。扣除墙裙、门窗洞口及单个大于 $0.3m^2$ 的孔洞面积，不扣除踢脚线、挂镜线和墙与构件交接处的面积。门窗洞口和孔洞的侧壁及顶面不增加面积，飘窗另按墙面、地面、天棚面分别计算。附墙柱、梁、垛、烟囱侧壁并入相应的墙面面积内。

（3）石材墙面、块料墙面按镶贴表面积“m^2”计算。

（4）干挂石材钢骨架按设计图示尺寸，以质量“t”计算。

（5）非承重隔墙工程量，按设计图示墙净长乘以净高以“m^2”计算，扣除门窗洞口及单个 $0.3m^2$ 以上的孔洞所占面积。

（6）玻璃隔断按设计图示框外围尺寸，以面积“m^2”计算。不扣除单个小于或等于 $0.3m^2$ 的孔洞所占面积。

（7）成品隔断按设计图示框外围尺寸，以面积“m^2”计算。不扣除单个小于或等于 $0.3m^2$ 的孔洞所占面积；浴厕门的材质与隔断相同时，门的面积并入隔断面积内。

（8）带骨架幕墙按设计图示框外围尺寸，以面积“m^2”计算。与幕墙同种材质的窗所占面积不扣除。

（9）与幕墙同种材质的窗并入幕墙工程量内容，包含在幕墙综合单价中；幕墙钢骨架按干挂石材钢骨架另列项目。

3.2.2　标准清单

墙柱面工程标准清单库，见表 3.2-1。

墙柱面工程标准清单库　　表 3.2-1

项目编码	标准名称	项目特征	计量单位	综合单价	人工费	机械费	材料费		管理费	利润
							辅材费	主材费		
010506023001	砌块墙钢丝网加固	1. 部位：墙面 2. 材料品种和规格：铁丝网，规格综合考虑 3. 完成本清单项目所需的一切相关工作	m^2	19.82	9.25	0	1.12	6.16	1.43	1.85
010506023002	砌块墙钢丝网加固	1. 部位：墙面 2. 材料品种和规格：玻璃纤维网，规格综合考虑 3. 完成本清单项目所需的一切相关工作	m^2	15.61	7.4	0	0.59	4.99	1.15	1.48
011201001001	墙面一般抹灰	1. 部位：内墙 2. 底层砂浆品种、厚度和强度等级：湿拌抹灰砂浆 15mm 厚 M15 3. 面层砂浆品种、厚度和强度等级：湿拌抹灰砂浆 5mm 厚 M20 4. 完成本清单项目所需的一切相关工作	m^2	29.12	14.5	0	0.21	9.26	2.25	2.9
011201001002	墙面一般抹灰	1. 部位：外墙 2. 底层砂浆品种、厚度和强度等级：湿拌抹灰砂浆 15mm 厚 M15 3. 面层砂浆品种、厚度和强度等级：湿拌抹灰砂浆 5mm 厚 M20 4. 完成本清单项目所需的一切相关工作	m^2	44.84	26.1	0	0.21	9.26	4.05	5.22
011201001003	墙面一般抹灰	1. 部位：内、外墙 2. 砂浆品种和强度等级：湿拌抹灰砂浆 M20 3. 厚度：每增减 1mm 4. 完成本清单项目所需的一切相关工作	m^2	1.09	0.44	0	0.01	0.48	0.07	0.09
011201004001	立面砂浆找平层	1. 部位：内墙 2. 砂浆品种和强度等级：湿拌抹灰砂浆 M10 3. 厚度：15mm 4. 完成本清单项目所需的一切相关工作	m^2	20.95	10.42	0	0.17	6.66	1.61	2.08
011201004002	立面砂浆找平层	1. 部位：外墙 2. 砂浆品种和强度等级：湿拌抹灰砂浆 M10 3. 厚度：15mm 4. 完成本清单项目所需的一切相关工作	m^2	32.24	18.75	0	0.17	6.66	2.91	3.75
011201004003	立面砂浆找平层	1. 部位：内、外墙 2. 砂浆品种和强度等级：湿拌抹灰砂浆 M10	m^2	1.07	0.44	0	0.01	0.46	0.07	0.09

续表

项目编码	标准名称	项目特征	计量单位	综合单价	人工费	机械费	材料费		管理费	利润
							辅材费	主材费		
011201004003	立面砂浆找平层	3. 厚度：每增减 1mm 4. 完成本清单项目所需的一切相关工作	m²	1.07	0.44	0	0.01	0.46	0.07	0.09
011203001001	石材墙面	1. 结合层材料和强度等级：湿拌抹灰砂浆 M20 2. 面层厚度和材料：18mm 厚大理石 3. 安装方式：挂贴 4. 完成本清单项目所需的一切相关工作	m²	366.97	76.09	0.2	16.86	246.74	11.82	15.26
011203001002	石材墙面	1. 结合层材料和强度等级：湿拌抹灰砂浆 M20 2. 面层厚度和材料：18mm 厚花岗岩 3. 安装方式：挂贴 4. 完成本清单项目所需的一切相关工作	m²	299.46	79.78	0.2	16.88	174.21	12.4	16
011203001003	石材墙面	1. 面层厚度和材料：25mm 厚大理石 2. 安装方式：钢骨架上干挂 3. 完成本清单项目所需的一切相关工作	m²	433.81	91.29	0	26.42	283.69	14.15	18.26
011203001004	石材墙面	1. 面层厚度和材料：25mm 厚花岗岩板 2. 安装方式：钢骨架上干挂 3. 完成本清单项目所需的一切相关工作	m²	371.02	92.21	0	26.44	219.63	14.29	18.44
011203003001	块料墙面	1. 结合层材料：水泥膏 2. 面层材料和规格：瓷质抛光砖 100mm × 200mm 3. 完成本清单项目所需的一切相关工作	m²	126.85	53.66	0	0.26	53.88	8.32	10.73
011203003002	块料墙面	1. 结合层材料：水泥膏 2. 面层材料和规格：瓷质抛光砖 300mm × 300mm 3. 完成本清单项目所需的一切相关工作	m²	123.58	51.24	0	0.26	53.88	7.94	10.25
011203003003	块料墙面	1. 结合层材料：湿拌抹灰砂浆 M20 2. 面层材料和规格：瓷质抛光砖 300mm × 600mm 3. 完成本清单项目所需的一切相关工作	m²	118.43	49	0	0.19	51.84	7.6	9.8
011203003004	块料墙面	1. 结合层材料：湿拌抹灰砂浆 M20 2. 面层材料和规格：瓷质抛光砖 400mm × 800mm 3. 完成本清单项目所需的一切相关工作	m²	144.98	49	0	0.19	78.39	7.6	9.8

续表

项目编码	标准名称	项目特征	计量单位	综合单价	人工费	机械费	材料费		管理费	利润
							辅材费	主材费		
010607010002	干挂石材钢骨架	1. 材料和规格：镀锌型钢，规格综合考虑 2. 包含铁件加工安装、龙骨安装、焊接等工作 3. 完成本清单项目所需的一切相关工作	t	9780.48	2778.58	600.23	158.79	5043.4	523.72	675.76
010607010003	干挂石材钢骨架	1. 材料和规格：不锈钢型材，规格综合考虑 2. 包含铁件加工安装、龙骨安装、焊接等工作 3. 完成本清单项目所需的一切相关工作	t	28139.76	3074.66	809.77	603.63	22272.72	602.09	776.89
011206001001	带骨架幕墙	1. 骨架材料种类、规格、间距：铝合金型材骨架，规格、间距综合考虑 2. 面层材料品种、规格、颜色：8mm＋12A＋8mm 双钢化中空 Low-E 超白均质玻璃（双银） 3. 玻璃耐火性能：耐火极限≥1h 4. 铝合金表面处理：氟碳喷涂（三涂） 5. 完成本清单项目所需的一切相关工作	m^2	935.19	155.89	9.97	102.95	607.5	25.71	33.17
011206001002	带骨架幕墙	1. 骨架材料种类、规格、间距：铝合金型材骨架，规格、间距综合考虑 2. 面层材料品种、规格、颜色：6mm＋12A＋6mm 双钢化中空 Low-E 超白均质玻璃（双银） 3. 玻璃耐火性能：耐火极限≥1h 4. 铝合金表面处理：氟碳喷涂（三涂） 5. 完成本清单项目所需的一切相关工作	m^2	916.29	155.89	9.97	102.96	588.59	25.71	33.17
011206001003	带骨架幕墙	1. 骨架材料种类、规格、间距：铝合金型材骨架，规格、间距综合考虑 2. 面层材料品种、规格、颜色：8mm＋1.52mm＋8mm 双钢化夹胶超白均质玻璃 3. 玻璃耐火性能：耐火极限≥1h 4. 铝合金表面处理：氟碳喷涂（三涂） 5. 完成本清单项目所需的一切相关工作	m^2	887.26	155.89	9.97	102.95	559.57	25.71	33.17

续表

项目编码	标准名称	项目特征	计量单位	综合单价	人工费	机械费	材料费		管理费	利润
							辅材费	主材费		
011206001004	带骨架幕墙	1. 名称：铝合金玻璃幕墙 悬窗增加费 2. 完成本清单项目所需的一切相关工作	m^2	498.51	121.65	0	63.38	270.3	18.86	24.33
011206001005	带骨架幕墙	1. 骨架材料种类、规格、间距：钢骨架，规格、间距综合考虑 2. 面层材料品种、规格、颜色：3mm 厚铝单板 3. 完成本清单项目所需的一切相关工作	m^2	597.41	139.75	6.23	60.27	339.34	22.63	29.2
011206001006	带骨架幕墙	1. 骨架材料种类、规格、间距：钢骨架，规格、间距综合考虑 2. 面层材料品种、规格、颜色：25mm 厚花岗岩板 3. 完成本清单项目所需的一切相关工作	m^2	781.06	174.45	30.84	99.78	403.1	31.82	41.06
011207002001	玻璃隔断	1. 材料：超白钢化玻璃 2. 厚度：12mm 3. 完成本清单项目所需的一切相关工作	m^2	149.62	32.56	0.22	6.16	99.04	5.08	6.56
011207003001	成品隔断	1. 部位：浴室、厕所 2. 隔断材料：抗倍特板 18mm 厚 3. 完成本清单项目所需的一切相关工作	m^2	249.07	22.54	0	0	218.52	3.49	4.51
011207001001	非承重隔墙	1. 骨架规格：木龙骨 2. 面层材料：12mm 厚石膏板（单面） 3. 完成本清单项目所需的一切相关工作	m^2	76.29	17.7	0	9.31	43	2.74	3.54
011207001002	非承重隔墙	1. 骨架规格：木龙骨 2. 面层材料：12mm 厚石膏板（双面） 3. 完成本清单项目所需的一切相关工作	m^2	106.41	27.03	0	10.22	59.56	4.19	5.41
011207001003	非承重隔墙	1. 骨架规格：C75 系列轻钢龙骨 2. 面层材料：12mm 厚石膏板（单面） 3. 完成本清单项目所需的一切相关工作	m^2	68.55	23.21	0	1.68	35.42	3.6	4.64
011207001004	非承重隔墙	1. 骨架规格：C75 系列轻钢龙骨 2. 面层材料：12mm 厚石膏板（双面） 3. 完成本清单项目所需的一切相关工作	m^2	94.44	29.7	0	2.53	51.67	4.6	5.94

3.3 天棚工程

3.3.1 工程量计算规则

本节内容包括天棚抹灰、吊顶天棚等，共计 10 项。

（1）天棚抹灰，按设计图示水平投影面积以“m^2”计算。不扣除间壁墙、垛、柱、附墙烟囱、检查口和管道所占的面积。带梁天棚、梁两侧抹灰面积并入天棚面积内，板式楼梯底面抹灰按斜面积以“m^2”计算，梁式楼梯底板抹灰按展开面积以“m^2”计算。

（2）吊顶天棚工程量按设计图示尺寸，以水平投影面积“m^2”计算。天棚面中的灯槽及跌级、锯齿形、吊挂式、藻井式天棚的面积不展开计算。对于间壁墙、检查口、附墙烟囱、柱垛和管道所占面积不予扣除，单个面积大于 0.3m^2 的孔洞、独立柱及与天棚相连的窗帘盒所占面积则应扣除。

（3）天棚的检查口应在综合单价中予以考虑，计算工程量时不予扣除，但灯带（槽）、送风口和回风口应单独列项计算工程量。

（4）吊顶龙骨的安装应包括在综合单价中，不另行列项计算工程量。木龙骨包含防腐刷油，不另行列项计算工程量。

（5）定额轻钢龙骨、铝合金龙骨项目按双层结构（即中、小龙骨紧贴大龙骨底面吊挂）考虑，如设计为单层结构时（大、中龙骨底面在同一水平面上），人工费乘以系数 0.85。

（6）轻钢龙骨和铝合金龙骨不上人型吊杆长度为 0.6m，上人型吊杆长度为 1.4m。

（7）天棚检查孔的工料已在定额内综合考虑，不得另行计算。

3.3.2 标准清单

天棚工程标准清单库，见表 3.3-1。

天棚工程标准清单库　　表 3.3-1

项目编码	标准名称	项目特征	计量单位	综合单价	人工费	机械费	材料费		管理费	利润
							辅材费	主材费		
011301001001	天棚抹灰	1. 底层砂浆品种、厚度和强度等级：湿拌抹灰砂浆 10mm 厚 M10 2. 面层砂浆品种、厚度和强度等级：湿拌抹灰砂浆 5mm 厚 M10 3. 完成本清单项目所需的一切相关工作	m^2	34.73	20.13	0	0.17	7.36	3.03	4.03
011302001001	吊顶天棚	1. 龙骨材料种类：装配式 U 形轻钢（不上人型） 2. 面层材料规格：铝扣板 300mm × 300mm 3. 完成本清单项目所需的一切相关工作	m^2	166.6	31.55	0.1	1.92	121.92	4.77	6.33

续表

项目编码	标准名称	项目特征	计量单位	综合单价	人工费	机械费	材料费		管理费	利润
							辅材费	主材费		
011302001002	吊顶天棚	1. 龙骨材料种类：装配式 U 形轻钢（不上人型） 2. 面层材料规格：铝扣板 600mm × 600mm 3. 完成本清单项目所需的一切相关工作	m^2	156.49	25.73	0.1	1.98	119.62	3.89	5.17
011302001003	吊顶天棚	1. 龙骨材料种类：装配式 T 形铝合金（不上人型） 2. 面层材料规格：铝扣板 300mm × 300mm × 0.8mm 3. 完成本清单项目所需的一切相关工作	m^2	165.54	26.56	0	2.07	127.59	4	5.31
011302001004	吊顶天棚	1. 龙骨材料种类：装配式 T 形铝合金（不上人型） 2. 面层材料规格：铝扣板 600mm × 600mm × 1mm 3. 完成本清单项目所需的一切相关工作	m^2	160.89	21.58	0	1.96	129.77	3.25	4.32
011302001005	吊顶天棚	1. 龙骨材料种类：装配式 U 形轻钢（不上人型） 2. 面层材料规格：铝板 600mm × 600mm × 0.8mm 3. 完成本清单项目所需的一切相关工作	m^2	190.44	25.73	0.1	2	153.54	3.89	5.17
011302001006	吊顶天棚	1. 龙骨材料种类：装配式 U 形轻钢（不上人型） 2. 面层材料规格：铝板 1200mm × 300mm × 1mm 3. 完成本清单项目所需的一切相关工作	m^2	190.52	26.56	0.1	2.04	152.47	4.02	5.33
011302001007	吊顶天棚	1. 龙骨材料种类：装配式 U 形轻钢（不上人型） 2. 基层材料规格：胶合板 9mm 厚 3. 面层材料规格：石膏板 12mm 厚 4. 完成本清单项目所需的一切相关工作	m^2	131.99	31.52	0.1	35.82	53.47	4.76	6.32
011302001008	吊顶天棚	1. 龙骨材料种类：装配式 U 形轻钢（上人型） 2. 基层材料规格：胶合板 9mm 厚 3. 面层材料规格：石膏板 12mm 厚 4. 完成本清单项目所需的一切相关工作	m^2	143.81	32.34	0.1	34.91	65.08	4.89	6.49

续表

项目编码	标准名称	项目特征	计量单位	综合单价	人工费	机械费	材料费		管理费	利润
							辅材费	主材费		
0113 0200 1009	吊顶天棚	1. 龙骨材料种类：装配式 U 形轻钢（不上人型） 2. 吸声材料：25mm 厚吸声棉（燃烧性能 A 级） 3. 面层材料规格：铝合金吸声板 4. 完成本清单项目所需的一切相关工作	m^2	177.31	36.2	0.1	2.48	125.8	5.47	7.26

3.4 油漆及涂料工程

3.4.1 工程量计算规则

本节包括木质面油漆、金属面油漆、抹灰面油漆、满刮腻子等，共 16 个项目。

（1）木质面油漆，按设计图示展开面积以“m^2”计算。

（2）金属面油漆，按设计图示展开面积以“m^2”计算。

（3）满刮腻子，按设计图示尺寸以“m^2”计算。

（4）抹灰面油漆，按设计图示尺寸以“m^2”计算。

3.4.2 标准清单

油漆及涂料工程标准清单库，见表 3.4-1。

油漆及涂料工程标准清单库　　表 3.4-1

项目编码	标准名称	项目特征	计量单位	综合单价	人工费	机械费	材料费		管理费	利润
							辅材费	主材费		
0114 0400 2001	木质面油漆	1. 部位：墙面，胶合板面 2. 材料：乳胶漆 3. 遍数：2 遍底漆，2 遍面漆 4. 完成本清单项目所需的一切相关工作	m^2	29.47	14.5	0	0.01	9.88	2.18	2.9
0114 0400 2002	木质面油漆	1. 部位：天棚面，胶合板面 2. 材料：乳胶漆 3. 遍数：2 遍底漆，2 遍面漆 4. 完成本清单项目所需的一切相关工作	m^2	33.56	17.38	0	0.02	10.07	2.62	3.48
0114 0400 2003	木质面油漆	1. 部位：墙面，石膏板面 2. 材料：乳胶漆 3. 遍数：2 遍底漆，2 遍面漆 4. 完成本清单项目所需的一切相关工作	m^2	24.1	14.5	0	0.02	4.5	2.18	2.9
0114 0400 2004	木质面油漆	1. 部位：天棚面，石膏板面 2. 材料：乳胶漆	m^2	28.08	17.38	0	0.02	4.59	2.62	3.48

续表

项目编码	标准名称	项目特征	计量单位	综合单价	人工费	机械费	材料费		管理费	利润
							辅材费	主材费		
011404002004	木质面油漆	3. 遍数：2 遍底漆，2 遍面漆 4. 完成本清单项目所需的一切相关工作	m²	28.08	17.38	0	0.02	4.59	2.62	3.48
011402003001	金属面油漆	1. 部位：钢构件内外表面 2. 除锈要求：喷砂 Sa2.5 级 3. 底层：无机环氧富锌底漆 2 遍，底漆漆膜厚度不小于 70μm 4. 中间层：环氧云铁中间涂料 2 遍，涂膜厚度不小于 110μm；丙烯酸聚氨酯涂料 3 遍，涂膜厚度不小于 100μm 5. 面层：氟碳面漆 ≥ 2 × 35μm 两道 6. 防火涂料：耐火时间 1.5h 7. 完成本清单项目所需的一切相关工作	m²	186.89	47.78	3.99	4.54	111.99	8.21	10.36
011403001001	抹灰面油漆	1. 部位：墙面，抹灰面 2. 材料：乳胶漆 3. 遍数：2 遍底漆，2 遍面漆 4. 完成本清单项目所需的一切相关工作	m²	25	15.17	0	0.02	4.5	2.29	3.03
011403001002	抹灰面油漆	1. 部位：天棚面，抹灰面 2. 材料：乳胶漆 3. 遍数：2 遍底漆，2 遍面漆 4. 完成本清单项目所需的一切相关工作	m²	29.19	18.2	0	0.02	4.59	2.74	3.64
011403001003	抹灰面油漆	1. 部位：综合考虑 2. 材料：乳胶漆 3. 遍数：每增减 1 遍底漆 4. 完成本清单项目所需的一切相关工作	m²	5.64	3.57	0	0.02	0.8	0.54	0.71
011403001004	抹灰面油漆	1. 部位：综合考虑 2. 材料：乳胶漆 3. 遍数：每增减 1 遍面漆 4. 完成本清单项目所需的一切相关工作	m²	6.28	3.57	0	0.01	1.45	0.54	0.71
011403001005	抹灰面油漆	1. 部位：墙面，抹灰面 2. 材料：无机涂料 A 级 3. 遍数：2 遍底漆，2 遍面漆 4. 完成本清单项目所需的一切相关工作	m²	30.59	15.17	0	0.02	10.08	2.29	3.03
011403001006	抹灰面油漆	1. 部位：天棚面，抹灰面 2. 材料：无机涂料 A 级 3. 遍数：2 遍底漆，2 遍面漆 4. 完成本清单项目所需的一切相关工作	m²	34.88	18.2	0	0.01	10.29	2.74	3.64
011403001007	抹灰面油漆	1. 部位：综合考虑 2. 基层：清扫、打磨	m²	15	8.13	0	1.65	2.36	1.23	1.63

续表

项目编码	标准名称	项目特征	计量单位	综合单价	人工费	机械费	材料费		管理费	利润
							辅材费	主材费		
011403001007	抹灰面油漆	3. 材料：刷底油1遍、调和漆2遍 4. 完成本清单项目所需的一切相关工作	m^2	15	8.13	0	1.65	2.36	1.23	1.63
011403001008	抹灰面油漆	1. 部位：综合考虑 2. 基层：清扫、打磨 3. 材料：每增加1遍调和漆 4. 完成本清单项目所需的一切相关工作	m^2	3.57	1.71	0	0.07	1.18	0.26	0.34
011403001009	抹灰面油漆	1. 部位：墙面 2. 基层：清扫、满刮腻子2道、打磨 3. 材料：刷底漆、真石漆、罩面漆等 4. 完成本清单项目所需的一切相关工作	m^2	81.02	28.32	0	5.1	37.67	4.27	5.66
011403003001	满刮腻子	1. 部位：墙面 2. 材料：腻子粉成品（一般型） 3. 遍数：满刮腻子1道 4. 完成本清单项目所需的一切相关工作	m^2	6.72	4.04	0	0.22	1.04	0.61	0.81
011403003002	满刮腻子	1. 部位：天棚面 2. 材料：腻子粉成品（一般型） 3. 遍数：满刮腻子1道 4. 完成本清单项目所需的一切相关工作	m^2	8.14	5.05	0	0.22	1.09	0.76	1.01

3.5 拆除工程

3.5.1 工程量计算规则

本节内容包括钢筋混凝土构件拆除、砖砌体拆除、立面抹灰层拆除、天棚抹灰面拆除、平面块料拆除、立面块料拆除、天棚面龙骨及饰面拆除等，共计14个项目。

（1）砖砌体拆除以“m^3”计量，按拆除的体积计算。

（2）钢筋混凝土构件拆除以“m^3”计量，按拆除构件的混凝土体积计算。

（3）立面抹灰层拆除、天棚抹灰面拆除，按拆除部位的面积以“m^2”计算。

（4）平面块料拆除、立面块料拆除，按拆除面积以“m^2”计算。

（5）天棚面龙骨及饰面拆除，按拆除面积以“m^2”计算。

3.5.2 标准清单

拆除工程标准清单库，见表3.5-1。

拆除工程标准清单库 表 3.5-1

项目编码	标准名称	项目特征	计量单位	综合单价	人工费	机械费	材料费		管理费	利润
							辅材费	主材费		
0104B01001	砖砌体拆除	1. 拆除构件材料：实心砖墙 2. 工作内容：拆除、清理和废渣堆放，未含废料外运 3. 综合考虑拆除方式、残值回收等因素 4. 完成本清单项目所需的一切相关工作	m^3	110.26	82.24	0	0	0	11.57	16.45
0105B01001	钢筋混凝土构件拆除	1. 拆除构件材料：钢筋混凝土基础 2. 工作内容：拆除、清理和废渣堆放，未含废料外运 3. 综合考虑拆除方式、钢筋残值回收等因素 4. 完成本清单项目所需的一切相关工作	m^3	592.6	311.78	137.69	0	−10	63.24	89.89
0105B01002	钢筋混凝土构件拆除	1. 拆除构件材料：钢筋混凝土构件 2. 工作内容：拆除、清理和废渣堆放，未含废料外运 3. 综合考虑拆除方式、钢筋残值回收等因素 4. 完成本清单项目所需的一切相关工作	m^3	529.76	280.43	123.66	0	−12	56.86	80.82
0112B01001	立面抹灰层拆除	1. 拆除部位：墙面 2. 抹灰层种类：一般抹灰 3. 完成本清单项目所需的一切相关工作	m^2	10.33	7.7	0	0	0	1.08	1.54
0112B01002	立面抹灰层拆除	1. 拆除部位：墙面 2. 抹灰层种类：装饰抹灰 3. 完成本清单项目所需的一切相关工作	m^2	18.19	13.56	0	0	0	1.91	2.71
0113B01001	天棚抹灰面拆除	1. 拆除部位：天棚面 2. 抹灰层种类：一般抹灰 3. 完成本清单项目所需的一切相关工作	m^2	15.55	11.6	0	0	0	1.63	2.32
0113B01002	天棚抹灰面拆除	1. 拆除部位：天棚面 2. 抹灰层种类：装饰抹灰 3. 完成本清单项目所需的一切相关工作	m^2	19.19	14.31	0	0	0	2.01	2.86
0111B01001	平面块料拆除	1. 拆除部位：地面 2. 拆除基层：砂结合层 3. 拆除饰面：砖地面 4. 完成本清单项目所需的一切相关工作	m^2	6.9	5.15	0	0	0	0.72	1.03
0111B01002	平面块料拆除	1. 拆除部位：地面 2. 拆除基层：水泥砂浆结合层 3. 拆除饰面：块料面层 4. 完成本清单项目所需的一切相关工作	m^2	19.76	14.74	0	0	0	2.07	2.95

续表

项目编码	标准名称	项目特征	计量单位	综合单价	人工费	机械费	材料费		管理费	利润
							辅材费	主材费		
0112B02001	立面块料拆除	1. 拆除部位：墙面 2. 拆除基层：水泥砂浆结合层 3. 拆除饰面：陶瓷面砖 4. 完成本清单项目所需的一切相关工作	m^2	30.91	23.05	0	0	0	3.24	4.61
0112B02002	立面块料拆除	1. 拆除部位：墙面 2. 拆除基层：水泥砂浆结合层 3. 拆除饰面：镶贴石板材 4. 完成本清单项目所需的一切相关工作	m^2	37.71	28.13	0	0	0	3.96	5.63
0112B02003	立面块料拆除	1. 拆除部位：墙面 2. 拆除基层：钢骨架 3. 拆除饰面：挂贴石板材 4. 完成本清单项目所需的一切相关工作	m^2	22.81	17.01	0	0	0	2.39	3.4
0113B02001	天棚面龙骨及饰面拆除	1. 拆除部位：天棚面 2. 拆除基层：木龙骨 3. 拆除饰面：石膏板等天棚面 4. 完成本清单项目所需的一切相关工作	m^2	8.62	6.43	0	0	0	0.9	1.29
0113B02002	天棚面龙骨及饰面拆除	1. 拆除部位：天棚面 2. 拆除基层：金属龙骨 3. 拆除饰面：铝扣板、铝板和吸声板等天棚面 4. 完成本清单项目所需的一切相关工作	m^2	9.48	7.07	0	0	0	1	1.41

第4章　安装工程标准清单

4.1 电 气 工 程

4.1.1 工程量计算规则

本节包括动力配电、照明和防雷接地、高低压配电系统等的常用清单，共569个项目。

1. 动力配电、照明系统

（1）本节包括落地式配电柜、落地式控制柜、动力配电箱、照明配电箱、商铺配电箱、风机配电箱、水泵配电箱、电梯配电箱、户内配电箱、控制箱、插座箱、接线箱、电缆T接箱、镀锌金属线槽、热浸锌桥架、防火桥架、塑料线槽、电气配管、金属软管、电气配线、铜芯电缆、柔性矿物绝缘电缆、刚性矿物绝缘电缆、电力电缆头、母线槽、母线槽始端箱、母线槽插接箱、楼道感应灯、吸顶灯、壁灯、筒灯、射灯、荧光灯、防潮灯、消防应急照明灯具、疏散出口标志灯、楼层标志灯、方向标志灯、LED灯带、照明开关、插座、接线盒、铁构件、凿槽及修复、送配电装置系统等，共526个项目。

（2）落地式配电柜、落地式控制柜、动力配电箱、照明配电箱、商铺配电箱、风机配电箱、水泵配电箱、电梯配电箱、户内配电箱、控制箱、插座箱、接线箱、电缆T接箱，按设计图纸数量以“台”计算。

（3）镀锌金属线槽、塑料线槽，按设计图示尺寸以“m”计算。不扣除线槽中间的接线箱（盒）、灯头盒、开关（插座）盒所占长度。

（4）热浸锌桥架、防火桥架，按设计图纸中的尺寸以长度“m”计算。

（5）电气配管、金属软管按设计图纸中的尺寸以长度“m”计算。不扣除管路中间的接线箱（盒）、灯头盒、开关（插座）盒所占长度。

（6）电气配线按设计图纸中的单线长度以“m”计算。灯具、开关、插座、按钮等的预留线，已分别综合在相应项目内，不另行计算。配线进入开关箱、柜、板的预留线长度按《广东省安装工程综合定额（2018）》计算。

（7）铜芯电缆、柔性矿物绝缘电缆、刚性矿物绝缘电缆，按设计图示单根敷设长度以“m”计算。电缆敷设的附加长度和松弛系数按《广东省安装工程综合定额（2018）》计算。

（8）铜芯电缆的主材价格调整规则如下：

① 根据阻燃温度的不同，70℃阻燃线缆的主材价格上调2%，90℃阻燃线缆上调5%，而105℃阻燃线缆则上调10%。

② 双色线缆的价格上调5%。

③ 交联线缆的价格上调2%。

④ 低烟无卤线缆的价格上调 20%。

⑤ 根据线缆的截面积，$16mm^2$ 以上的耐火线缆价格上调 8%，6～$10mm^2$ 的耐火线缆上调 15%，而 1.5～$4mm^2$ 的耐火线缆则上调 30%。

（9）电力电缆头，按设计图示数量以“个”计算。铜芯电缆、柔性矿物绝缘电缆和刚性矿物绝缘电缆均按一根电缆有两个终端头考虑。

（10）母线槽，以“m”为单位，按设计图示尺寸以单相长度计算。

（11）母线槽始端箱、母线槽插接箱，按设计图纸数量以“台”计算。

（12）楼道感应灯、吸顶灯、壁灯、筒灯、射灯、荧光灯、防潮灯、消防应急照明灯具、疏散出口标志灯、楼层标志灯、方向标志灯，按设计图纸数量以“套”计算。

（13）LED 灯带，如果为硬条灯，则按设计图纸数量以“套”计算；如果为软灯带，则按设计图纸中的尺寸以长度“m”计算。

（14）照明开关、插座，按设计图示数量以“个”计算。

（15）接线箱和接线盒，按设计图纸数量以“个”计算。

（16）铁构件，按设计图示尺寸以“kg”计算。

（17）凿槽及修复，按设计图示尺寸以“m”计算。

（18）送配电装置系统，按低压出线柜内每个三相断路器的出线回路数分别计算一个系统调试工程量。不设低压出线柜的单座建筑，按整体建筑物照明的总配电箱计算一个系统调试工程量，每个独立控制的动力设备回路分别计算一个系统调试工程量。一个断路器同时出两个及以上回路的，只按一个系统调试计算。

（19）主要材料换算原则：本标准清单中配电柜、控制柜和配电箱等主要材料的主材价为暂定价，该主材价格需要按照具体项目施工图进行配电箱市场询价确定。

（20）本节电线、电缆和电缆头的电压等级均在 1kV 以下。

2. 防雷接地系统

（1）本节包括接地极、接地板、接地母线、桩承台接地线、避雷引下线、均压环、避雷网、避雷针、等电位端子箱、接地测试板、接地装置调试等，共 33 个项目。

（2）接地极，按设计图示数量以“根”计算。其制作长度按设计长度加损耗量计算，设计无规定时，每根长度按 2.5m 计算。

（3）接地板，按设计图示数量以“块”计算。

（4）桩承台接地线，按设计图示数量以“基”计算。

（5）接地母线、避雷引下线、均压环、避雷网，按设计图示尺寸以长度“m”计算。其长度按设计图示水平和垂直规定长度另加 3.9%的附加长度（包括转弯、上下波动、避绕障碍物、搭接头所占长度）计算。

（6）独立利用型钢作接地引下线敷设，按设计图示尺寸以“m”计算，其长度按设计图示规定长度另加 3.9%的附加长度（包括转弯、波动、避绕障碍物、搭接头所占长度）计算。

（7）利用建筑物柱内主筋作接地引下线敷设，按设计图示需要做引下线的柱的中心线长度以“m”计算。每一柱子内按焊接两根主筋考虑，如果焊接主筋数超过两根，可按比例调整。

（8）利用建筑物梁内主筋作均压环敷设，按设计需要做均压接地的梁的中心线长度以“m”计算。每一梁内按焊接两根主筋考虑，如果焊接主筋数超过两根，可按比例调整。

（9）避雷针，按设计图示数量以“根”计算。

（10）等电位端子箱、接地测试板，按设计图示数量以“个”计算。

（11）接地装置调试，按设计图示数量以“系统”计算。

3. 高低压配电系统

（1）本节包括高压成套配电柜、直流操作柜、变压器、柴油发电机组和低压柜等安装项目，共计 10 项。

（2）变压器、柴油发电机组等设备，按设计图示数量以“台”计算。

（3）高压成套配电柜、直流操作柜、低压柜等设备，以“台”为计量单位进行计算。

4.1.2　标准清单

动力配电、照明系统标准清单库，见表 4.1-1，防雷接地系统标准清单库，见表 4.1-2，高低压配电系统标准清单库，见表 4.1-3。

动力配电、照明系统标准清单库　　表 4.1-1

项目编码	标准名称	项目特征	计量单位	综合单价	人工费	机械费	材料费		管理费	利润
							辅材费	主材费		
030402011001	落地式配电柜	1. 名称：配电柜安装 2. 安装方式：落地式 3. 柜体基础：型钢制作和安装 4. 包含柜体接地和电气系统调试 5. 完成本清单项目所需的一切相关工作	台	17363.68	432.56	157.80	33.15	16453.15	168.95	118.07
030503003001	落地式控制柜	1. 名称：控制柜安装 2. 安装方式：落地式 3. 柜体基础：型钢制作和安装 4. 包含柜体接地和电气系统调试 5. 完成本清单项目所需的一切相关工作	台	15567.85	251.72	99.51	21.99	15024.17	100.22	70.24
030402011002	动力配电箱	1. 名称：动力配电箱安装 2. 箱体半周长：0.5m 3. 安装方式：悬挂式 4. 包含箱体接地和电气系统调试 5. 完成本清单项目所需的一切相关工作	台	1643.52	157.04	0.00	74.94	1335.00	45.13	31.41
030402011003	动力配电箱	1. 名称：动力配电箱安装 2. 箱体半周长：1m 3. 安装方式：悬挂式 4. 包含箱体接地和电气系统调试 5. 完成本清单项目所需的一切相关工作	台	3034.23	188.59	0.00	83.72	2670.00	54.20	37.72

续表

项目编码	标准名称	项目特征	计量单位	综合单价	人工费	机械费	材料费		管理费	利润
							辅材费	主材费		
030402011004	动力配电箱	1. 名称：动力配电箱安装 2. 箱体半周长：1.5m 3. 安装方式：悬挂式 4. 包含箱体接地和电气系统调试 5. 完成本清单项目所需的一切相关工作	台	4884.56	240.85	0.00	86.32	4440.00	69.22	48.17
030402011005	动力配电箱	1. 名称：动力配电箱安装 2. 箱体半周长：2.5m 3. 安装方式：悬挂式 4. 包含箱体接地和电气系统调试 5. 完成本清单项目所需的一切相关工作	台	7044.48	293.10	6.66	73.62	6525.00	86.15	59.95
030402011006	照明配电箱	1. 名称：照明配电箱安装 2. 箱体半周长：0.5m 3. 安装方式：悬挂式 4. 包含箱体接地和电气系统调试 5. 完成本清单项目所需的一切相关工作	台	1104.98	157.04	0.00	74.94	796.46	45.13	31.41
030402011007	照明配电箱	1. 名称：照明配电箱安装 2. 箱体半周长：1m 3. 安装方式：悬挂式 4. 包含箱体接地和电气系统调试 5. 完成本清单项目所需的一切相关工作	台	1473.03	188.59	0.00	83.72	1108.80	54.20	37.72
030402011008	照明配电箱	1. 名称：照明配电箱安装 2. 箱体半周长：1.5m 3. 安装方式：悬挂式 4. 包含箱体接地和电气系统调试 5. 完成本清单项目所需的一切相关工作	台	2334.56	240.85	0.00	86.32	1890.00	69.22	48.17
030402011009	照明配电箱	1. 名称：照明配电箱安装 2. 箱体半周长：2.5m 3. 安装方式：悬挂式 4. 包含箱体接地和电气系统调试 5. 完成本清单项目所需的一切相关工作	台	4887.48	293.10	6.66	73.62	4368.00	86.15	59.95
030402011010	商铺配电箱	1. 名称：商铺配电箱安装 2. 箱体半周长：0.5m 3. 安装方式：嵌入式 4. 包含开孔洞、修补、箱体接地和电气系统调试 5. 完成本清单项目所需的一切相关工作	台	837.15	150.03	0.00	74.00	540.00	43.12	30.00

续表

项目编码	标准名称	项目特征	计量单位	综合单价	人工费	机械费	材料费		管理费	利润
							辅材费	主材费		
030402011011	商铺配电箱	1. 名称：商铺配电箱安装 2. 箱体半周长：1m 3. 安装方式：嵌入式 4. 包含开孔洞、修补、箱体接地和电气系统调试 5. 完成本清单项目所需的一切相关工作	台	1947.28	246.55	0.00	80.56	1500.00	70.86	49.31
030402011012	商铺配电箱	1. 名称：商铺配电箱安装 2. 箱体半周长：1.5m 3. 安装方式：嵌入式 4. 包含开孔洞、修补、箱体接地和电气系统调试 5. 完成本清单项目所需的一切相关工作	台	4039.36	480.37	0.00	84.85	3240.00	138.06	96.08
030402011013	商铺配电箱	1. 名称：商铺配电箱安装 2. 箱体半周长：2.5m 3. 安装方式：嵌入式 4. 包含开孔洞、修补、箱体接地和电气系统调试 5. 完成本清单项目所需的一切相关工作	台	6230.59	1062.99	6.66	79.60	4560.00	307.41	213.93
030402011014	风机配电箱	1. 名称：风机配电箱安装 2. 箱体半周长：0.5m 3. 安装方式：悬挂式 4. 包含箱体接地和电气系统调试 5. 完成本清单项目所需的一切相关工作	台	1402.32	157.04	0.00	74.94	1093.80	45.13	31.41
030402011015	风机配电箱	1. 名称：风机配电箱安装 2. 箱体半周长：1m 3. 安装方式：悬挂式 4. 包含箱体接地和电气系统调试 5. 完成本清单项目所需的一切相关工作	台	2395.69	188.59	0.00	83.72	2031.46	54.20	37.72
030402011016	风机配电箱	1. 名称：风机配电箱安装 2. 箱体半周长：1.5m 3. 安装方式：悬挂式 4. 包含箱体接地和电气系统调试 5. 完成本清单项目所需的一切相关工作	台	3924.56	240.85	0.00	86.32	3480.00	69.22	48.17
030402011017	风机配电箱	1. 名称：风机配电箱安装 2. 箱体半周长：2.5m 3. 安装方式：悬挂式 4. 包含箱体接地和电气系统调试 5. 完成本清单项目所需的一切相关工作	台	5559.48	293.10	6.66	73.62	5040.00	86.15	59.95

续表

项目编码	标准名称	项目特征	计量单位	综合单价	人工费	机械费	材料费		管理费	利润
							辅材费	主材费		
030402011018	水泵配电箱	1. 名称：水泵配电箱安装 2. 箱体半周长：0.5m 3. 安装方式：悬挂式 4. 包含箱体接地和电气系统调试 5. 完成本清单项目所需的一切相关工作	台	1220.52	157.04	0.00	74.94	912.00	45.13	31.41
030402011019	水泵配电箱	1. 名称：水泵配电箱安装 2. 箱体半周长：1m 3. 安装方式：悬挂式 4. 包含箱体接地和电气系统调试 5. 完成本清单项目所需的一切相关工作	台	1691.66	188.59	0.00	83.72	1327.43	54.20	37.72
030402011020	水泵配电箱	1. 名称：水泵配电箱安装 2. 箱体半周长：1.5m 3. 安装方式：悬挂式 4. 包含箱体接地和电气系统调试 5. 完成本清单项目所需的一切相关工作	台	2664.56	240.85	0.00	86.32	2220.00	69.22	48.17
030402011021	水泵配电箱	1. 名称：水泵配电箱安装 2. 箱体半周长：2.5m 3. 安装方式：悬挂式 4. 包含箱体接地和电气系统调试 5. 完成本清单项目所需的一切相关工作	台	4311.48	293.10	6.66	73.62	3792.00	86.15	59.95
030402011022	电梯配电箱	1. 名称：电梯配电箱安装 2. 箱体半周长：0.5m 3. 安装方式：悬挂式 4. 包含箱体接地和电气系统调试 5. 完成本清单项目所需的一切相关工作	台	1952.41	157.04	0.00	74.94	1643.89	45.13	31.41
030402011023	电梯配电箱	1. 名称：电梯配电箱安装 2. 箱体半周长：1m 3. 安装方式：悬挂式 4. 包含箱体接地和电气系统调试 5. 完成本清单项目所需的一切相关工作	台	2972.37	188.59	0.00	83.72	2608.14	54.20	37.72
030402011024	电梯配电箱	1. 名称：电梯配电箱安装 2. 箱体半周长：1.5m 3. 安装方式：悬挂式 4. 包含箱体接地和电气系统调试 5. 完成本清单项目所需的一切相关工作	台	4524.56	240.85	0.00	86.32	4080.00	69.22	48.17

续表

项目编码	标准名称	项目特征	计量单位	综合单价	人工费	机械费	材料费		管理费	利润
							辅材费	主材费		
030402011025	电梯配电箱	1. 名称：电梯配电箱安装 2. 箱体半周长：2.5m 3. 安装方式：悬挂式 4. 包含箱体接地和电气系统调试 5. 完成本清单项目所需的一切相关工作	台	5751.48	293.10	6.66	73.62	5232.00	86.15	59.95
030402011026	户内配电箱	1. 名称：户内配电箱安装 2. 箱体半周长：0.5m 3. 安装方式：嵌入式 4. 包含开孔洞、修补、箱体接地和电气系统调试 5. 完成本清单项目所需的一切相关工作	台	383.14	150.03	0.00	74.00	85.99	43.12	30.00
030402011027	户内配电箱	1. 名称：户内配电箱安装 2. 箱体半周长：1m 3. 安装方式：嵌入式 4. 包含开孔洞、修补、箱体接地和电气系统调试 5. 完成本清单项目所需的一切相关工作	台	711.88	246.55	0.00	80.56	264.60	70.86	49.31
030402011028	户内配电箱	1. 名称：户内配电箱安装 2. 箱体半周长：1.5m 3. 安装方式：嵌入式 4. 包含开孔洞、修补、箱体接地和电气系统调试 5. 完成本清单项目所需的一切相关工作	台	1242.57	480.37	0.00	84.85	443.21	138.06	96.08
030402011029	户内配电箱	1. 名称：户内配电箱安装 2. 箱体半周长：2.5m 3. 安装方式：嵌入式 4. 包含开孔洞、修补、箱体接地和电气系统调试 5. 完成本清单项目所需的一切相关工作	台	2570.59	1062.99	6.66	79.60	900.00	307.41	213.93
030503003002	控制箱	1. 名称：控制箱安装 2. 箱体半周长：1m 3. 安装方式：悬挂式 4. 包含箱体接地和电气系统调试 5. 完成本清单项目所需的一切相关工作	台	1159.44	101.62	0.00	24.29	984.00	29.21	20.32
030503003003	控制箱	1. 名称：控制箱安装 2. 箱体半周长：1.5m 3. 安装方式：悬挂式 4. 包含箱体接地和电气系统调试 5. 完成本清单项目所需的一切相关工作	台	2819.58	127.12	0.00	26.51	2604.00	36.53	25.42

续表

项目编码	标准名称	项目特征	计量单位	综合单价	人工费	机械费	材料费		管理费	利润
							辅材费	主材费		
030503003004	控制箱	1. 名称：控制箱安装 2. 箱体半周长：2.5m 3. 安装方式：悬挂式 4. 包含箱体接地和电气系统调试 5. 完成本清单项目所需的一切相关工作	台	4419.45	159.08	3.33	13.88	4164.00	46.68	32.48
030402011030	插座箱	1. 名称：插座箱安装 2. 箱体半周长：0.5m 3. 安装方式：嵌入式 4. 包含开孔洞、修补、箱体接地和电气系统调试 5. 完成本清单项目所需的一切相关工作	台	336.74	93.67	0.00	18.01	179.41	26.92	18.73
030402011031	插座箱	1. 名称：插座箱安装 2. 箱体半周长：1m 3. 安装方式：嵌入式 4. 包含开孔洞、修补、箱体接地和电气系统调试 5. 完成本清单项目所需的一切相关工作	台	599.94	178.83	0.00	24.34	309.60	51.40	35.77
030402011032	插座箱	1. 名称：插座箱安装 2. 箱体半周长：1.5m 3. 安装方式：嵌入式 4. 包含开孔洞、修补、箱体接地和电气系统调试 5. 完成本清单项目所需的一切相关工作	台	1094.19	393.78	0.00	28.48	480.00	113.17	78.76
030412005001	接线箱	1. 名称：接线箱安装 2. 箱体半周长：0.7m 3. 安装方式：悬挂式 4. 包含箱体接地和电气系统调试 5. 完成本清单项目所需的一切相关工作	台	253.35	94.82	0.00	1.34	110.98	27.25	18.96
030402011033	电缆T接箱	1. 名称：电缆T接箱安装 2. 箱体半周长：1.5m 3. 安装方式：悬挂式 4. 包含箱体接地和电气系统调试 5. 完成本清单项目所需的一切相关工作	台	648.93	128.30	0.00	4.49	453.61	36.87	25.66
030412002001	镀锌金属线槽	1. 名称：镀锌金属线槽 2. 规格：25mm × 50mm，壁厚1mm 3. 槽体、盖板、隔板、弯头、三通及配件制作和安装 4. 线槽的安全接地 5. 完成本清单项目所需的一切相关工作	m	27.51	10.07	0.00	3.70	8.84	2.89	2.01

续表

项目编码	标准名称	项目特征	计量单位	综合单价	人工费	机械费	材料费		管理费	利润
							辅材费	主材费		
030412002002	镀锌金属线槽	1. 名称：镀锌金属线槽 2. 规格：30mm × 60mm，壁厚 1mm 3. 槽体、盖板、隔板、弯头、三通及配件制作和安装 4. 线槽的安全接地 5. 完成本清单项目所需的一切相关工作	m	33.57	13.33	0.00	3.70	10.04	3.83	2.67
030412002003	镀锌金属线槽	1. 名称：镀锌金属线槽 2. 规格：40mm × 60mm，壁厚 1mm 3. 槽体、盖板、隔板、弯头、三通及配件制作和安装 4. 线槽的安全接地 5. 完成本清单项目所需的一切相关工作	m	34.64	13.33	0.00	3.70	11.11	3.83	2.67
030412002004	镀锌金属线槽	1. 名称：镀锌金属线槽 2. 规格：40mm × 80mm，壁厚 1mm 3. 槽体、盖板、隔板、弯头、三通及配件制作和安装 4. 线槽的安全接地 5. 完成本清单项目所需的一切相关工作	m	36.47	13.33	0.00	3.70	12.94	3.83	2.67
030412002005	镀锌金属线槽	1. 名称：镀锌金属线槽 2. 规格：50mm × 50mm，壁厚 1mm 3. 槽体、盖板、隔板、弯头、三通及配件制作和安装 4. 线槽的安全接地 5. 完成本清单项目所需的一切相关工作	m	34.64	13.33	0.00	3.70	11.11	3.83	2.67
030412002006	镀锌金属线槽	1. 名称：镀锌金属线槽 2. 规格：50mm × 100mm，壁厚 1mm 3. 槽体、盖板、隔板、弯头、三通及配件制作和安装 4. 线槽的安全接地 5. 完成本清单项目所需的一切相关工作	m	55.48	24.21	0.00	3.70	15.77	6.96	4.84
030412002007	镀锌金属线槽	1. 名称：镀锌金属线槽 2. 规格：60mm × 80mm，壁厚 1mm 3. 槽体、盖板、隔板、弯头、三通及配件制作和安装 4. 线槽的安全接地 5. 完成本清单项目所需的一切相关工作	m	54.47	24.21	0.00	3.70	14.76	6.96	4.84

续表

项目编码	标准名称	项目特征	计量单位	综合单价	人工费	机械费	材料费		管理费	利润
							辅材费	主材费		
030412002008	镀锌金属线槽	1. 名称：镀锌金属线槽 2. 规格：60mm × 100mm，壁厚 1mm 3. 槽体、盖板、隔板、弯头、三通及配件制作和安装 4. 线槽的安全接地 5. 完成本清单项目所需的一切相关工作	m	56.61	24.21	0.00	3.70	16.90	6.96	4.84
030412002009	镀锌金属线槽	1. 名称：镀锌金属线槽 2. 规格：60mm × 120mm，壁厚 1mm 3. 槽体、盖板、隔板、弯头、三通及配件制作和安装 4. 线槽的安全接地 5. 完成本清单项目所需的一切相关工作	m	58.13	24.21	0.00	3.70	18.42	6.96	4.84
030412002010	镀锌金属线槽	1. 名称：镀锌金属线槽 2. 规格：80mm × 100mm，壁厚 1mm 3. 槽体、盖板、隔板、弯头、三通及配件制作和安装 4. 线槽的安全接地 5. 完成本清单项目所需的一切相关工作	m	58.13	24.21	0.00	3.70	18.42	6.96	4.84
030412002011	镀锌金属线槽	1. 名称：镀锌金属线槽 2. 规格：100mm × 100mm，壁厚 1mm 3. 槽体、盖板、隔板、弯头、三通及配件制作和安装 4. 线槽的安全接地 5. 完成本清单项目所需的一切相关工作	m	60.29	24.21	0.00	3.70	20.58	6.96	4.84
030412002012	镀锌金属线槽	1. 名称：镀锌金属线槽 2. 规格：100mm × 150mm，壁厚 1mm 3. 槽体、盖板、隔板、弯头、三通及配件制作和安装 4. 线槽的安全接地 5. 完成本清单项目所需的一切相关工作	m	64.95	24.21	0.00	3.70	25.24	6.96	4.84
030412002013	镀锌金属线槽	1. 名称：镀锌金属线槽 2. 规格：100mm × 200mm，壁厚 1.2mm 3. 槽体、盖板、隔板、弯头、三通及配件制作和安装 4. 线槽的安全接地 5. 完成本清单项目所需的一切相关工作	m	75.77	24.21	0.00	3.70	36.06	6.96	4.84

续表

项目编码	标准名称	项目特征	计量单位	综合单价	人工费	机械费	材料费		管理费	利润
							辅材费	主材费		
030412002014	镀锌金属线槽	1. 名称：镀锌金属线槽 2. 规格：100mm × 300mm，壁厚 1.2mm 3. 槽体、盖板、隔板、弯头、三通及配件制作和安装 4. 线槽的安全接地 5. 完成本清单项目所需的一切相关工作	m	95.60	29.97	0.00	3.70	47.33	8.61	5.99
030412002015	镀锌金属线槽	1. 名称：镀锌金属线槽 2. 规格：100mm × 400mm，壁厚 1.5mm 3. 槽体、盖板、隔板、弯头、三通及配件制作和安装 4. 线槽的安全接地 5. 完成本清单项目所需的一切相关工作	m	121.64	29.97	0.00	3.70	73.37	8.61	5.99
030412002016	镀锌金属线槽	1. 名称：镀锌金属线槽 2. 规格：100mm × 500mm，壁厚 1.5mm 3. 槽体、盖板、隔板、弯头、三通及配件制作和安装 4. 线槽的安全接地 5. 完成本清单项目所需的一切相关工作	m	138.65	29.97	0.00	3.70	90.38	8.61	5.99
030412002017	镀锌金属线槽	1. 名称：镀锌金属线槽 2. 规格：100mm × 600mm，壁厚 2mm 3. 槽体、盖板、隔板、弯头、三通及配件制作和安装 4. 线槽的安全接地 5. 完成本清单项目所需的一切相关工作	m	190.32	29.97	0.00	3.70	142.05	8.61	5.99
030412002018	镀锌金属线槽	1. 名称：镀锌金属线槽 2. 规格：100mm × 800mm，壁厚 2mm 3. 槽体、盖板、隔板、弯头、三通及配件制作和安装 4. 线槽的安全接地 5. 完成本清单项目所需的一切相关工作	m	229.76	29.97	0.00	3.70	181.49	8.61	5.99
030412002019	镀锌金属线槽	1. 名称：镀锌金属线槽 2. 规格：100mm × 1000mm，壁厚 2.5mm 3. 槽体、盖板、隔板、弯头、三通及配件制作和安装 4. 线槽的安全接地 5. 完成本清单项目所需的一切相关工作	m	319.52	29.97	0.00	3.70	271.25	8.61	5.99

续表

项目编码	标准名称	项目特征	计量单位	综合单价	人工费	机械费	材料费		管理费	利润
							辅材费	主材费		
030412002020	镀锌金属线槽	1. 名称：镀锌金属线槽 2. 规格：150mm × 200mm，壁厚 1.2mm 3. 槽体、盖板、隔板、弯头、三通及配件制作和安装 4. 线槽的安全接地 5. 完成本清单项目所需的一切相关工作	m	90.71	29.97	0.00	3.70	42.44	8.61	5.99
030412002021	镀锌金属线槽	1. 名称：镀锌金属线槽 2. 规格：150mm × 300mm，壁厚 1.2mm 3. 槽体、盖板、隔板、弯头、三通及配件制作和安装 4. 线槽的安全接地 5. 完成本清单项目所需的一切相关工作	m	101.91	29.97	0.00	3.70	53.64	8.61	5.99
030412002022	镀锌金属线槽	1. 名称：镀锌金属线槽 2. 规格：150mm × 400mm，壁厚 1.5mm 3. 槽体、盖板、隔板、弯头、三通及配件制作和安装 4. 线槽的安全接地 5. 完成本清单项目所需的一切相关工作	m	132.51	29.97	0.00	3.70	84.24	8.61	5.99
030412002023	镀锌金属线槽	1. 名称：镀锌金属线槽 2. 规格：150mm × 500mm，壁厚 1.5mm 3. 槽体、盖板、隔板、弯头、三通及配件制作和安装 4. 线槽的安全接地 5. 完成本清单项目所需的一切相关工作	m	146.35	29.97	0.00	3.70	98.08	8.61	5.99
030412002024	镀锌金属线槽	1. 名称：镀锌金属线槽 2. 规格：150mm × 600mm，壁厚 2mm 3. 槽体、盖板、隔板、弯头、三通及配件制作和安装 4. 线槽的安全接地 5. 完成本清单项目所需的一切相关工作	m	199.53	29.97	0.00	3.70	151.26	8.61	5.99
030412002025	镀锌金属线槽	1. 名称：镀锌金属线槽 2. 规格：150mm × 800mm，壁厚 2mm 3. 槽体、盖板、隔板、弯头、三通及配件制作和安装 4. 线槽的安全接地 5. 完成本清单项目所需的一切相关工作	m	238.10	29.97	0.00	3.70	189.83	8.61	5.99

续表

项目编码	标准名称	项目特征	计量单位	综合单价	人工费	机械费	材料费		管理费	利润
							辅材费	主材费		
030412002026	镀锌金属线槽	1. 名称：镀锌金属线槽 2. 规格：150mm × 1000mm，壁厚 2.5mm 3. 槽体、盖板、隔板、弯头、三通及配件制作和安装 4. 线槽的安全接地 5. 完成本清单项目所需的一切相关工作	m	341.91	29.97	0.00	3.70	293.64	8.61	5.99
030412002027	镀锌金属线槽	1. 名称：镀锌金属线槽 2. 规格：200mm × 400mm，壁厚 1.5mm 3. 槽体、盖板、隔板、弯头、三通及配件制作和安装 4. 线槽的安全接地 5. 完成本清单项目所需的一切相关工作	m	139.63	29.97	0.00	3.70	91.36	8.61	5.99
030412002028	镀锌金属线槽	1. 名称：镀锌金属线槽 2. 规格：200mm × 500mm，壁厚 1.5mm 3. 槽体、盖板、隔板、弯头、三通及配件制作和安装 4. 线槽的安全接地 5. 完成本清单项目所需的一切相关工作	m	153.18	29.97	0.00	3.70	104.91	8.61	5.99
030412002029	镀锌金属线槽	1. 名称：镀锌金属线槽 2. 规格：200mm × 600mm，壁厚 2mm 3. 槽体、盖板、隔板、弯头、三通及配件制作和安装 4. 线槽的安全接地 5. 完成本清单项目所需的一切相关工作	m	210.75	29.97	0.00	3.70	162.48	8.61	5.99
030412002030	镀锌金属线槽	1. 名称：镀锌金属线槽 2. 规格：200mm × 800mm，壁厚 2mm 3. 槽体、盖板、隔板、弯头、三通及配件制作和安装 4. 线槽的安全接地 5. 完成本清单项目所需的一切相关工作	m	251.06	29.97	0.00	3.70	202.79	8.61	5.99
030412002031	镀锌金属线槽	1. 名称：镀锌金属线槽 2. 规格：200mm × 1000mm，壁厚 2.5mm 3. 槽体、盖板、隔板、弯头、三通及配件制作和安装 4. 线槽的安全接地 5. 完成本清单项目所需的一切相关工作	m	354.79	29.97	0.00	3.70	306.52	8.61	5.99

续表

项目编码	标准名称	项目特征	计量单位	综合单价	人工费	机械费	材料费		管理费	利润
							辅材费	主材费		
030412002032	镀锌金属线槽	1. 名称：镀锌金属线槽 2. 规格：200mm × 1200mm，壁厚 2.5mm 3. 槽体、盖板、隔板、弯头、三通及配件制作和安装 4. 线槽的安全接地 5. 完成本清单项目所需的一切相关工作	m	403.19	29.97	0.00	3.70	354.92	8.61	5.99
030412003001	热浸锌桥架	1. 名称：热浸锌桥架 2. 规格：25mm × 50mm，壁厚 1mm 3. 槽体、盖板、隔板、弯头、三通及配件制作和安装 4. 桥架的安全接地 5. 完成本清单项目所需的一切相关工作	m	47.99	19.98	0.71	2.05	15.16	5.95	4.14
030412003002	热浸锌桥架	1. 名称：热浸锌桥架 2. 规格：30mm × 60mm，壁厚 1mm 3. 槽体、盖板、隔板、弯头、三通及配件制作和安装 4. 桥架的安全接地 5. 完成本清单项目所需的一切相关工作	m	50.41	19.98	0.71	2.05	17.58	5.95	4.14
030412003003	热浸锌桥架	1. 名称：热浸锌桥架 2. 规格：40mm × 60mm，壁厚 1mm 3. 槽体、盖板、隔板、弯头、三通及配件制作和安装 4. 桥架的安全接地 5. 完成本清单项目所需的一切相关工作	m	51.73	19.98	0.71	2.05	18.90	5.95	4.14
030412003004	热浸锌桥架	1. 名称：热浸锌桥架 2. 规格：40mm × 80mm，壁厚 1mm 3. 槽体、盖板、隔板、弯头、三通及配件制作和安装 4. 桥架的安全接地 5. 完成本清单项目所需的一切相关工作	m	54.75	19.98	0.71	2.05	21.92	5.95	4.14
030412003005	热浸锌桥架	1. 名称：热浸锌桥架 2. 规格：50mm × 50mm，壁厚 1mm 3. 槽体、盖板、隔板、弯头、三通及配件制作和安装 4. 桥架的安全接地 5. 完成本清单项目所需的一切相关工作	m	51.73	19.98	0.71	2.05	18.90	5.95	4.14

续表

项目编码	标准名称	项目特征	计量单位	综合单价	人工费	机械费	材料费		管理费	利润
							辅材费	主材费		
030412003006	热浸锌桥架	1. 名称：热浸锌桥架 2. 规格：50mm × 100mm，壁厚 1mm 3. 槽体、盖板、隔板、弯头、三通及配件制作和安装 4. 桥架的安全接地 5. 完成本清单项目所需的一切相关工作	m	59.53	19.98	0.71	2.05	26.70	5.95	4.14
030412003007	热浸锌桥架	1. 名称：热浸锌桥架 2. 规格：60mm × 80mm，壁厚 1mm 3. 槽体、盖板、隔板、弯头、三通及配件制作和安装 4. 桥架的安全接地 5. 完成本清单项目所需的一切相关工作	m	58.13	19.98	0.71	2.05	25.30	5.95	4.14
030412003008	热浸锌桥架	1. 名称：热浸锌桥架 2. 规格：60mm × 100mm，壁厚 1mm 3. 槽体、盖板、隔板、弯头、三通及配件制作和安装 4. 桥架的安全接地 5. 完成本清单项目所需的一切相关工作	m	82.12	33.27	1.43	2.12	28.39	9.97	6.94
030412003009	热浸锌桥架	1. 名称：热浸锌桥架 2. 规格：60mm × 120mm，壁厚 1mm 3. 槽体、盖板、隔板、弯头、三通及配件制作和安装 4. 桥架的安全接地 5. 完成本清单项目所需的一切相关工作	m	77.02	33.27	1.43	2.12	23.29	9.97	6.94
030412003010	热浸锌桥架	1. 名称：热浸锌桥架 2. 规格：80mm × 100mm，壁厚 1mm 3. 槽体、盖板、隔板、弯头、三通及配件制作和安装 4. 桥架的安全接地 5. 完成本清单项目所需的一切相关工作	m	85.14	33.27	1.43	2.12	31.41	9.97	6.94
030412003011	热浸锌桥架	1. 名称：热浸锌桥架 2. 规格：100mm × 100mm，壁厚 1mm 3. 槽体、盖板、隔板、弯头、三通及配件制作和安装 4. 桥架的安全接地 5. 完成本清单项目所需的一切相关工作	m	88.53	33.27	1.43	2.12	34.80	9.97	6.94

续表

项目编码	标准名称	项目特征	计量单位	综合单价	人工费	机械费	材料费		管理费	利润
							辅材费	主材费		
030412003012	热浸锌桥架	1. 名称：热浸锌桥架 2. 规格：100mm × 150mm，壁厚 1mm 3. 槽体、盖板、隔板、弯头、三通及配件制作和安装 4. 桥架的安全接地 5. 完成本清单项目所需的一切相关工作	m	96.19	33.27	1.43	2.12	42.46	9.97	6.94
030412003013	热浸锌桥架	1. 名称：热浸锌桥架 2. 规格：100mm × 200mm，壁厚 1.2mm 3. 槽体、盖板、隔板、弯头、三通及配件制作和安装 4. 桥架的安全接地 5. 完成本清单项目所需的一切相关工作	m	113.69	33.27	1.43	2.12	59.96	9.97	6.94
030412003014	热浸锌桥架	1. 名称：热浸锌桥架 2. 规格：100mm × 300mm，壁厚 1.2mm 3. 槽体、盖板、隔板、弯头、三通及配件制作和安装 4. 桥架的安全接地 5. 完成本清单项目所需的一切相关工作	m	133.56	33.27	1.43	2.12	79.83	9.97	6.94
030412003015	热浸锌桥架	1. 名称：热浸锌桥架 2. 规格：100mm × 400mm，壁厚 1.5mm 3. 槽体、盖板、隔板、弯头、三通及配件制作和安装 4. 桥架的安全接地 5. 完成本清单项目所需的一切相关工作	m	200.53	48.05	2.31	2.42	123.21	14.47	10.07
030412003016	热浸锌桥架	1. 名称：热浸锌桥架 2. 规格：100mm × 500mm，壁厚 1.5mm 3. 槽体、盖板、隔板、弯头、三通及配件制作和安装 4. 桥架的安全接地 5. 完成本清单项目所需的一切相关工作	m	225.75	48.05	2.31	2.42	148.43	14.47	10.07
030412003017	热浸锌桥架	1. 名称：热浸锌桥架 2. 规格：100mm × 600mm，壁厚 2mm 3. 槽体、盖板、隔板、弯头、三通及配件制作和安装 4. 桥架的安全接地 5. 完成本清单项目所需的一切相关工作	m	346.95	72.34	5.75	2.56	228.24	22.44	15.62

续表

项目编码	标准名称	项目特征	计量单位	综合单价	人工费	机械费	材料费		管理费	利润
							辅材费	主材费		
030412003018	热浸锌桥架	1. 名称：热浸锌桥架 2. 规格：100mm × 800mm，壁厚 2mm 3. 槽体、盖板、隔板、弯头、三通及配件制作和安装 4. 桥架的安全接地 5. 完成本清单项目所需的一切相关工作	m	439.21	92.00	8.84	2.76	286.46	28.98	20.17
030412003019	热浸锌桥架	1. 名称：热浸锌桥架 2. 规格：100mm × 1000mm，壁厚 2.5mm 3. 槽体、盖板、隔板、弯头、三通及配件制作和安装 4. 桥架的安全接地 5. 完成本清单项目所需的一切相关工作	m	618.07	109.56	12.19	2.99	433.99	34.99	24.35
030412003020	热浸锌桥架	1. 名称：热浸锌桥架 2. 规格：150mm × 200mm，壁厚 1.2mm 3. 槽体、盖板、隔板、弯头、三通及配件制作和安装 4. 桥架的安全接地 5. 完成本清单项目所需的一切相关工作	m	125.02	33.27	1.43	2.12	71.29	9.97	6.94
030412003021	热浸锌桥架	1. 名称：热浸锌桥架 2. 规格：150mm × 300mm，壁厚 1.2mm 3. 槽体、盖板、隔板、弯头、三通及配件制作和安装 4. 桥架的安全接地 5. 完成本清单项目所需的一切相关工作	m	166.58	48.05	2.31	2.42	89.26	14.47	10.07
030412003022	热浸锌桥架	1. 名称：热浸锌桥架 2. 规格：150mm × 400mm，壁厚 1.5mm 3. 槽体、盖板、隔板、弯头、三通及配件制作和安装 4. 桥架的安全接地 5. 完成本清单项目所需的一切相关工作	m	212.67	48.05	2.31	2.42	135.35	14.47	10.07
030412003023	热浸锌桥架	1. 名称：热浸锌桥架 2. 规格：150mm × 500mm，壁厚 1.5mm 3. 槽体、盖板、隔板、弯头、三通及配件制作和安装 4. 桥架的安全接地 5. 完成本清单项目所需的一切相关工作	m	277.34	72.34	5.75	2.56	158.63	22.44	15.62

续表

项目编码	标准名称	项目特征	计量单位	综合单价	人工费	机械费	材料费		管理费	利润
							辅材费	主材费		
030412003024	热浸锌桥架	1. 名称：热浸锌桥架 2. 规格：150mm × 600mm，壁厚 2mm 3. 槽体、盖板、隔板、弯头、三通及配件制作和安装 4. 桥架的安全接地 5. 完成本清单项目所需的一切相关工作	m	363.69	72.34	5.75	2.56	244.98	22.44	15.62
030412003025	热浸锌桥架	1. 名称：热浸锌桥架 2. 规格：150mm × 800mm，壁厚 2mm 3. 槽体、盖板、隔板、弯头、三通及配件制作和安装 4. 桥架的安全接地 5. 完成本清单项目所需的一切相关工作	m	465.17	92.00	8.84	2.70	312.48	28.98	20.17
030412003026	热浸锌桥架	1. 名称：热浸锌桥架 2. 规格：150mm × 1000mm，壁厚 2.5mm 3. 槽体、盖板、隔板、弯头、三通及配件制作和安装 4. 桥架的安全接地 5. 完成本清单项目所需的一切相关工作	m	643.81	109.56	12.19	2.91	459.81	34.99	24.35
030412003027	热浸锌桥架	1. 名称：热浸锌桥架 2. 规格：200mm × 400mm，壁厚 1.5mm 3. 槽体、盖板、隔板、弯头、三通及配件制作和安装 4. 桥架的安全接地 5. 完成本清单项目所需的一切相关工作	m	225.69	48.05	2.31	2.36	148.43	14.47	10.07
030412003028	热浸锌桥架	1. 名称：热浸锌桥架 2. 规格：200mm × 500mm，壁厚 1.5mm 3. 槽体、盖板、隔板、弯头、三通及配件制作和安装 4. 桥架的安全接地 5. 完成本清单项目所需的一切相关工作	m	290.36	72.34	5.75	2.56	171.65	22.44	15.62
030412003029	热浸锌桥架	1. 名称：热浸锌桥架 2. 规格：200mm × 600mm，壁厚 2mm 3. 槽体、盖板、隔板、弯头、三通及配件制作和安装 4. 桥架的安全接地 5. 完成本清单项目所需的一切相关工作	m	380.58	72.34	5.75	2.51	261.92	22.44	15.62

续表

项目编码	标准名称	项目特征	计量单位	综合单价	人工费	机械费	材料费		管理费	利润
							辅材费	主材费		
030412003030	热浸锌桥架	1. 名称：热浸锌桥架 2. 规格：200mm × 800mm，壁厚 2mm 3. 槽体、盖板、隔板、弯头、三通及配件制作和安装 4. 桥架的安全接地 5. 完成本清单项目所需的一切相关工作	m	476.28	92.00	8.84	2.70	323.59	28.98	20.17
030412003031	热浸锌桥架	1. 名称：热浸锌桥架 2. 规格：200mm × 1000mm，壁厚 2.5mm 3. 槽体、盖板、隔板、弯头、三通及配件制作和安装 4. 桥架的安全接地 5. 完成本清单项目所需的一切相关工作	m	670.47	109.56	12.19	2.99	486.39	34.99	24.35
030412003032	热浸锌桥架	1. 名称：热浸锌桥架 2. 规格：200mm × 1200mm，壁厚 2.5mm 3. 槽体、盖板、隔板、弯头、三通及配件制作和安装 4. 桥架的安全接地 5. 完成本清单项目所需的一切相关工作	m	780.49	126.10	14.40	3.48	568.03	40.38	28.10
030412003033	防火桥架	1. 名称：防火桥架 2. 规格：25mm × 50mm，壁厚 1mm 3. 槽体、盖板、隔板、弯头、三通及配件制作和安装 4. 桥架的安全接地、防火隔板安装和防火涂料的喷涂 5. 完成本清单项目所需的一切相关工作	m	55.61	21.97	0.72	2.15	19.71	6.52	4.54
030412003034	防火桥架	1. 名称：防火桥架 2. 规格：30mm × 60mm，壁厚 1mm 3. 槽体、盖板、隔板、弯头、三通及配件制作和安装 4. 桥架的安全接地、防火隔板安装和防火涂料的喷涂 5. 完成本清单项目所需的一切相关工作	m	58.75	21.97	0.72	2.15	22.85	6.52	4.54
030412003035	防火桥架	1. 名称：防火桥架 2. 规格：40mm × 60mm，壁厚 1mm 3. 槽体、盖板、隔板、弯头、三通及配件制作和安装 4. 桥架的安全接地、防火隔板安装和防火涂料的喷涂 5. 完成本清单项目所需的一切相关工作	m	60.47	21.97	0.72	2.15	24.57	6.52	4.54

续表

项目编码	标准名称	项目特征	计量单位	综合单价	人工费	机械费	材料费		管理费	利润
							辅材费	主材费		
030412003036	防火桥架	1. 名称：防火桥架 2. 规格：40mm × 80mm，壁厚 1mm 3. 槽体、盖板、隔板、弯头、三通及配件制作和安装 4. 桥架的安全接地、防火隔板安装和防火涂料的喷涂 5. 完成本清单项目所需的一切相关工作	m	64.40	21.97	0.72	2.15	28.50	6.52	4.54
030412003037	防火桥架	1. 名称：防火桥架 2. 规格：50mm × 50mm，壁厚 1mm 3. 槽体、盖板、隔板、弯头、三通及配件制作和安装 4. 桥架的安全接地、防火隔板安装和防火涂料的喷涂 5. 完成本清单项目所需的一切相关工作	m	60.47	21.97	0.72	2.15	24.57	6.52	4.54
030412003038	防火桥架	1. 名称：防火桥架 2. 规格：50mm × 100mm，壁厚 1mm 3. 槽体、盖板、隔板、弯头、三通及配件制作和安装 4. 桥架的安全接地、防火隔板安装和防火涂料的喷涂 5. 完成本清单项目所需的一切相关工作	m	70.61	21.97	0.72	2.15	34.71	6.52	4.54
030412003039	防火桥架	1. 名称：防火桥架 2. 规格：60mm × 80mm，壁厚 1mm 3. 槽体、盖板、隔板、弯头、三通及配件制作和安装 4. 桥架的安全接地、防火隔板安装和防火涂料的喷涂 5. 完成本清单项目所需的一切相关工作	m	68.79	21.97	0.72	2.15	32.89	6.52	4.54
030412003040	防火桥架	1. 名称：防火桥架 2. 规格：60mm × 100mm，壁厚 1mm 3. 槽体、盖板、隔板、弯头、三通及配件制作和安装 4. 桥架的安全接地、防火隔板安装和防火涂料的喷涂 5. 完成本清单项目所需的一切相关工作	m	95.66	36.62	1.43	2.15	36.91	10.94	7.61

续表

项目编码	标准名称	项目特征	计量单位	综合单价	人工费	机械费	材料费		管理费	利润
							辅材费	主材费		
030412003041	防火桥架	1. 名称：防火桥架 2. 规格：60mm × 120mm，壁厚 1mm 3. 槽体、盖板、隔板、弯头、三通及配件制作和安装 4. 桥架的安全接地、防火隔板安装和防火涂料的喷涂 5. 完成本清单项目所需的一切相关工作	m	89.02	36.62	1.43	2.15	30.27	10.94	7.61
030412003042	防火桥架	1. 名称：防火桥架 2. 规格：80mm × 100mm，壁厚 1mm 3. 槽体、盖板、隔板、弯头、三通及配件制作和安装 4. 桥架的安全接地、防火隔板安装和防火涂料的喷涂 5. 完成本清单项目所需的一切相关工作	m	89.02	36.62	1.43	2.15	30.27	10.94	7.61
030412003043	防火桥架	1. 名称：防火桥架 2. 规格：100mm × 100mm，壁厚 1mm 3. 槽体、盖板、隔板、弯头、三通及配件制作和安装 4. 桥架的安全接地、防火隔板安装和防火涂料的喷涂 5. 完成本清单项目所需的一切相关工作	m	103.98	36.62	1.43	2.15	45.23	10.94	7.61
030412003044	防火桥架	1. 名称：防火桥架 2. 规格：100mm × 150mm，壁厚 1mm 3. 槽体、盖板、隔板、弯头、三通及配件制作和安装 4. 桥架的安全接地、防火隔板安装和防火涂料的喷涂 5. 完成本清单项目所需的一切相关工作	m	113.95	36.62	1.43	2.15	55.20	10.94	7.61
030412003045	防火桥架	1. 名称：防火桥架 2. 规格：100mm × 200mm，壁厚 1.2mm 3. 槽体、盖板、隔板、弯头、三通及配件制作和安装 4. 桥架的安全接地 5. 完成本清单项目所需的一切相关工作	m	136.69	36.62	1.43	2.15	77.94	10.94	7.61

续表

项目编码	标准名称	项目特征	计量单位	综合单价	人工费	机械费	材料费		管理费	利润
							辅材费	主材费		
030412003046	防火桥架	1. 名称：防火桥架 2. 规格：100mm × 300mm，壁厚 1.2mm 3. 槽体、盖板、隔板、弯头、三通及配件制作和安装 4. 桥架的安全接地 5. 完成本清单项目所需的一切相关工作	m	162.53	36.62	1.43	2.15	103.78	10.94	7.61
030412003047	防火桥架	1. 名称：防火桥架 2. 规格：100mm × 400mm，壁厚 1.5mm 3. 槽体、盖板、隔板、弯头、三通及配件制作和安装 4. 桥架的安全接地、防火隔板安装和防火涂料的喷涂 5. 完成本清单项目所需的一切相关工作	m	252.88	58.73	2.14	2.18	160.17	17.49	12.17
030412003048	防火桥架	1. 名称：防火桥架 2. 规格：100mm × 500mm，壁厚 1.5mm 3. 槽体、盖板、隔板、弯头、三通及配件制作和安装 4. 桥架的安全接地、防火隔板安装和防火涂料的喷涂 5. 完成本清单项目所需的一切相关工作	m	285.67	58.73	2.14	2.18	192.96	17.49	12.17
030412003049	防火桥架	1. 名称：防火桥架 2. 规格：100mm × 600mm，壁厚 2mm 3. 槽体、盖板、隔板、弯头、三通及配件制作和安装 4. 桥架的安全接地、防火隔板安装和防火涂料的喷涂 5. 完成本清单项目所需的一切相关工作	m	425.12	79.55	5.32	2.18	296.71	24.39	16.97
030412003050	防火桥架	1. 名称：防火桥架 2. 规格：100mm × 800mm，壁厚 2mm 3. 槽体、盖板、隔板、弯头、三通及配件制作和安装 4. 桥架的安全接地、防火隔板安装和防火涂料的喷涂 5. 完成本清单项目所需的一切相关工作	m	537.07	101.26	7.98	2.18	372.40	31.40	21.85

续表

项目编码	标准名称	项目特征	计量单位	综合单价	人工费	机械费	材料费		管理费	利润
							辅材费	主材费		
030412003051	防火桥架	1. 名称：防火桥架 2. 规格：100mm × 1000mm，壁厚 2.5mm 3. 槽体、盖板、隔板、弯头、三通及配件制作和安装 4. 桥架的安全接地、防火隔板安装和防火涂料的喷涂 5. 完成本清单项目所需的一切相关工作	m	762.23	120.49	11.16	2.22	564.19	37.84	26.33
030412003052	防火桥架	1. 名称：防火桥架 2. 规格：150mm × 200mm，壁厚 1.2mm 3. 槽体、盖板、隔板、弯头、三通及配件制作和安装 4. 桥架的安全接地 5. 完成本清单项目所需的一切相关工作	m	151.42	36.62	1.43	2.15	92.67	10.94	7.61
030412003053	防火桥架	1. 名称：防火桥架 2. 规格：150mm × 300mm，壁厚 1.2mm 3. 槽体、盖板、隔板、弯头、三通及配件制作和安装 4. 桥架的安全接地 5. 完成本清单项目所需的一切相关工作	m	208.75	58.73	2.14	2.18	116.04	17.49	12.17
030412003054	防火桥架	1. 名称：防火桥架 2. 规格：150mm × 400mm，壁厚 1.5mm 3. 槽体、盖板、隔板、弯头、三通及配件制作和安装 4. 桥架的安全接地、防火隔板安装和防火涂料的喷涂 5. 完成本清单项目所需的一切相关工作	m	268.66	58.73	2.14	2.18	175.95	17.49	12.17
030412003055	防火桥架	1. 名称：防火桥架 2. 规格：150mm × 500mm，壁厚 1.5mm 3. 槽体、盖板、隔板、弯头、三通及配件制作和安装 4. 桥架的安全接地、防火隔板安装和防火涂料的喷涂 5. 完成本清单项目所需的一切相关工作	m	334.63	79.55	5.32	2.18	206.22	24.39	16.97

续表

项目编码	标准名称	项目特征	计量单位	综合单价	人工费	机械费	材料费		管理费	利润
							辅材费	主材费		
030412003056	防火桥架	1. 名称：防火桥架 2. 规格：150mm × 600mm，壁厚 2mm 3. 槽体、盖板、隔板、弯头、三通及配件制作和安装 4. 桥架的安全接地、防火隔板安装和防火涂料的喷涂 5. 完成本清单项目所需的一切相关工作	m	446.88	79.55	5.32	2.18	318.47	24.39	16.97
030412003057	防火桥架	1. 名称：防火桥架 2. 规格：150mm × 800mm，壁厚 2mm 3. 槽体、盖板、隔板、弯头、三通及配件制作和安装 4. 桥架的安全接地、防火隔板安装和防火涂料的喷涂 5. 完成本清单项目所需的一切相关工作	m	570.89	101.26	7.98	2.18	406.22	31.40	21.85
030412003058	防火桥架	1. 名称：防火桥架 2. 规格：150mm × 1000mm，壁厚 2.5mm 3. 槽体、盖板、隔板、弯头、三通及配件制作和安装 4. 桥架的安全接地、防火隔板安装和防火涂料的喷涂 5. 完成本清单项目所需的一切相关工作	m	795.78	120.49	11.16	2.22	597.74	37.84	26.33
030412003059	防火桥架	1. 名称：防火桥架 2. 规格：200mm × 400mm，壁厚 1.5mm 3. 槽体、盖板、隔板、弯头、三通及配件制作和安装 4. 桥架的安全接地、防火隔板安装和防火涂料的喷涂 5. 完成本清单项目所需的一切相关工作	m	321.37	79.55	5.32	2.18	192.96	24.39	16.97
030412003060	防火桥架	1. 名称：防火桥架 2. 规格：200mm × 500mm，壁厚 1.5mm 3. 槽体、盖板、隔板、弯头、三通及配件制作和安装 4. 桥架的安全接地、防火隔板安装和防火涂料的喷涂 5. 完成本清单项目所需的一切相关工作	m	351.56	79.55	5.32	2.18	223.15	24.39	16.97

续表

项目编码	标准名称	项目特征	计量单位	综合单价	人工费	机械费	材料费		管理费	利润
							辅材费	主材费		
030412003061	防火桥架	1. 名称：防火桥架 2. 规格：200mm × 600mm，壁厚 2mm 3. 槽体、盖板、隔板、弯头、三通及配件制作和安装 4. 桥架的安全接地、防火隔板安装和防火涂料的喷涂 5. 完成本清单项目所需的一切相关工作	m	468.92	79.55	5.32	2.18	340.51	24.39	16.97
030412003062	防火桥架	1. 名称：防火桥架 2. 规格：200mm × 800mm，壁厚 2mm 3. 槽体、盖板、隔板、弯头、三通及配件制作和安装 4. 桥架的安全接地、防火隔板安装和防火涂料的喷涂 5. 完成本清单项目所需的一切相关工作	m	585.33	101.26	7.98	2.18	420.66	31.40	21.85
030412003063	防火桥架	1. 名称：防火桥架 2. 规格：200mm × 1000mm，壁厚 2.5mm 3. 槽体、盖板、隔板、弯头、三通及配件制作和安装 4. 桥架的安全接地、防火隔板安装和防火涂料的喷涂 5. 完成本清单项目所需的一切相关工作	m	830.35	120.49	11.16	2.22	632.31	37.84	26.33
030412003064	防火桥架	1. 名称：防火桥架 2. 规格：200mm × 1200mm，壁厚 2.5mm 3. 槽体、盖板、隔板、弯头、三通及配件制作和安装 4. 桥架的安全接地、防火隔板安装和防火涂料的喷涂 5. 完成本清单项目所需的一切相关工作	m	975.76	144.95	13.12	2.22	738.43	45.43	31.61
030412002033	塑料线槽	1. 名称：塑料线槽 2. 规格：PR20mm × 15mm 3. 槽体、盖板、弯头、三通及配件制作和安装 4. 完成本清单项目所需的一切相关工作	m	19.31	11.23	0.00	0.23	2.37	3.23	2.25
030412002034	塑料线槽	1. 名称：塑料线槽 2. 规格：PR30mm × 15mm 3. 槽体、盖板、弯头、三通及配件制作和安装 4. 完成本清单项目所需的一切相关工作	m	20.82	11.23	0.00	0.23	3.88	3.23	2.25

续表

项目编码	标准名称	项目特征	计量单位	综合单价	人工费	机械费	材料费		管理费	利润
							辅材费	主材费		
0304 1200 2035	塑料线槽	1. 名称：塑料线槽 2. 规格：PR35mm × 25mm 3. 槽体、盖板、弯头、三通及配件制作和安装 4. 完成本清单项目所需的一切相关工作	m	23.09	11.23	0.00	0.23	6.15	3.23	2.25
0304 1200 2036	塑料线槽	1. 名称：塑料线槽 2. 规格：PR40mm × 25mm 3. 槽体、盖板、弯头、三通及配件制作和安装 4. 完成本清单项目所需的一切相关工作	m	26.56	13.22	0.00	0.24	6.66	3.80	2.64
0304 1200 2037	塑料线槽	1. 名称：塑料线槽 2. 规格：PR50mm × 25mm 3. 槽体、盖板、弯头、三通及配件制作和安装 4. 完成本清单项目所需的一切相关工作	m	27.59	13.22	0.00	0.24	7.69	3.80	2.64
0304 1200 2038	塑料线槽	1. 名称：塑料线槽 2. 规格：PR60mm × 25mm 3. 槽体、盖板、弯头、三通及配件制作和安装 4. 完成本清单项目所需的一切相关工作	m	31.14	13.22	0.00	0.24	11.24	3.80	2.64
0304 1200 2039	塑料线槽	1. 名称：塑料线槽 2. 规格：PR80mm × 35mm 3. 槽体、盖板、弯头、三通及配件制作和安装 4. 完成本清单项目所需的一切相关工作	m	40.02	15.96	0.00	0.26	16.02	4.59	3.19
0304 1200 2040	塑料线槽	1. 名称：塑料线槽 2. 规格：PR100mm × 50mm 3. 槽体、盖板、弯头、三通及配件制作和安装 4. 完成本清单项目所需的一切相关工作	m	45.74	19.09	0.00	0.29	17.05	5.49	3.82
0304 1200 1001	电气配管	1. 名称：热浸锌电线管 2. 规格型号：ϕ15mm，壁厚1.5mm 3. 敷设方式：明敷 4. 含接地、穿引线和补漆等工作 5. 含直通、弯头、三通及配件制作和安装 6. 完成本清单项目所需的一切相关工作	m	24.06	11.20	0.00	3.69	3.71	3.22	2.24

续表

项目编码	标准名称	项目特征	计量单位	综合单价	人工费	机械费	材料费		管理费	利润
							辅材费	主材费		
030412001002	电气配管	1. 名称：热浸锌电线管 2. 规格型号：ϕ20mm，壁厚1.5mm 3. 敷设方式：明敷 4. 含接地、穿引线和补漆等工作 5. 含直通、弯头、三通及配件制作和安装 6. 完成本清单项目所需的一切相关工作	m	25.62	11.54	0.00	3.50	4.95	3.32	2.31
030412001003	电气配管	1. 名称：热浸锌电线管 2. 规格型号：ϕ25mm，壁厚1.5mm 3. 敷设方式：明敷 4. 含接地、穿引线和补漆等工作 5. 含直通、弯头、三通及配件制作和安装 6. 完成本清单项目所需的一切相关工作	m	28.37	11.97	0.04	4.01	6.50	3.45	2.40
030412001004	电气配管	1. 名称：热浸锌电线管 2. 规格型号：ϕ32mm，壁厚1.5mm 3. 敷设方式：明敷 4. 含接地、穿引线和补漆等工作 5. 含直通、弯头、三通及配件制作和安装 6. 完成本清单项目所需的一切相关工作	m	30.68	12.40	0.04	3.86	8.32	3.57	2.49
030412001005	电气配管	1. 名称：热浸锌电线管 2. 规格型号：ϕ40mm，壁厚1.8mm 3. 敷设方式：明敷 4. 含接地、穿引线和补漆等工作 5. 含直通、弯头、三通及配件制作和安装 6. 完成本清单项目所需的一切相关工作	m	36.95	13.20	0.08	4.44	12.77	3.81	2.65
030412001006	电气配管	1. 名称：热浸锌电线管 2. 规格型号：ϕ50mm，壁厚2.0mm 3. 敷设方式：明敷 4. 含接地、穿引线和补漆等工作 5. 含直通、弯头、三通及配件制作和安装 6. 完成本清单项目所需的一切相关工作	m	56.24	13.90	0.08	17.50	17.95	4.02	2.79

续表

项目编码	标准名称	项目特征	计量单位	综合单价	人工费	机械费	材料费		管理费	利润
							辅材费	主材费		
030412001007	电气配管	1. 名称：热浸锌电线管 2. 规格型号：ϕ15mm，壁厚1.5mm 3. 敷设方式：暗敷 4. 含接地、穿引线和补漆等工作 5. 含直通、弯头、三通及配件制作和安装 6. 完成本清单项目所需的一切相关工作	m	13.18	5.10	0.00	1.89	3.71	1.46	1.02
030412001008	电气配管	1. 名称：热浸锌电线管 2. 规格型号：ϕ20mm，壁厚1.5mm 3. 敷设方式：暗敷 4. 含接地、穿引线和补漆等工作 5. 含直通、弯头、三通及配件制作和安装 6. 完成本清单项目所需的一切相关工作	m	14.23	5.43	0.00	1.20	4.95	1.56	1.09
030412001009	电气配管	1. 名称：热浸锌电线管 2. 规格型号：ϕ25mm，壁厚1.5mm 3. 敷设方式：暗敷 4. 含接地、穿引线和补漆等工作 5. 含直通、弯头、三通及配件制作和安装 6. 完成本清单项目所需的一切相关工作	m	20.59	7.83	0.04	2.39	6.50	2.26	1.57
030412001010	电气配管	1. 名称：热浸锌电线管 2. 规格型号：ϕ32mm，壁厚1.5mm 3. 敷设方式：暗敷 4. 含接地、穿引线和补漆等工作 5. 含直通、弯头、三通及配件制作和安装 6. 完成本清单项目所需的一切相关工作	m	22.84	8.34	0.04	2.06	8.32	2.41	1.67
030412001011	电气配管	1. 名称：热浸锌电线管 2. 规格型号：ϕ40mm，壁厚1.8mm 3. 敷设方式：暗敷 4. 含接地、穿引线和补漆等工作 5. 含直通、弯头、三通及配件制作和安装 6. 完成本清单项目所需的一切相关工作	m	31.44	10.63	0.08	2.74	12.77	3.08	2.14

续表

项目编码	标准名称	项目特征	计量单位	综合单价	人工费	机械费	材料费		管理费	利润
							辅材费	主材费		
030412001012	电气配管	1. 名称：热浸锌电线管 2. 规格型号：ϕ50mm，壁厚2.0mm 3. 敷设方式：暗敷 4. 含接地、穿引线和补漆等工作 5. 含直通、弯头、三通及配件制作和安装 6. 完成本清单项目所需的一切相关工作	m	39.25	11.35	0.08	4.30	17.95	3.28	2.29
030412001013	电气配管	1. 名称：热镀锌板电线管 2. 规格型号：ϕ15mm，壁厚1.5mm 3. 敷设方式：明敷 4. 含接地、穿引线和补漆等工作 5. 含直通、弯头、三通及配件制作和安装 6. 完成本清单项目所需的一切相关工作	m	23.50	11.20	0.00	3.69	3.15	3.22	2.24
030412001014	电气配管	1. 名称：热镀锌板电线管 2. 规格型号：ϕ20mm，壁厚1.5mm 3. 敷设方式：明敷 4. 含接地、穿引线和补漆等工作 5. 含直通、弯头、三通及配件制作和安装 6. 完成本清单项目所需的一切相关工作	m	24.28	11.54	0.00	3.50	3.61	3.32	2.31
030412001015	电气配管	1. 名称：热镀锌板电线管 2. 规格型号：ϕ25mm，壁厚1.5mm 3. 敷设方式：明敷 4. 含接地、穿引线和补漆等工作 5. 含直通、弯头、三通及配件制作和安装 6. 完成本清单项目所需的一切相关工作	m	26.35	11.97	0.04	4.01	4.48	3.45	2.40
030412001016	电气配管	1. 名称：热镀锌板电线管 2. 规格型号：ϕ32mm，壁厚1.5mm 3. 敷设方式：明敷 4. 含接地、穿引线和补漆等工作 5. 含直通、弯头、三通及配件制作和安装 6. 完成本清单项目所需的一切相关工作	m	28.40	12.40	0.04	3.86	6.04	3.57	2.49

续表

项目编码	标准名称	项目特征	计量单位	综合单价	人工费	机械费	材料费		管理费	利润
							辅材费	主材费		
030412001017	电气配管	1. 名称：热镀锌板电线管 2. 规格型号：ϕ40mm，壁厚1.8mm 3. 敷设方式：明敷 4. 含接地、穿引线和补漆等工作 5. 含直通、弯头、三通及配件制作和安装 6. 完成本清单项目所需的一切相关工作	m	33.81	13.20	0.08	4.44	9.63	3.81	2.65
030412001018	电气配管	1. 名称：热镀锌板电线管 2. 规格型号：ϕ50mm，壁厚2.0mm 3. 敷设方式：明敷 4. 含接地、穿引线和补漆等工作 5. 含直通、弯头、三通及配件制作和安装 6. 完成本清单项目所需的一切相关工作	m	52.30	13.90	0.08	17.50	14.01	4.02	2.79
030412001019	电气配管	1. 名称：热镀锌板电线管 2. 规格型号：ϕ15mm，壁厚1.5mm 3. 敷设方式：暗敷 4. 含接地、穿引线和补漆等工作 5. 含直通、弯头、三通及配件制作和安装 6. 完成本清单项目所需的一切相关工作	m	12.66	5.10	0.00	1.89	3.19	1.46	1.02
030412001020	电气配管	1. 名称：热镀锌板电线管 2. 规格型号：ϕ20mm，壁厚1.5mm 3. 敷设方式：暗敷 4. 含接地、穿引线和补漆等工作 5. 含直通、弯头、三通及配件制作和安装 6. 完成本清单项目所需的一切相关工作	m	12.89	5.43	0.00	1.20	3.61	1.56	1.09
030412001021	电气配管	1. 名称：热镀锌板电线管 2. 规格型号：ϕ25mm，壁厚1.5mm 3. 敷设方式：暗敷 4. 含接地、穿引线和补漆等工作 5. 含直通、弯头、三通及配件制作和安装 6. 完成本清单项目所需的一切相关工作	m	18.57	7.83	0.04	2.39	4.48	2.26	1.57

续表

项目编码	标准名称	项目特征	计量单位	综合单价	人工费	机械费	材料费		管理费	利润
							辅材费	主材费		
030412001022	电气配管	1. 名称：热镀锌板电线管 2. 规格型号：ϕ32mm，壁厚1.5mm 3. 敷设方式：暗敷 4. 含接地、穿引线和补漆等工作 5. 含直通、弯头、三通及配件制作和安装 6. 完成本清单项目所需的一切相关工作	m	20.56	8.34	0.04	2.06	6.04	2.41	1.67
030412001023	电气配管	1. 名称：热镀锌板电线管 2. 规格型号：ϕ40mm，壁厚1.8mm 3. 敷设方式：暗敷 4. 含接地、穿引线和补漆等工作 5. 含直通、弯头、三通及配件制作和安装 6. 完成本清单项目所需的一切相关工作	m	28.30	10.63	0.08	2.74	9.63	3.08	2.14
030412001024	电气配管	1. 名称：热镀锌板电线管 2. 规格型号：ϕ50mm，壁厚2.0mm 3. 敷设方式：暗敷 4. 含接地、穿引线和补漆等工作 5. 含直通、弯头、三通及配件制作和安装 6. 完成本清单项目所需的一切相关工作	m	35.31	11.35	0.08	4.30	14.01	3.28	2.29
030412001025	电气配管	1. 名称：镀锌钢管 2. 规格型号：SC15mm，壁厚2.75mm 3. 敷设方式：明敷 4. 含接地、穿引线和补漆等工作 5. 含直通、弯头、三通及配件制作和安装 6. 完成本清单项目所需的一切相关工作	m	28.22	12.39	0.00	1.92	7.87	3.56	2.48
030412001026	电气配管	1. 名称：镀锌钢管 2. 规格型号：SC20mm，壁厚2.75mm 3. 敷设方式：明敷 4. 含接地、穿引线和补漆等工作 5. 含直通、弯头、三通及配件制作和安装 6. 完成本清单项目所需的一切相关工作	m	31.28	12.78	0.00	2.25	10.02	3.67	2.56

续表

项目编码	标准名称	项目特征	计量单位	综合单价	人工费	机械费	材料费		管理费	利润
							辅材费	主材费		
030412001027	电气配管	1. 名称：镀锌钢管 2. 规格型号：SC25mm，壁厚3.25mm 3. 敷设方式：明敷 4. 含接地、穿引线和补漆等工作 5. 含直通、弯头、三通及配件制作和安装 6. 完成本清单项目所需的一切相关工作	m	38.94	14.20	0.04	2.96	14.80	4.09	2.85
030412001028	电气配管	1. 名称：镀锌钢管 2. 规格型号：SC32mm，壁厚3.5mm 3. 敷设方式：明敷 4. 含接地、穿引线和补漆等工作 5. 含直通、弯头、三通及配件制作和安装 6. 完成本清单项目所需的一切相关工作	m	47.35	15.62	0.04	3.45	20.61	4.50	3.13
030412001029	电气配管	1. 名称：镀锌钢管 2. 规格型号：SC40mm，壁厚3.5mm 3. 敷设方式：明敷 4. 含接地、穿引线和补漆等工作 5. 含直通、弯头、三通及配件制作和安装 6. 完成本清单项目所需的一切相关工作	m	58.00	19.74	0.08	4.96	23.57	5.69	3.96
030412001030	电气配管	1. 名称：镀锌钢管 2. 规格型号：SC50mm，壁厚3.5mm 3. 敷设方式：明敷 4. 含接地、穿引线和补漆等工作 5. 含直通、弯头、三通及配件制作和安装 6. 完成本清单项目所需的一切相关工作	m	65.84	20.34	0.08	5.97	29.50	5.87	4.08
030412001031	电气配管	1. 名称：镀锌钢管 2. 规格型号：SC65mm，壁厚3.5mm 3. 敷设方式：明敷 4. 含接地、穿引线和补漆等工作 5. 含直通、弯头、三通及配件制作和安装 6. 完成本清单项目所需的一切相关工作	m	91.86	31.21	0.20	7.34	37.80	9.03	6.28

续表

项目编码	标准名称	项目特征	计量单位	综合单价	人工费	机械费	材料费		管理费	利润
							辅材费	主材费		
030412001032	电气配管	1. 名称：镀锌钢管 2. 规格型号：SC80mm，壁厚4.0mm 3. 敷设方式：明敷 4. 含接地、穿引线和补漆等工作 5. 含直通、弯头、三通及配件制作和安装 6. 完成本清单项目所需的一切相关工作	m	124.08	43.71	0.23	8.67	50.05	12.63	8.79
030412001033	电气配管	1. 名称：镀锌钢管 2. 规格型号：SC15mm，壁厚2.75mm 3. 敷设方式：暗敷 4. 含接地、穿引线和补漆等工作 5. 含直通、弯头、三通及配件制作和安装 6. 完成本清单项目所需的一切相关工作	m	18.06	6.22	0.00	0.94	7.87	1.79	1.24
030412001034	电气配管	1. 名称：镀锌钢管 2. 规格型号：SC20mm，壁厚2.75mm 3. 敷设方式：暗敷 4. 含接地、穿引线和补漆等工作 5. 含直通、弯头、三通及配件制作和安装 6. 完成本清单项目所需的一切相关工作	m	21.12	6.64	0.00	1.22	10.02	1.91	1.33
030412001035	电气配管	1. 名称：镀锌钢管 2. 规格型号：SC25mm，壁厚3.25mm 3. 敷设方式：暗敷 4. 含接地、穿引线和补漆等工作 5. 含直通、弯头、三通及配件制作和安装 6. 完成本清单项目所需的一切相关工作	m	29.01	8.04	0.04	2.20	14.80	2.32	1.61
030412001036	电气配管	1. 名称：镀锌钢管 2. 规格型号：SC32mm，壁厚3.5mm 3. 敷设方式：暗敷 4. 含接地、穿引线和补漆等工作 5. 含直通、弯头、三通及配件制作和安装 6. 完成本清单项目所需的一切相关工作	m	35.79	8.56	0.04	2.39	20.61	2.47	1.72

续表

项目编码	标准名称	项目特征	计量单位	综合单价	人工费	机械费	材料费		管理费	利润
							辅材费	主材费		
0304 1200 1037	电气配管	1. 名称：镀锌钢管 2. 规格型号：SC40mm，壁厚3.5mm 3. 敷设方式：暗敷 4. 含接地、穿引线和补漆等工作 5. 含直通、弯头、三通及配件制作和安装 6. 完成本清单项目所需的一切相关工作	m	47.52	13.73	0.08	3.41	23.57	3.97	2.76
0304 1200 1038	电气配管	1. 名称：镀锌钢管 2. 规格型号：SC50mm，壁厚3.5mm 3. 敷设方式：暗敷 4. 含接地、穿引线和补漆等工作 5. 含直通、弯头、三通及配件制作和安装 6. 完成本清单项目所需的一切相关工作	m	55.63	14.64	0.08	4.24	29.50	4.23	2.94
0304 1200 1039	电气配管	1. 名称：镀锌钢管 2. 规格型号：SC65mm，壁厚3.5mm 3. 敷设方式：暗敷 4. 含接地、穿引线和补漆等工作 5. 含直通、弯头、三通及配件制作和安装 6. 完成本清单项目所需的一切相关工作	m	76.83	21.24	0.20	7.14	37.80	6.16	4.29
0304 1200 1040	电气配管	1. 名称：镀锌钢管 2. 规格型号：SC80mm，壁厚4.0mm 3. 敷设方式：暗敷 4. 含接地、穿引线和补漆等工作 5. 含直通、弯头、三通及配件制作和安装 6. 完成本清单项目所需的一切相关工作	m	104.45	31.63	0.23	7.01	50.05	9.16	6.37
0304 1200 1041	电气配管	1. 名称：PVC 线管 2. 规格型号：DN20mm 3. 敷设方式：明敷 4. 包含穿引线等工作 5. 含直通、弯头、三通及配件制作和安装 6. 完成本清单项目所需的一切相关工作	m	18.04	10.28	0.00	1.19	1.56	2.95	2.06

续表

项目编码	标准名称	项目特征	计量单位	综合单价	人工费	机械费	材料费		管理费	利润
							辅材费	主材费		
030412001042	电气配管	1. 名称：PVC 线管 2. 规格型号：DN25mm 3. 敷设方式：明敷 4. 包含穿引线等工作 5. 含直通、弯头、三通及配件制作和安装 6. 完成本清单项目所需的一切相关工作	m	19.30	10.57	0.00	1.29	2.29	3.04	2.11
030412001043	电气配管	1. 名称：PVC 线管 2. 规格型号：DN32mm 3. 敷设方式：明敷 4. 包含穿引线等工作 5. 含直通、弯头、三通及配件制作和安装 6. 完成本清单项目所需的一切相关工作	m	21.80	11.22	0.00	1.45	3.67	3.22	2.24
030412001044	电气配管	1. 名称：PVC 线管 2. 规格型号：DN40mm 3. 敷设方式：明敷 4. 包含穿引线等工作 5. 含直通、弯头、三通及配件制作和安装 6. 完成本清单项目所需的一切相关工作	m	22.85	11.23	0.00	1.38	4.76	3.23	2.25
030412001045	电气配管	1. 名称：PVC 线管 2. 规格型号：DN50mm 3. 敷设方式：明敷 4. 包含穿引线等工作 5. 含直通、弯头、三通及配件制作和安装 6. 完成本清单项目所需的一切相关工作	m	26.20	11.92	0.00	1.96	6.51	3.43	2.38
030412001046	电气配管	1. 名称：PVC 线管 2. 规格型号：DN15mm 3. 敷设方式：暗敷 4. 包含穿引线等工作 5. 含直通、弯头、三通及配件制作和安装 6. 完成本清单项目所需的一切相关工作	m	7.83	4.40	0.00	0.15	1.14	1.26	0.88
030412001047	电气配管	1. 名称：PVC 线管 2. 规格型号：DN20mm 3. 敷设方式：暗敷 4. 包含穿引线等工作 5. 含直通、弯头、三通及配件制作和安装 6. 完成本清单项目所需的一切相关工作	m	8.93	4.83	0.00	0.18	1.56	1.39	0.97

续表

项目编码	标准名称	项目特征	计量单位	综合单价	人工费	机械费	材料费		管理费	利润
							辅材费	主材费		
030412001048	电气配管	1. 名称：PVC 线管 2. 规格型号：DN25mm 3. 敷设方式：暗敷 4. 包含穿引线等工作 5. 含直通、弯头、三通及配件制作和安装 6. 完成本清单项目所需的一切相关工作	m	12.76	6.91	0.00	0.19	2.29	1.99	1.38
030412001049	电气配管	1. 名称：PVC 线管 2. 规格型号：DN32mm 3. 敷设方式：暗敷 4. 包含穿引线等工作 5. 含直通、弯头、三通及配件制作和安装 6. 完成本清单项目所需的一切相关工作	m	15.11	7.55	0.00	0.21	3.67	2.17	1.51
030412001050	电气配管	1. 名称：PVC 线管 2. 规格型号：DN40mm 3. 敷设方式：暗敷 4. 包含穿引线等工作 5. 含直通、弯头、三通及配件制作和安装 6. 完成本清单项目所需的一切相关工作	m	18.53	9.05	0.00	0.31	4.76	2.60	1.81
030412001051	电气配管	1. 名称：PVC 线管 2. 规格型号：DN50mm 3. 敷设方式：暗敷 4. 包含穿引线等工作 5. 含直通、弯头、三通及配件制作和安装 6. 完成本清单项目所需的一切相关工作	m	21.58	9.74	0.00	0.58	6.51	2.80	1.95
030412001052	金属软管	1. 名称：金属软管 2. 规格型号：DN15mm 3. 完成本清单项目所需的一切相关工作	m	23.77	8.46	0.00	9.13	2.06	2.43	1.69
030412001053	金属软管	1. 名称：金属软管 2. 规格型号：DN20mm 3. 完成本清单项目所需的一切相关工作	m	28.25	10.56	0.00	9.76	2.78	3.04	2.11
030412001054	金属软管	1. 名称：金属软管 2. 规格型号：DN25mm 3. 完成本清单项目所需的一切相关工作	m	33.37	11.18	0.00	13.44	3.30	3.21	2.24
030412001055	金属软管	1. 名称：金属软管 2. 规格型号：DN32mm 3. 完成本清单项目所需的一切相关工作	m	38.88	11.86	0.00	17.43	3.81	3.41	2.37

续表

项目编码	标准名称	项目特征	计量单位	综合单价	人工费	机械费	材料费		管理费	利润
							辅材费	主材费		
030412004001	电气配线	1. 名称：电气配线 BV 2. 规格：BV-1 3. 综合考虑各种敷设方式 4. 包含接线端子制作和安装 5. 完成本清单项目所需的一切相关工作	m	1.98	0.67	0.00	0.14	0.85	0.19	0.13
030412004002	电气配线	1. 名称：电气配线 BV 2. 规格：BV-1.5 3. 综合考虑各种敷设方式 4. 包含接线端子制作和安装 5. 完成本清单项目所需的一切相关工作	m	2.64	0.85	0.00	0.17	1.21	0.24	0.17
030412004003	电气配线	1. 名称：电气配线 BV 2. 规格：BV-2.5 3. 综合考虑各种敷设方式 4. 包含接线端子制作和安装 5. 完成本清单项目所需的一切相关工作	m	3.32	0.85	0.00	0.17	1.89	0.24	0.17
030412004004	电气配线	1. 名称：电气配线 BV 2. 规格：BV-4 3. 综合考虑各种敷设方式 4. 包含接线端子制作和安装 5. 完成本清单项目所需的一切相关工作	m	4.27	0.75	0.00	0.17	2.99	0.21	0.15
030412004005	电气配线	1. 名称：电气配线 BV 2. 规格：BV-6 3. 综合考虑各种敷设方式 4. 包含接线端子制作和安装 5. 完成本清单项目所需的一切相关工作	m	6.08	1.02	0.00	0.21	4.36	0.29	0.20
030412004006	电气配线	1. 名称：电气配线 BV 2. 规格：BV-10 3. 综合考虑各种敷设方式 4. 包含接线端子制作和安装 5. 完成本清单项目所需的一切相关工作	m	9.03	1.02	0.00	0.21	7.31	0.29	0.20
030412004007	电气配线	1. 名称：电气配线 BV 2. 规格：BV-16 3. 综合考虑各种敷设方式 4. 包含接线端子制作和安装 5. 完成本清单项目所需的一切相关工作	m	13.45	1.02	0.00	0.21	11.73	0.29	0.20
030412004008	电气配线	1. 名称：电气配线 BV 2. 规格：BV-25 3. 综合考虑各种敷设方式 4. 包含接线端子制作和安装 5. 完成本清单项目所需的一切相关工作	m	20.74	1.40	0.00	0.25	18.41	0.40	0.28

续表

项目编码	标准名称	项目特征	计量单位	综合单价	人工费	机械费	材料费		管理费	利润
							辅材费	主材费		
030412004009	电气配线	1. 名称：电气配线 BV 2. 规格：BV-35 3. 综合考虑各种敷设方式 4. 包含接线端子制作和安装 5. 完成本清单项目所需的一切相关工作	m	27.57	1.40	0.00	0.25	25.24	0.40	0.28
030412004010	电气配线	1. 名称：电气配线 BV 2. 规格：BV-50 3. 综合考虑各种敷设方式 4. 包含接线端子制作和安装 5. 完成本清单项目所需的一切相关工作	m	38.67	2.92	0.00	0.29	34.04	0.84	0.58
030412004011	电气配线	1. 名称：电气配线 BV 2. 规格：BV-70 3. 综合考虑各种敷设方式 4. 包含接线端子制作和安装 5. 完成本清单项目所需的一切相关工作	m	53.41	2.92	0.00	0.29	48.78	0.84	0.58
030412004012	电气配线	1. 名称：电气配线 BV 2. 规格：BV-95 3. 综合考虑各种敷设方式 4. 包含接线端子制作和安装 5. 完成本清单项目所需的一切相关工作	m	73.15	3.67	0.00	0.34	67.36	1.05	0.73
030412004013	电气配线	1. 名称：电气配线 BV 2. 规格：BV-120 3. 综合考虑各种敷设方式 4. 包含接线端子制作和安装 5. 完成本清单项目所需的一切相关工作	m	89.06	3.67	0.00	0.34	83.27	1.05	0.73
030412004014	电气配线	1. 名称：电气配线 BV 2. 规格：BV-150 3. 综合考虑各种敷设方式 4. 包含接线端子制作和安装 5. 完成本清单项目所需的一切相关工作	m	114.19	6.56	0.00	0.40	104.03	1.89	1.31
030412004015	电气配线	1. 名称：电气配线 BV 2. 规格：BV-185 3. 综合考虑各种敷设方式 4. 包含接线端子制作和安装 5. 完成本清单项目所需的一切相关工作	m	139.38	6.56	0.00	0.40	129.22	1.89	1.31
030412004016	电气配线	1. 名称：电气配线 BV 2. 规格：BV-240 3. 综合考虑各种敷设方式 4. 包含接线端子制作和安装 5. 完成本清单项目所需的一切相关工作	m	187.31	12.03	0.00	0.46	168.95	3.46	2.41

续表

项目编码	标准名称	项目特征	计量单位	综合单价	人工费	机械费	材料费		管理费	利润
							辅材费	主材费		
030412004017	电气配线	1. 名称：电气配线 BVV 2. 规格：BVV-1 3. 综合考虑各种敷设方式 4. 包含接线端子制作和安装 5. 完成本清单项目所需的一切相关工作	m	1.98	0.67	0.00	0.14	0.85	0.19	0.13
030412004018	电气配线	1. 名称：电气配线 BVV 2. 规格：BVV-1.5 3. 综合考虑各种敷设方式 4. 包含接线端子制作和安装 5. 完成本清单项目所需的一切相关工作	m	2.64	0.85	0.00	0.17	1.21	0.24	0.17
030412004019	电气配线	1. 名称：电气配线 BVV 2. 规格：BVV-2.5 3. 综合考虑各种敷设方式 4. 包含接线端子制作和安装 5. 完成本清单项目所需的一切相关工作	m	3.32	0.85	0.00	0.17	1.89	0.24	0.17
030412004020	电气配线	1. 名称：电气配线 BVV 2. 规格：BVV-4 3. 综合考虑各种敷设方式 4. 包含接线端子制作和安装 5. 完成本清单项目所需的一切相关工作	m	4.27	0.75	0.00	0.17	2.99	0.21	0.15
030412004021	电气配线	1. 名称：电气配线 BVV 2. 规格：BVV-6 3. 综合考虑各种敷设方式 4. 包含接线端子制作和安装 5. 完成本清单项目所需的一切相关工作	m	5.76	0.75	0.00	0.17	4.48	0.21	0.15
030412004022	电气配线	1. 名称：电气配线 BVV 2. 规格：BVV-10 3. 综合考虑各种敷设方式 4. 包含接线端子制作和安装 5. 完成本清单项目所需的一切相关工作	m	9.03	1.02	0.00	0.21	7.31	0.29	0.20
030412004023	电气配线	1. 名称：电气配线 BVV 2. 规格：BVV-16 3. 综合考虑各种敷设方式 4. 包含接线端子制作和安装 5. 完成本清单项目所需的一切相关工作	m	13.45	1.02	0.00	0.21	11.73	0.29	0.20
030412004024	电气配线	1. 名称：电气配线 BVV 2. 规格：BVV-25 3. 综合考虑各种敷设方式 4. 包含接线端子制作和安装 5. 完成本清单项目所需的一切相关工作	m	20.74	1.40	0.00	0.25	18.41	0.40	0.28

续表

项目编码	标准名称	项目特征	计量单位	综合单价	人工费	机械费	材料费		管理费	利润
							辅材费	主材费		
030412004025	电气配线	1. 名称：电气配线 BVR 2. 规格：BVR-1 3. 综合考虑各种敷设方式 4. 包含接线端子制作和安装 5. 完成本清单项目所需的一切相关工作	m	2.27	0.86	0.00	0.16	0.83	0.25	0.17
030412004026	电气配线	1. 名称：电气配线 BVR 2. 规格：BVR-1.5 3. 综合考虑各种敷设方式 4. 包含接线端子制作和安装 5. 完成本清单项目所需的一切相关工作	m	2.64	0.87	0.00	0.16	1.19	0.25	0.17
030412004027	电气配线	1. 名称：电气配线 BVR 2. 规格：BVR-2.5 3. 综合考虑各种敷设方式 4. 包含接线端子制作和安装 5. 完成本清单项目所需的一切相关工作	m	3.34	0.88	0.00	0.17	1.86	0.25	0.18
030412004028	电气配线	1. 名称：电气配线 BVR 2. 规格：BVR-4 3. 综合考虑各种敷设方式 4. 包含接线端子制作和安装 5. 完成本清单项目所需的一切相关工作	m	4.45	0.87	0.00	0.17	2.99	0.25	0.17
030412004029	电气配线	1. 名称：电气配线 BVR 2. 规格：BVR-6 3. 综合考虑各种敷设方式 4. 包含接线端子制作和安装 5. 完成本清单项目所需的一切相关工作	m	5.94	0.87	0.00	0.17	4.48	0.25	0.17
030412004030	电气配线	1. 名称：电气配线 BVR 2. 规格：BVR-10 3. 综合考虑各种敷设方式 4. 包含接线端子制作和安装 5. 完成本清单项目所需的一切相关工作	m	9.48	1.19	0.00	0.19	7.52	0.34	0.24
030412004031	电气配线	1. 名称：电气配线 BVR 2. 规格：BVR-16 3. 综合考虑各种敷设方式 4. 包含接线端子制作和安装 5. 完成本清单项目所需的一切相关工作	m	14.02	1.19	0.00	0.19	12.06	0.34	0.24
030412004032	电气配线	1. 名称：电气配线 BVR 2. 规格：BVR-25 3. 综合考虑各种敷设方式 4. 包含接线端子制作和安装 5. 完成本清单项目所需的一切相关工作	m	21.57	1.64	0.00	0.20	18.93	0.47	0.33

续表

项目编码	标准名称	项目特征	计量单位	综合单价	人工费	机械费	材料费		管理费	利润
							辅材费	主材费		
030409001001	铜芯电缆	1. 名称：铜芯电缆 2. 规格：VV-1×1.5 3. 敷设方式：综合考虑 4. 完成本清单项目所需的一切相关工作	m	3.80	1.42	0.03	0.14	1.50	0.42	0.29
030409001002	铜芯电缆	1. 名称：铜芯电缆 2. 规格：VV-1×2.5 3. 敷设方式：综合考虑 4. 完成本清单项目所需的一切相关工作	m	4.51	1.42	0.03	0.14	2.21	0.42	0.29
030409001003	铜芯电缆	1. 名称：铜芯电缆 2. 规格：VV-1×4 3. 敷设方式：综合考虑 4. 完成本清单项目所需的一切相关工作	m	5.74	1.42	0.03	0.14	3.44	0.42	0.29
030409001004	铜芯电缆	1. 名称：铜芯电缆 2. 规格：VV-1×6 3. 敷设方式：综合考虑 4. 完成本清单项目所需的一切相关工作	m	7.18	1.42	0.03	0.14	4.88	0.42	0.29
030409001005	铜芯电缆	1. 名称：铜芯电缆 2. 规格：VV-1×10 3. 敷设方式：综合考虑 4. 完成本清单项目所需的一切相关工作	m	11.65	2.37	0.05	0.23	7.82	0.70	0.48
030409001006	铜芯电缆	1. 名称：铜芯电缆 2. 规格：VV-1×16 3. 敷设方式：综合考虑 4. 完成本清单项目所需的一切相关工作	m	19.05	4.53	0.11	0.37	11.78	1.33	0.93
030409001007	铜芯电缆	1. 名称：铜芯电缆 2. 规格：VV-1×25 3. 敷设方式：综合考虑 4. 完成本清单项目所需的一切相关工作	m	25.46	4.53	0.11	0.37	18.19	1.33	0.93
030409001008	铜芯电缆	1. 名称：铜芯电缆 2. 规格：VV-1×35 3. 敷设方式：综合考虑 4. 完成本清单项目所需的一切相关工作	m	32.02	4.53	0.11	0.37	24.75	1.33	0.93
030409001009	铜芯电缆	1. 名称：铜芯电缆 2. 规格：VV-1×50 3. 敷设方式：综合考虑 4. 完成本清单项目所需的一切相关工作	m	43.97	6.04	0.53	0.59	33.61	1.89	1.31
030409001010	铜芯电缆	1. 名称：铜芯电缆 2. 规格：VV-1×70 3. 敷设方式：综合考虑 4. 完成本清单项目所需的一切相关工作	m	57.66	6.04	0.53	0.59	47.30	1.89	1.31

续表

项目编码	标准名称	项目特征	计量单位	综合单价	人工费	机械费	材料费		管理费	利润
							辅材费	主材费		
030409001011	铜芯电缆	1. 名称：铜芯电缆 2. 规格：VV-1×95 3. 敷设方式：综合考虑 4. 完成本清单项目所需的一切相关工作	m	79.73	8.87	0.74	0.67	64.77	2.76	1.92
030409001012	铜芯电缆	1. 名称：铜芯电缆 2. 规格：VV-1×120 3. 敷设方式：综合考虑 4. 完成本清单项目所需的一切相关工作	m	96.41	8.87	0.74	0.67	81.45	2.76	1.92
030409001013	铜芯电缆	1. 名称：铜芯电缆 2. 规格：VV-1×150 3. 敷设方式：综合考虑 4. 完成本清单项目所需的一切相关工作	m	121.13	11.13	1.46	0.77	101.63	3.62	2.52
030409001014	铜芯电缆	1. 名称：铜芯电缆 2. 规格：VV-1×185 3. 敷设方式：综合考虑 4. 完成本清单项目所需的一切相关工作	m	144.70	11.13	1.46	0.77	125.20	3.62	2.52
030409001015	铜芯电缆	1. 名称：铜芯电缆 2. 规格：VV-1×240 3. 敷设方式：综合考虑 4. 完成本清单项目所需的一切相关工作	m	188.20	12.49	3.14	0.82	164.13	4.49	3.13
030409001016	铜芯电缆	1. 名称：铜芯电缆 2. 规格：VV-3×1.5 3. 敷设方式：综合考虑 4. 完成本清单项目所需的一切相关工作	m	8.28	2.12	0.05	0.20	4.86	0.62	0.43
030409001017	铜芯电缆	1. 名称：铜芯电缆 2. 规格：VV-3×2.5 3. 敷设方式：综合考虑 4. 完成本清单项目所需的一切相关工作	m	10.43	2.12	0.05	0.20	7.01	0.62	0.43
030409001018	铜芯电缆	1. 名称：铜芯电缆 2. 规格：VV-3×4 3. 敷设方式：综合考虑 4. 完成本清单项目所需的一切相关工作	m	14.33	2.12	0.05	0.20	10.91	0.62	0.43
030409001019	铜芯电缆	1. 名称：铜芯电缆 2. 规格：VV-3×6 3. 敷设方式：综合考虑 4. 完成本清单项目所需的一切相关工作	m	18.63	2.12	0.05	0.20	15.21	0.62	0.43
030409001020	铜芯电缆	1. 名称：铜芯电缆 2. 规格：VV-3×10 3. 敷设方式：综合考虑 4. 完成本清单项目所需的一切相关工作	m	28.85	3.53	0.08	0.34	23.14	1.04	0.72

续表

项目编码	标准名称	项目特征	计量单位	综合单价	人工费	机械费	材料费		管理费	利润
							辅材费	主材费		
030409001021	铜芯电缆	1. 名称：铜芯电缆 2. 规格：VV-3 × 16 3. 敷设方式：综合考虑 4. 完成本清单项目所需的一切相关工作	m	46.28	6.76	0.16	0.55	35.44	1.99	1.38
030409001022	铜芯电缆	1. 名称：铜芯电缆 2. 规格：VV-3 × 25 3. 敷设方式：综合考虑 4. 完成本清单项目所需的一切相关工作	m	64.89	6.76	0.16	0.55	54.05	1.99	1.38
030409001023	铜芯电缆	1. 名称：铜芯电缆 2. 规格：VV-3 × 35 3. 敷设方式：综合考虑 4. 完成本清单项目所需的一切相关工作	m	85.52	6.76	0.16	0.55	74.68	1.99	1.38
030409001024	铜芯电缆	1. 名称：铜芯电缆 2. 规格：VV-3 × 50 3. 敷设方式：综合考虑 4. 完成本清单项目所需的一切相关工作	m	116.14	9.02	0.79	0.89	100.66	2.82	1.96
030409001025	铜芯电缆	1. 名称：铜芯电缆 2. 规格：VV-3 × 70 3. 敷设方式：综合考虑 4. 完成本清单项目所需的一切相关工作	m	157.88	9.02	0.79	0.89	142.40	2.82	1.96
030409001026	铜芯电缆	1. 名称：铜芯电缆 2. 规格：VV-3 × 95 3. 敷设方式：综合考虑 4. 完成本清单项目所需的一切相关工作	m	215.41	13.24	1.11	1.00	193.07	4.12	2.87
030409001027	铜芯电缆	1. 名称：铜芯电缆 2. 规格：VV-3 × 120 3. 敷设方式：综合考虑 4. 完成本清单项目所需的一切相关工作	m	267.16	13.24	1.11	1.00	244.82	4.12	2.87
030409001028	铜芯电缆	1. 名称：铜芯电缆 2. 规格：VV-3 × 150 3. 敷设方式：综合考虑 4. 完成本清单项目所需的一切相关工作	m	330.22	16.61	2.18	1.14	301.13	5.40	3.76
030409001029	铜芯电缆	1. 名称：铜芯电缆 2. 规格：VV-3 × 185 3. 敷设方式：综合考虑 4. 完成本清单项目所需的一切相关工作	m	402.22	16.61	2.18	1.14	373.13	5.40	3.76
030409001030	铜芯电缆	1. 名称：铜芯电缆 2. 规格：VV-3 × 240 3. 敷设方式：综合考虑 4. 完成本清单项目所需的一切相关工作	m	515.54	18.64	4.69	1.22	479.63	6.70	4.66

续表

项目编码	标准名称	项目特征	计量单位	综合单价	人工费	机械费	材料费		管理费	利润
							辅材费	主材费		
030409001031	铜芯电缆	1. 名称：铜芯电缆 2. 规格：VV-4×1.5 3. 敷设方式：综合考虑 4. 完成本清单项目所需的一切相关工作	m	9.69	2.12	0.05	0.20	6.27	0.62	0.43
030409001032	铜芯电缆	1. 名称：铜芯电缆 2. 规格：VV-4×2.5 3. 敷设方式：综合考虑 4. 完成本清单项目所需的一切相关工作	m	8.73	2.12	0.05	0.20	5.31	0.62	0.43
030409001033	铜芯电缆	1. 名称：铜芯电缆 2. 规格：VV-4×4 3. 敷设方式：综合考虑 4. 完成本清单项目所需的一切相关工作	m	17.34	2.12	0.05	0.20	13.92	0.62	0.43
030409001034	铜芯电缆	1. 名称：铜芯电缆 2. 规格：VV-4×6 3. 敷设方式：综合考虑 4. 完成本清单项目所需的一切相关工作	m	23.37	2.12	0.05	0.20	19.95	0.62	0.43
030409001035	铜芯电缆	1. 名称：铜芯电缆 2. 规格：VV-4×10 3. 敷设方式：综合考虑 4. 完成本清单项目所需的一切相关工作	m	36.38	3.53	0.08	0.34	30.67	1.04	0.72
030409001036	铜芯电缆	1. 名称：铜芯电缆 2. 规格：VV-4×16 3. 敷设方式：综合考虑 4. 完成本清单项目所需的一切相关工作	m	57.81	6.76	0.16	0.55	46.97	1.99	1.38
030409001037	铜芯电缆	1. 名称：铜芯电缆 2. 规格：VV-4×25 3. 敷设方式：综合考虑 4. 完成本清单项目所需的一切相关工作	m	82.69	6.76	0.16	0.55	71.85	1.99	1.38
030409001038	铜芯电缆	1. 名称：铜芯电缆 2. 规格：VV-4×35 3. 敷设方式：综合考虑 4. 完成本清单项目所需的一切相关工作	m	109.06	6.76	0.16	0.55	98.22	1.99	1.38
030409001039	铜芯电缆	1. 名称：铜芯电缆 2. 规格：VV-4×50 3. 敷设方式：综合考虑 4. 完成本清单项目所需的一切相关工作	m	148.06	9.02	0.79	0.89	132.58	2.82	1.96
030409001040	铜芯电缆	1. 名称：铜芯电缆 2. 规格：VV-4×70 3. 敷设方式：综合考虑 4. 完成本清单项目所需的一切相关工作	m	205.34	9.02	0.79	0.89	189.86	2.82	1.96

续表

项目编码	标准名称	项目特征	计量单位	综合单价	人工费	机械费	材料费		管理费	利润
							辅材费	主材费		
030409001041	铜芯电缆	1. 名称：铜芯电缆 2. 规格：VV-4 × 95 3. 敷设方式：综合考虑 4. 完成本清单项目所需的一切相关工作	m	280.57	13.24	1.11	1.00	258.23	4.12	2.87
030409001042	铜芯电缆	1. 名称：铜芯电缆 2. 规格：VV-4 × 120 3. 敷设方式：综合考虑 4. 完成本清单项目所需的一切相关工作	m	343.32	13.24	1.11	1.00	320.98	4.12	2.87
030409001043	铜芯电缆	1. 名称：铜芯电缆 2. 规格：VV-4 × 150 3. 敷设方式：综合考虑 4. 完成本清单项目所需的一切相关工作	m	431.83	16.61	2.18	1.14	402.74	5.40	3.76
030409001044	铜芯电缆	1. 名称：铜芯电缆 2. 规格：VV-4 × 185 3. 敷设方式：综合考虑 4. 完成本清单项目所需的一切相关工作	m	529.53	16.61	2.18	1.14	500.44	5.40	3.76
030409001045	铜芯电缆	1. 名称：铜芯电缆 2. 规格：VV-4 × 240 3. 敷设方式：综合考虑 4. 完成本清单项目所需的一切相关工作	m	681.17	18.64	4.69	1.22	645.26	6.70	4.66
030409001046	铜芯电缆	1. 名称：铜芯电缆 2. 规格：VV-5 × 1.5 3. 敷设方式：综合考虑 4. 完成本清单项目所需的一切相关工作	m	11.93	2.76	0.06	0.26	7.48	0.81	0.56
030409001047	铜芯电缆	1. 名称：铜芯电缆 2. 规格：VV-5 × 2.5 3. 敷设方式：综合考虑 4. 完成本清单项目所需的一切相关工作	m	15.82	2.76	0.06	0.26	11.37	0.81	0.56
030409001048	铜芯电缆	1. 名称：铜芯电缆 2. 规格：VV-5 × 4 3. 敷设方式：综合考虑 4. 完成本清单项目所需的一切相关工作	m	21.58	2.76	0.06	0.26	17.13	0.81	0.56
030409001049	铜芯电缆	1. 名称：铜芯电缆 2. 规格：VV-5 × 6 3. 敷设方式：综合考虑 4. 完成本清单项目所需的一切相关工作	m	28.78	2.76	0.06	0.26	24.33	0.81	0.56
030409001050	铜芯电缆	1. 名称：铜芯电缆 2. 规格：VV-5 × 10 3. 敷设方式：综合考虑 4. 完成本清单项目所需的一切相关工作	m	45.21	4.59	0.10	0.44	37.79	1.35	0.94

续表

项目编码	标准名称	项目特征	计量单位	综合单价	人工费	机械费	材料费		管理费	利润
							辅材费	主材费		
030409001051	铜芯电缆	1. 名称：铜芯电缆 2. 规格：VV-5×16 3. 敷设方式：综合考虑 4. 完成本清单项目所需的一切相关工作	m	71.78	8.79	0.21	0.71	57.69	2.58	1.80
030409001052	铜芯电缆	1. 名称：铜芯电缆 2. 规格：VV-5×25 3. 敷设方式：综合考虑 4. 完成本清单项目所需的一切相关工作	m	85.94	8.79	0.21	0.71	71.85	2.58	1.80
030409001053	铜芯电缆	1. 名称：铜芯电缆 2. 规格：VV-5×35 3. 敷设方式：综合考虑 4. 完成本清单项目所需的一切相关工作	m	138.24	8.79	0.21	0.71	124.15	2.58	1.80
030409001054	铜芯电缆	1. 名称：铜芯电缆 2. 规格：VV-5×50 3. 敷设方式：综合考虑 4. 完成本清单项目所需的一切相关工作	m	185.50	11.72	1.03	1.15	165.39	3.66	2.55
030409001055	铜芯电缆	1. 名称：铜芯电缆 2. 规格：VV-5×70 3. 敷设方式：综合考虑 4. 完成本清单项目所需的一切相关工作	m	256.49	11.72	1.03	1.15	236.38	3.66	2.55
030409001056	铜芯电缆	1. 名称：铜芯电缆 2. 规格：VV-5×95 3. 敷设方式：综合考虑 4. 完成本清单项目所需的一切相关工作	m	348.08	17.22	1.44	1.30	319.03	5.36	3.73
030409001057	铜芯电缆	1. 名称：铜芯电缆 2. 规格：VV-5×120 3. 敷设方式：综合考虑 4. 完成本清单项目所需的一切相关工作	m	429.96	17.22	1.44	1.30	400.91	5.36	3.73
030409001058	铜芯电缆	1. 名称：铜芯电缆 2. 规格：VV-5×150 3. 敷设方式：综合考虑 4. 完成本清单项目所需的一切相关工作	m	539.93	21.59	2.83	1.49	502.12	7.02	4.88
030409001059	铜芯电缆	1. 名称：铜芯电缆 2. 规格：VV-5×185 3. 敷设方式：综合考虑 4. 完成本清单项目所需的一切相关工作	m	659.02	21.59	2.83	1.49	621.21	7.02	4.88
030409001060	铜芯电缆	1. 名称：铜芯电缆 2. 规格：VV-5×240 3. 敷设方式：综合考虑 4. 完成本清单项目所需的一切相关工作	m	853.32	24.23	6.09	1.59	806.64	8.71	6.06

续表

项目编码	标准名称	项目特征	计量单位	综合单价	人工费	机械费	材料费		管理费	利润
							辅材费	主材费		
030409001061	铜芯电缆	1. 名称：铜芯电缆 2. 规格：VV-2×1.5 3. 敷设方式：综合考虑 4. 完成本清单项目所需的一切相关工作	m	9.11	3.39	0.08	0.32	3.63	1.00	0.69
030409001062	铜芯电缆	1. 名称：铜芯电缆 2. 规格：VV-6×1.5 3. 敷设方式：综合考虑 4. 完成本清单项目所需的一切相关工作	m	12.96	3.39	0.08	0.32	7.48	1.00	0.69
030409001063	铜芯电缆	1. 名称：铜芯电缆 2. 规格：VV-7×1.5 3. 敷设方式：综合考虑 4. 完成本清单项目所需的一切相关工作	m	13.98	4.03	0.09	0.38	7.48	1.18	0.82
030409001064	铜芯电缆	1. 名称：铜芯电缆 2. 规格：VV-8×1.5 3. 敷设方式：综合考虑 4. 完成本清单项目所需的一切相关工作	m	15.00	4.66	0.10	0.44	7.48	1.37	0.95
030409001065	铜芯电缆	1. 名称：铜芯电缆 2. 规格：VV-10×1.5 3. 敷设方式：综合考虑 4. 完成本清单项目所需的一切相关工作	m	17.06	5.93	0.13	0.57	7.48	1.74	1.21
030409001066	铜芯电缆	1. 名称：铜芯电缆 2. 规格：VV-12×1.5 3. 敷设方式：综合考虑 4. 完成本清单项目所需的一切相关工作	m	19.13	7.21	0.16	0.69	7.48	2.12	1.47
030409001067	铜芯电缆	1. 名称：铜芯电缆 2. 规格：VV-14×1.5 3. 敷设方式：综合考虑 4. 完成本清单项目所需的一切相关工作	m	21.18	8.48	0.19	0.81	7.48	2.49	1.73
030409001068	铜芯电缆	1. 名称：铜芯电缆 2. 规格：VV-3×2.5+2×1.5 3. 敷设方式：综合考虑 4. 完成本清单项目所需的一切相关工作	m	13.90	2.76	0.06	0.26	9.45	0.81	0.56
030409001069	铜芯电缆	1. 名称：铜芯电缆 2. 规格：VV-3×4+2×2.5 3. 敷设方式：综合考虑 4. 完成本清单项目所需的一切相关工作	m	18.54	2.76	0.06	0.26	14.09	0.81	0.56
030409001070	铜芯电缆	1. 名称：铜芯电缆 2. 规格：VV-3×6+2×4 3. 敷设方式：综合考虑 4. 完成本清单项目所需的一切相关工作	m	25.02	2.76	0.06	0.26	20.57	0.81	0.56

续表

项目编码	标准名称	项目特征	计量单位	综合单价	人工费	机械费	材料费		管理费	利润
							辅材费	主材费		
030409001071	铜芯电缆	1. 名称：铜芯电缆 2. 规格：VV-3×10+2×6 3. 敷设方式：综合考虑 4. 完成本清单项目所需的一切相关工作	m	38.65	4.59	0.10	0.44	31.23	1.35	0.94
030409001072	铜芯电缆	1. 名称：铜芯电缆 2. 规格：VV-3×16+2×10 3. 敷设方式：综合考虑 4. 完成本清单项目所需的一切相关工作	m	63.26	8.79	0.21	0.71	49.17	2.58	1.80
030409001073	铜芯电缆	1. 名称：铜芯电缆 2. 规格：VV-3×25+2×16 3. 敷设方式：综合考虑 4. 完成本清单项目所需的一切相关工作	m	90.30	8.79	0.21	0.71	76.21	2.58	1.80
030409001074	铜芯电缆	1. 名称：铜芯电缆 2. 规格：VV-3×35+2×16 3. 敷设方式：综合考虑 4. 完成本清单项目所需的一切相关工作	m	110.86	8.79	0.21	0.71	96.77	2.58	1.80
030409001075	铜芯电缆	1. 名称：铜芯电缆 2. 规格：VV-3×50+2×25 3. 敷设方式：综合考虑 4. 完成本清单项目所需的一切相关工作	m	154.76	11.72	1.03	1.15	134.65	3.66	2.55
030409001076	铜芯电缆	1. 名称：铜芯电缆 2. 规格：VV-3×70+2×35 3. 敷设方式：综合考虑 4. 完成本清单项目所需的一切相关工作	m	208.33	11.72	1.03	1.15	188.22	3.66	2.55
030409001077	铜芯电缆	1. 名称：铜芯电缆 2. 规格：VV-3×95+2×50 3. 敷设方式：综合考虑 4. 完成本清单项目所需的一切相关工作	m	288.15	17.22	1.44	1.30	259.10	5.36	3.73
030409001078	铜芯电缆	1. 名称：铜芯电缆 2. 规格：VV-3×120+2×70 3. 敷设方式：综合考虑 4. 完成本清单项目所需的一切相关工作	m	362.89	17.22	1.44	1.30	333.84	5.36	3.73
030409001079	铜芯电缆	1. 名称：铜芯电缆 2. 规格：VV-3×150+2×70 3. 敷设方式：综合考虑 4. 完成本清单项目所需的一切相关工作	m	427.78	21.59	2.83	1.49	389.97	7.02	4.88

续表

项目编码	标准名称	项目特征	计量单位	综合单价	人工费	机械费	材料费		管理费	利润
							辅材费	主材费		
030409001080	铜芯电缆	1. 名称：铜芯电缆 2. 规格：VV-3 × 185 + 2 × 95 3. 敷设方式：综合考虑 4. 完成本清单项目所需的一切相关工作	m	534.65	21.59	2.83	1.49	496.84	7.02	4.88
030409001081	铜芯电缆	1. 名称：铜芯电缆 2. 规格：VV-3 × 240 + 2 × 120 3. 敷设方式：综合考虑 4. 完成本清单项目所需的一切相关工作	m	691.40	24.23	6.09	1.59	644.72	8.71	6.06
030409001082	铜芯电缆	1. 名称：铜芯电缆 2. 规格：VV-3 × 16 + 2 × 6 3. 敷设方式：综合考虑 4. 完成本清单项目所需的一切相关工作	m	56.63	8.79	0.21	0.71	42.54	2.58	1.80
030409001083	铜芯电缆	1. 名称：铜芯电缆 2. 规格：VV-3 × 25 + 2 × 10 3. 敷设方式：综合考虑 4. 完成本清单项目所需的一切相关工作	m	81.10	8.79	0.21	0.71	67.01	2.58	1.80
030409001084	铜芯电缆	1. 名称：铜芯电缆 2. 规格：VV-3 × 35 + 2 × 10 3. 敷设方式：综合考虑 4. 完成本清单项目所需的一切相关工作	m	100.83	8.79	0.21	0.71	86.74	2.58	1.80
030409001085	铜芯电缆	1. 名称：铜芯电缆 2. 规格：VV-3 × 50 + 2 × 16 3. 敷设方式：综合考虑 4. 完成本清单项目所需的一切相关工作	m	143.22	11.72	1.03	1.15	123.11	3.66	2.55
030409001086	铜芯电缆	1. 名称：铜芯电缆 2. 规格：VV-3 × 70 + 2 × 25 3. 敷设方式：综合考虑 4. 完成本清单项目所需的一切相关工作	m	191.72	11.72	1.03	1.15	171.61	3.66	2.55
030409001087	铜芯电缆	1. 名称：铜芯电缆 2. 规格：VV-3 × 95 + 2 × 35 3. 敷设方式：综合考虑 4. 完成本清单项目所需的一切相关工作	m	262.41	17.22	1.44	1.30	233.36	5.36	3.73
030409001088	铜芯电缆	1. 名称：铜芯电缆 2. 规格：VV-3 × 120 + 2 × 35 3. 敷设方式：综合考虑 4. 完成本清单项目所需的一切相关工作	m	311.25	17.22	1.44	1.30	282.20	5.36	3.73

续表

项目编码	标准名称	项目特征	计量单位	综合单价	人工费	机械费	材料费		管理费	利润
							辅材费	主材费		
030409001089	铜芯电缆	1. 名称：铜芯电缆 2. 规格：VV-3 × 150 + 2 × 50 3. 敷设方式：综合考虑 4. 完成本清单项目所需的一切相关工作	m	396.48	21.59	2.83	1.49	358.67	7.02	4.88
030409001090	铜芯电缆	1. 名称：铜芯电缆 2. 规格：VV-3 × 185 + 2 × 50 3. 敷设方式：综合考虑 4. 完成本清单项目所需的一切相关工作	m	465.65	21.59	2.83	1.49	427.84	7.02	4.88
030409001091	铜芯电缆	1. 名称：铜芯电缆 2. 规格：VV-3 × 240 + 2 × 70 3. 敷设方式：综合考虑 4. 完成本清单项目所需的一切相关工作	m	607.39	24.23	6.09	1.59	560.71	8.71	6.06
030409001092	铜芯电缆	1. 名称：铜芯电缆 2. 规格：VV-4 × 2.5 + 1 × 1.5 3. 敷设方式：综合考虑 4. 完成本清单项目所需的一切相关工作	m	14.95	2.76	0.06	0.26	10.50	0.81	0.56
030409001093	铜芯电缆	1. 名称：铜芯电缆 2. 规格：VV-4 × 4 + 1 × 2.5 3. 敷设方式：综合考虑 4. 完成本清单项目所需的一切相关工作	m	19.95	2.76	0.06	0.26	15.50	0.81	0.56
030409001094	铜芯电缆	1. 名称：铜芯电缆 2. 规格：VV-4 × 6 + 1 × 4 3. 敷设方式：综合考虑 4. 完成本清单项目所需的一切相关工作	m	26.72	2.76	0.06	0.26	22.27	0.81	0.56
030409001095	铜芯电缆	1. 名称：铜芯电缆 2. 规格：VV-4 × 10 + 1 × 6 3. 敷设方式：综合考虑 4. 完成本清单项目所需的一切相关工作	m	42.73	4.59	0.10	0.44	35.31	1.35	0.94
030409001096	铜芯电缆	1. 名称：铜芯电缆 2. 规格：VV-4 × 16 + 1 × 10 3. 敷设方式：综合考虑 4. 完成本清单项目所需的一切相关工作	m	68.61	8.79	0.21	0.71	54.52	2.58	1.80
030409001097	铜芯电缆	1. 名称：铜芯电缆 2. 规格：VV-4 × 25 + 1 × 16 3. 敷设方式：综合考虑 4. 完成本清单项目所需的一切相关工作	m	97.30	8.79	0.21	0.71	83.21	2.58	1.80

续表

项目编码	标准名称	项目特征	计量单位	综合单价	人工费	机械费	材料费		管理费	利润
							辅材费	主材费		
030409001098	铜芯电缆	1. 名称：铜芯电缆 2. 规格：VV-4 × 35 + 1 × 16 3. 敷设方式：综合考虑 4. 完成本清单项目所需的一切相关工作	m	120.83	8.79	0.21	0.71	106.74	2.58	1.80
030409001099	铜芯电缆	1. 名称：铜芯电缆 2. 规格：VV-4 × 50 + 1 × 25 3. 敷设方式：综合考虑 4. 完成本清单项目所需的一切相关工作	m	169.35	11.72	1.03	1.15	149.24	3.66	2.55
030409001100	铜芯电缆	1. 名称：铜芯电缆 2. 规格：VV-4 × 70 + 1 × 35 3. 敷设方式：综合考虑 4. 完成本清单项目所需的一切相关工作	m	231.51	11.72	1.03	1.15	211.40	3.66	2.55
030409001101	铜芯电缆	1. 名称：铜芯电缆 2. 规格：VV-4 × 95 + 1 × 50 3. 敷设方式：综合考虑 4. 完成本清单项目所需的一切相关工作	m	317.08	17.22	1.44	1.30	288.03	5.36	3.73
030409001102	铜芯电缆	1. 名称：铜芯电缆 2. 规格：VV-4 × 120 + 1 × 70 3. 敷设方式：综合考虑 4. 完成本清单项目所需的一切相关工作	m	397.74	17.22	1.44	1.30	368.69	5.36	3.73
030409001103	铜芯电缆	1. 名称：铜芯电缆 2. 规格：VV-4 × 150 + 1 × 70 3. 敷设方式：综合考虑 4. 完成本清单项目所需的一切相关工作	m	483.82	21.59	2.83	1.49	446.01	7.02	4.88
030409001104	铜芯电缆	1. 名称：铜芯电缆 2. 规格：VV-4 × 185 + 1 × 95 3. 敷设方式：综合考虑 4. 完成本清单项目所需的一切相关工作	m	596.77	21.59	2.83	1.49	558.96	7.02	4.88
030409001105	铜芯电缆	1. 名称：铜芯电缆 2. 规格：VV-4 × 240 + 1 × 120 3. 敷设方式：综合考虑 4. 完成本清单项目所需的一切相关工作	m	775.15	24.23	6.09	1.59	728.47	8.71	6.06
030409001106	铜芯电缆	1. 名称：铜芯电缆 2. 规格：VV-4 × 16 + 1 × 6 3. 敷设方式：综合考虑 4. 完成本清单项目所需的一切相关工作	m	61.41	8.79	0.21	0.71	47.32	2.58	1.80

续表

项目编码	标准名称	项目特征	计量单位	综合单价	人工费	机械费	材料费		管理费	利润
							辅材费	主材费		
030409001107	铜芯电缆	1. 名称：铜芯电缆 2. 规格：VV-4×25+1×10 3. 敷设方式：综合考虑 4. 完成本清单项目所需的一切相关工作	m	88.22	8.79	0.21	0.71	74.13	2.58	1.80
030409001108	铜芯电缆	1. 名称：铜芯电缆 2. 规格：VV-4×35+1×10 3. 敷设方式：综合考虑 4. 完成本清单项目所需的一切相关工作	m	113.22	8.79	0.21	0.71	99.13	2.58	1.80
030409001109	铜芯电缆	1. 名称：铜芯电缆 2. 规格：VV-4×50+1×16 3. 敷设方式：综合考虑 4. 完成本清单项目所需的一切相关工作	m	153.88	11.72	1.03	1.15	133.77	3.66	2.55
030409001110	铜芯电缆	1. 名称：铜芯电缆 2. 规格：VV-4×70+1×25 3. 敷设方式：综合考虑 4. 完成本清单项目所需的一切相关工作	m	206.75	11.72	1.03	1.15	186.64	3.66	2.55
030409001111	铜芯电缆	1. 名称：铜芯电缆 2. 规格：VV-4×95+1×35 3. 敷设方式：综合考虑 4. 完成本清单项目所需的一切相关工作	m	290.97	17.22	1.44	1.30	261.92	5.36	3.73
030409001112	铜芯电缆	1. 名称：铜芯电缆 2. 规格：VV-4×120+1×50 3. 敷设方式：综合考虑 4. 完成本清单项目所需的一切相关工作	m	347.43	17.22	1.44	1.30	318.38	5.36	3.73
030409001113	铜芯电缆	1. 名称：铜芯电缆 2. 规格：VV-4×150+1×50 3. 敷设方式：综合考虑 4. 完成本清单项目所需的一切相关工作	m	434.84	21.59	2.83	1.49	397.03	7.02	4.88
030409001114	铜芯电缆	1. 名称：铜芯电缆 2. 规格：VV-4×185+1×70 3. 敷设方式：综合考虑 4. 完成本清单项目所需的一切相关工作	m	529.97	21.59	2.83	1.49	492.16	7.02	4.88
030409001115	铜芯电缆	1. 名称：铜芯电缆 2. 规格：VV-4×185+1×95 3. 敷设方式：综合考虑 4. 完成本清单项目所需的一切相关工作	m	596.77	21.59	2.83	1.49	558.96	7.02	4.88

续表

项目编码	标准名称	项目特征	计量单位	综合单价	人工费	机械费	材料费		管理费	利润
							辅材费	主材费		
030409001116	铜芯电缆	1. 名称：铜芯电缆 2. 规格：VV-4 × 240 + 1 × 120 3. 敷设方式：综合考虑 4. 完成本清单项目所需的一切相关工作	m	775.15	24.23	6.09	1.59	728.47	8.71	6.06
030409001117	柔性矿物绝缘电缆	1. 名称：柔性矿物绝缘电缆 2. 规格：BTLY-3 × 4 3. 敷设方式：综合考虑 4. 完成本清单项目所需的一切相关工作	m	24.57	2.05	0.49	2.43	18.36	0.73	0.51
030409001118	柔性矿物绝缘电缆	1. 名称：柔性矿物绝缘电缆 2. 规格：BTLY-3 × 6 3. 敷设方式：综合考虑 4. 完成本清单项目所需的一切相关工作	m	35.20	3.83	0.99	2.44	25.60	1.38	0.96
030409001119	柔性矿物绝缘电缆	1. 名称：柔性矿物绝缘电缆 2. 规格：BTLY-3 × 10 3. 敷设方式：综合考虑 4. 完成本清单项目所需的一切相关工作	m	48.54	3.83	0.99	2.44	38.94	1.38	0.96
030409001120	柔性矿物绝缘电缆	1. 名称：柔性矿物绝缘电缆 2. 规格：BTLY-3 × 16 3. 敷设方式：综合考虑 4. 完成本清单项目所需的一切相关工作	m	76.01	6.96	1.48	3.79	59.66	2.43	1.69
030409001121	柔性矿物绝缘电缆	1. 名称：柔性矿物绝缘电缆 2. 规格：BTLY-3 × 25 3. 敷设方式：综合考虑 4. 完成本清单项目所需的一切相关工作	m	107.32	6.96	1.48	3.79	90.97	2.43	1.69
030409001122	柔性矿物绝缘电缆	1. 名称：柔性矿物绝缘电缆 2. 规格：BTLY-3 × 35 3. 敷设方式：综合考虑 4. 完成本清单项目所需的一切相关工作	m	142.05	6.96	1.48	3.79	125.70	2.43	1.69
030409001123	柔性矿物绝缘电缆	1. 名称：柔性矿物绝缘电缆 2. 规格：BTLY-4 × 2.5 3. 敷设方式：综合考虑 4. 完成本清单项目所需的一切相关工作	m	22.08	2.05	0.49	2.43	15.87	0.73	0.51
030409001124	柔性矿物绝缘电缆	1. 名称：柔性矿物绝缘电缆 2. 规格：BTLY-4 × 4 3. 敷设方式：综合考虑 4. 完成本清单项目所需的一切相关工作	m	29.63	2.05	0.49	2.43	23.42	0.73	0.51
030409001125	柔性矿物绝缘电缆	1. 名称：柔性矿物绝缘电缆 2. 规格：BTLY-4 × 6 3. 敷设方式：综合考虑 4. 完成本清单项目所需的一切相关工作	m	43.18	3.83	0.99	2.44	33.58	1.38	0.96

续表

项目编码	标准名称	项目特征	计量单位	综合单价	人工费	机械费	材料费		管理费	利润
							辅材费	主材费		
030409001126	柔性矿物绝缘电缆	1. 名称：柔性矿物绝缘电缆 2. 规格：BTLY-4×10 3. 敷设方式：综合考虑 4. 完成本清单项目所需的一切相关工作	m	61.22	3.83	0.99	2.44	51.62	1.38	0.96
030409001127	柔性矿物绝缘电缆	1. 名称：柔性矿物绝缘电缆 2. 规格：BTLY-4×16 3. 敷设方式：综合考虑 4. 完成本清单项目所需的一切相关工作	m	76.01	6.96	1.48	3.79	59.66	2.43	1.69
030409001128	柔性矿物绝缘电缆	1. 名称：柔性矿物绝缘电缆 2. 规格：BTLY-4×25 3. 敷设方式：综合考虑 4. 完成本清单项目所需的一切相关工作	m	137.29	6.96	1.48	3.79	120.94	2.43	1.69
030409001129	柔性矿物绝缘电缆	1. 名称：柔性矿物绝缘电缆 2. 规格：BTLY-4×35 3. 敷设方式：综合考虑 4. 完成本清单项目所需的一切相关工作	m	181.68	6.96	1.48	3.79	165.33	2.43	1.69
030409001130	柔性矿物绝缘电缆	1. 名称：柔性矿物绝缘电缆 2. 规格：BTLY-5×2.5 3. 敷设方式：综合考虑 4. 完成本清单项目所需的一切相关工作	m	27.20	2.67	0.64	3.15	19.13	0.95	0.66
030409001131	柔性矿物绝缘电缆	1. 名称：柔性矿物绝缘电缆 2. 规格：BTLY-5×6 3. 敷设方式：综合考虑 4. 完成本清单项目所需的一切相关工作	m	53.45	4.98	1.29	3.17	40.96	1.80	1.25
030409001132	柔性矿物绝缘电缆	1. 名称：柔性矿物绝缘电缆 2. 规格：BTLY-5×10 3. 敷设方式：综合考虑 4. 完成本清单项目所需的一切相关工作	m	76.10	4.98	1.29	3.17	63.61	1.80	1.25
030409001133	柔性矿物绝缘电缆	1. 名称：柔性矿物绝缘电缆 2. 规格：BTLY-5×16 3. 敷设方式：综合考虑 4. 完成本清单项目所需的一切相关工作	m	118.35	9.04	1.93	4.93	97.11	3.15	2.19
030409001134	柔性矿物绝缘电缆	1. 名称：柔性矿物绝缘电缆 2. 规格：BTLY-5×25 3. 敷设方式：综合考虑 4. 完成本清单项目所需的一切相关工作	m	170.64	9.04	1.93	4.93	149.40	3.15	2.19
030409001135	柔性矿物绝缘电缆	1. 名称：柔性矿物绝缘电缆 2. 规格：BTLY-5×35 3. 敷设方式：综合考虑 4. 完成本清单项目所需的一切相关工作	m	230.20	9.04	1.93	4.93	208.96	3.15	2.19

续表

项目编码	标准名称	项目特征	计量单位	综合单价	人工费	机械费	材料费		管理费	利润
							辅材费	主材费		
030409001136	柔性矿物绝缘电缆	1. 名称：柔性矿物绝缘电缆 2. 规格：BTLY-3 × 4 + 1 × 2.5 3. 敷设方式：综合考虑 4. 完成本清单项目所需的一切相关工作	m	27.01	2.05	0.49	2.43	20.80	0.73	0.51
030409001137	柔性矿物绝缘电缆	1. 名称：柔性矿物绝缘电缆 2. 规格：BTLY-3 × 6 + 1 × 4 3. 敷设方式：综合考虑 4. 完成本清单项目所需的一切相关工作	m	38.79	3.83	0.99	2.44	29.19	1.38	0.96
030409001138	柔性矿物绝缘电缆	1. 名称：柔性矿物绝缘电缆 2. 规格：BTLY-3 × 10 + 1 × 6 3. 敷设方式：综合考虑 4. 完成本清单项目所需的一切相关工作	m	55.68	3.83	0.99	2.44	46.08	1.38	0.96
030409001139	柔性矿物绝缘电缆	1. 名称：柔性矿物绝缘电缆 2. 规格：BTLY-3 × 16 + 1 × 10 3. 敷设方式：综合考虑 4. 完成本清单项目所需的一切相关工作	m	86.80	6.96	1.48	3.79	70.45	2.43	1.69
030409001140	柔性矿物绝缘电缆	1. 名称：柔性矿物绝缘电缆 2. 规格：BTLY-3 × 25 + 1 × 16 3. 敷设方式：综合考虑 4. 完成本清单项目所需的一切相关工作	m	125.65	6.96	1.48	3.79	109.30	2.43	1.69
030409001141	柔性矿物绝缘电缆	1. 名称：柔性矿物绝缘电缆 2. 规格：BTLY-3 × 35 + 1 × 16 3. 敷设方式：综合考虑 4. 完成本清单项目所需的一切相关工作	m	160.68	6.96	1.48	3.79	144.33	2.43	1.69
030409001142	柔性矿物绝缘电缆	1. 名称：柔性矿物绝缘电缆 2. 规格：BTLY-3 × 50 + 1 × 25 3. 敷设方式：综合考虑 4. 完成本清单项目所需的一切相关工作	m	218.69	9.28	1.98	4.50	197.44	3.24	2.25
030409001143	柔性矿物绝缘电缆	1. 名称：柔性矿物绝缘电缆 2. 规格：BTLY-3 × 70 + 1 × 35 3. 敷设方式：综合考虑 4. 完成本清单项目所需的一切相关工作	m	297.16	9.28	1.98	4.50	275.91	3.24	2.25
030409001144	柔性矿物绝缘电缆	1. 名称：柔性矿物绝缘电缆 2. 规格：BTLY-3 × 95 + 1 × 50 3. 敷设方式：综合考虑 4. 完成本清单项目所需的一切相关工作	m	405.59	13.63	2.47	4.51	377.13	4.63	3.22

续表

项目编码	标准名称	项目特征	计量单位	综合单价	人工费	机械费	材料费		管理费	利润
							辅材费	主材费		
030409001145	柔性矿物绝缘电缆	1. 名称：柔性矿物绝缘电缆 2. 规格：BTLY-3 × 120 + 1 × 70 3. 敷设方式：综合考虑 4. 完成本清单项目所需的一切相关工作	m	509.06	13.63	2.47	4.51	480.60	4.63	3.22
030409001146	柔性矿物绝缘电缆	1. 名称：柔性矿物绝缘电缆 2. 规格：BTLY-3 × 150 + 1 × 70 3. 敷设方式：综合考虑 4. 完成本清单项目所需的一切相关工作	m	614.63	17.09	2.97	4.52	580.27	5.77	4.01
030409001147	柔性矿物绝缘电缆	1. 名称：柔性矿物绝缘电缆 2. 规格：BTLY-3 × 185 + 1 × 95 3. 敷设方式：综合考虑 4. 完成本清单项目所需的一切相关工作	m	760.03	17.09	2.97	4.52	725.67	5.77	4.01
030409001148	柔性矿物绝缘电缆	1. 名称：柔性矿物绝缘电缆 2. 规格：BTLY-3 × 240 + 1 × 120 3. 敷设方式：综合考虑 4. 完成本清单项目所需的一切相关工作	m	984.90	19.18	3.46	4.53	946.69	6.51	4.53
030409001149	柔性矿物绝缘电缆	1. 名称：柔性矿物绝缘电缆 2. 规格：BTLY-4 × 25 + 1 × 16 3. 敷设方式：综合考虑 4. 完成本清单项目所需的一切相关工作	m	161.31	9.04	1.93	4.93	140.07	3.15	2.19
030409001150	柔性矿物绝缘电缆	1. 名称：柔性矿物绝缘电缆 2. 规格：BTLY-4 × 35 + 1 × 16 3. 敷设方式：综合考虑 4. 完成本清单项目所需的一切相关工作	m	200.89	9.04	1.93	4.93	179.65	3.15	2.19
030409001151	柔性矿物绝缘电缆	1. 名称：柔性矿物绝缘电缆 2. 规格：BTLY-4 × 50 + 1 × 25 3. 敷设方式：综合考虑 4. 完成本清单项目所需的一切相关工作	m	278.81	12.06	2.57	5.85	251.19	4.21	2.93
030409001152	柔性矿物绝缘电缆	1. 名称：柔性矿物绝缘电缆 2. 规格：BTLY-4 × 70 + 1 × 35 3. 敷设方式：综合考虑 4. 完成本清单项目所需的一切相关工作	m	383.45	12.06	2.57	5.85	355.83	4.21	2.93

续表

项目编码	标准名称	项目特征	计量单位	综合单价	人工费	机械费	材料费		管理费	利润
							辅材费	主材费		
030409001153	柔性矿物绝缘电缆	1. 名称：柔性矿物绝缘电缆 2. 规格：BTLY-4 × 95 + 1 × 50 3. 敷设方式：综合考虑 4. 完成本清单项目所需的一切相关工作	m	521.82	17.72	3.22	5.86	484.81	6.02	4.19
030409001154	柔性矿物绝缘电缆	1. 名称：柔性矿物绝缘电缆 2. 规格：BTLY-4 × 120 + 1 × 70 3. 敷设方式：综合考虑 4. 完成本清单项目所需的一切相关工作	m	657.57	17.72	3.22	5.86	620.56	6.02	4.19
030409001155	柔性矿物绝缘电缆	1. 名称：柔性矿物绝缘电缆 2. 规格：BTLY-4 × 150 + 1 × 70 3. 敷设方式：综合考虑 4. 完成本清单项目所需的一切相关工作	m	795.37	22.22	3.86	5.87	750.71	7.49	5.22
030409001156	柔性矿物绝缘电缆	1. 名称：柔性矿物绝缘电缆 2. 规格：BTLY-4 × 185 + 1 × 95 3. 敷设方式：综合考虑 4. 完成本清单项目所需的一切相关工作	m	985.50	22.22	3.86	5.87	940.84	7.49	5.22
030409001157	柔性矿物绝缘电缆	1. 名称：柔性矿物绝缘电缆 2. 规格：BTLY-4 × 240 + 1 × 120 3. 敷设方式：综合考虑 4. 完成本清单项目所需的一切相关工作	m	1275.80	24.93	4.50	5.89	1226.13	8.46	5.89
030409001158	柔性矿物绝缘电缆	1. 名称：柔性矿物绝缘电缆 2. 规格：BTLY-3 × 25 + 2 × 16 3. 敷设方式：综合考虑 4. 完成本清单项目所需的一切相关工作	m	149.53	9.04	1.93	4.93	128.29	3.15	2.19
030409001159	柔性矿物绝缘电缆	1. 名称：柔性矿物绝缘电缆 2. 规格：BTLY-3 × 35 + 2 × 16 3. 敷设方式：综合考虑 4. 完成本清单项目所需的一切相关工作	m	184.11	9.04	1.93	4.93	162.87	3.15	2.19
030409001160	柔性矿物绝缘电缆	1. 名称：柔性矿物绝缘电缆 2. 规格：BTLY-3 × 50 + 2 × 25 3. 敷设方式：综合考虑 4. 完成本清单项目所需的一切相关工作	m	254.27	12.06	2.57	5.85	226.65	4.21	2.93

续表

项目编码	标准名称	项目特征	计量单位	综合单价	人工费	机械费	材料费		管理费	利润
							辅材费	主材费		
030409001161	柔性矿物绝缘电缆	1. 名称：柔性矿物绝缘电缆 2. 规格：BTLY-3×70+2×35 3. 敷设方式：综合考虑 4. 完成本清单项目所需的一切相关工作	m	344.44	12.06	2.57	5.85	316.82	4.21	2.93
030409001162	柔性矿物绝缘电缆	1. 名称：柔性矿物绝缘电缆 2. 规格：BTLY-3×95+2×50 3. 敷设方式：综合考虑 4. 完成本清单项目所需的一切相关工作	m	473.11	17.72	3.22	5.86	436.10	6.02	4.19
030409001163	柔性矿物绝缘电缆	1. 名称：柔性矿物绝缘电缆 2. 规格：BTLY-3×120+2×70 3. 敷设方式：综合考虑 4. 完成本清单项目所需的一切相关工作	m	598.91	17.72	3.22	5.86	561.90	6.02	4.19
030409001164	柔性矿物绝缘电缆	1. 名称：柔性矿物绝缘电缆 2. 规格：BTLY-3×150+2×70 3. 敷设方式：综合考虑 4. 完成本清单项目所需的一切相关工作	m	701.04	22.22	3.86	5.87	656.38	7.49	5.22
030409001165	柔性矿物绝缘电缆	1. 名称：柔性矿物绝缘电缆 2. 规格：BTLY-3×185+2×95 3. 敷设方式：综合考虑 4. 完成本清单项目所需的一切相关工作	m	880.92	22.22	3.86	5.87	836.26	7.49	5.22
030409001166	柔性矿物绝缘电缆	1. 名称：柔性矿物绝缘电缆 2. 规格：BTLY-3×240+2×120 3. 敷设方式：综合考虑 4. 完成本清单项目所需的一切相关工作	m	1134.85	24.93	4.50	5.89	1085.18	8.46	5.89
030409001167	刚性矿物绝缘电缆	1. 名称：刚性矿物绝缘电缆 2. 规格：BTTZ-3×4 3. 敷设方式：综合考虑 4. 完成本清单项目所需的一切相关工作	m	25.27	2.28	0.55	2.70	18.36	0.81	0.57
030409001168	刚性矿物绝缘电缆	1. 名称：刚性矿物绝缘电缆 2. 规格：BTTZ-3×6 3. 敷设方式：综合考虑 4. 完成本清单项目所需的一切相关工作	m	36.27	4.25	1.10	2.71	25.60	1.54	1.07
030409001169	刚性矿物绝缘电缆	1. 名称：刚性矿物绝缘电缆 2. 规格：BTTZ-3×10 3. 敷设方式：综合考虑 4. 完成本清单项目所需的一切相关工作	m	49.61	4.25	1.10	2.71	38.94	1.54	1.07

续表

项目编码	标准名称	项目特征	计量单位	综合单价	人工费	机械费	材料费		管理费	利润
							辅材费	主材费		
030409001170	刚性矿物绝缘电缆	1. 名称：刚性矿物绝缘电缆 2. 规格：BTTZ-3×16 3. 敷设方式：综合考虑 4. 完成本清单项目所需的一切相关工作	m	77.83	7.73	1.65	4.21	59.66	2.70	1.88
030409001171	刚性矿物绝缘电缆	1. 名称：刚性矿物绝缘电缆 2. 规格：BTTZ-3×25 3. 敷设方式：综合考虑 4. 完成本清单项目所需的一切相关工作	m	109.14	7.73	1.65	4.21	90.97	2.70	1.88
030409001172	刚性矿物绝缘电缆	1. 名称：刚性矿物绝缘电缆 2. 规格：BTTZ-3×35 3. 敷设方式：综合考虑 4. 完成本清单项目所需的一切相关工作	m	143.87	7.73	1.65	4.21	125.70	2.70	1.88
030409001173	刚性矿物绝缘电缆	1. 名称：刚性矿物绝缘电缆 2. 规格：BTTZ-4×2.5 3. 敷设方式：综合考虑 4. 完成本清单项目所需的一切相关工作	m	22.78	2.28	0.55	2.70	15.87	0.81	0.57
030409001174	刚性矿物绝缘电缆	1. 名称：刚性矿物绝缘电缆 2. 规格：BTTZ-4×4 3. 敷设方式：综合考虑 4. 完成本清单项目所需的一切相关工作	m	30.33	2.28	0.55	2.70	23.42	0.81	0.57
030409001175	刚性矿物绝缘电缆	1. 名称：刚性矿物绝缘电缆 2. 规格：BTTZ-4×6 3. 敷设方式：综合考虑 4. 完成本清单项目所需的一切相关工作	m	44.25	4.25	1.10	2.71	33.58	1.54	1.07
030409001176	刚性矿物绝缘电缆	1. 名称：刚性矿物绝缘电缆 2. 规格：BTTZ-4×10 3. 敷设方式：综合考虑 4. 完成本清单项目所需的一切相关工作	m	62.29	4.25	1.10	2.71	51.62	1.54	1.07
030409001177	刚性矿物绝缘电缆	1. 名称：刚性矿物绝缘电缆 2. 规格：BTTZ-4×16 3. 敷设方式：综合考虑 4. 完成本清单项目所需的一切相关工作	m	97.22	7.73	1.65	4.21	79.05	2.70	1.88
030409001178	刚性矿物绝缘电缆	1. 名称：刚性矿物绝缘电缆 2. 规格：BTTZ-4×25 3. 敷设方式：综合考虑 4. 完成本清单项目所需的一切相关工作	m	139.11	7.73	1.65	4.21	120.94	2.70	1.88
030409001179	刚性矿物绝缘电缆	1. 名称：刚性矿物绝缘电缆 2. 规格：BTTZ-4×35 3. 敷设方式：综合考虑 4. 完成本清单项目所需的一切相关工作	m	183.50	7.73	1.65	4.21	165.33	2.70	1.88

续表

项目编码	标准名称	项目特征	计量单位	综合单价	人工费	机械费	材料费		管理费	利润
							辅材费	主材费		
030409001180	刚性矿物绝缘电缆	1. 名称：刚性矿物绝缘电缆 2. 规格：BTTZ-5 × 2.5 3. 敷设方式：综合考虑 4. 完成本清单项目所需的一切相关工作	m	28.11	2.97	0.71	3.50	19.13	1.06	0.74
030409001181	刚性矿物绝缘电缆	1. 名称：刚性矿物绝缘电缆 2. 规格：BTTZ-5 × 6 3. 敷设方式：综合考虑 4. 完成本清单项目所需的一切相关工作	m	54.83	5.53	1.43	3.52	40.96	2.00	1.39
030409001182	刚性矿物绝缘电缆	1. 名称：刚性矿物绝缘电缆 2. 规格：BTTZ-5 × 10 3. 敷设方式：综合考虑 4. 完成本清单项目所需的一切相关工作	m	77.48	5.53	1.43	3.52	63.61	2.00	1.39
030409001183	刚性矿物绝缘电缆	1. 名称：刚性矿物绝缘电缆 2. 规格：BTTZ-5 × 16 3. 敷设方式：综合考虑 4. 完成本清单项目所需的一切相关工作	m	127.81	13.06	2.79	7.12	97.11	4.56	3.17
030409001184	刚性矿物绝缘电缆	1. 名称：刚性矿物绝缘电缆 2. 规格：BTTZ-5 × 25 3. 敷设方式：综合考虑 4. 完成本清单项目所需的一切相关工作	m	173.01	10.05	2.14	5.48	149.40	3.50	2.44
030409001185	刚性矿物绝缘电缆	1. 名称：刚性矿物绝缘电缆 2. 规格：BTTZ-5 × 35 3. 敷设方式：综合考虑 4. 完成本清单项目所需的一切相关工作	m	232.57	10.05	2.14	5.48	208.96	3.50	2.44
030409001186	刚性矿物绝缘电缆	1. 名称：刚性矿物绝缘电缆 2. 规格：BTTZ-3 × 4 + 1 × 2.5 3. 敷设方式：综合考虑 4. 完成本清单项目所需的一切相关工作	m	27.71	2.28	0.55	2.70	20.80	0.81	0.57
030409001187	刚性矿物绝缘电缆	1. 名称：刚性矿物绝缘电缆 2. 规格：BTTZ-3 × 6 + 1 × 4 3. 敷设方式：综合考虑 4. 完成本清单项目所需的一切相关工作	m	39.86	4.25	1.10	2.71	29.19	1.54	1.07
030409001188	刚性矿物绝缘电缆	1. 名称：刚性矿物绝缘电缆 2. 规格:BTTZ-3 × 10 + 1 × 6 3. 敷设方式：综合考虑 4. 完成本清单项目所需的一切相关工作	m	56.75	4.25	1.10	2.71	46.08	1.54	1.07

续表

项目编码	标准名称	项目特征	计量单位	综合单价	人工费	机械费	材料费		管理费	利润
							辅材费	主材费		
030409001189	刚性矿物绝缘电缆	1. 名称：刚性矿物绝缘电缆 2. 规格：BTTZ-3 × 16 + 1 × 10 3. 敷设方式：综合考虑 4. 完成本清单项目所需的一切相关工作	m	88.62	7.73	1.65	4.21	70.45	2.70	1.88
030409001190	刚性矿物绝缘电缆	1. 名称：刚性矿物绝缘电缆 2. 规格：BTTZ-3 × 25 + 1 × 16 3. 敷设方式：综合考虑 4. 完成本清单项目所需的一切相关工作	m	127.47	7.73	1.65	4.21	109.30	2.70	1.88
030409001191	刚性矿物绝缘电缆	1. 名称：刚性矿物绝缘电缆 2. 规格：BTTZ-3 × 35 + 1 × 16 3. 敷设方式：综合考虑 4. 完成本清单项目所需的一切相关工作	m	162.50	7.73	1.65	4.21	144.33	2.70	1.88
030409001192	刚性矿物绝缘电缆	1. 名称：刚性矿物绝缘电缆 2. 规格：BTTZ-3 × 50 + 1 × 25 3. 敷设方式：综合考虑 4. 完成本清单项目所需的一切相关工作	m	221.04	10.31	2.20	5.00	197.44	3.59	2.50
030409001193	刚性矿物绝缘电缆	1. 名称：刚性矿物绝缘电缆 2. 规格：BTTZ-3 × 70 + 1 × 35 3. 敷设方式：综合考虑 4. 完成本清单项目所需的一切相关工作	m	299.51	10.31	2.20	5.00	275.91	3.59	2.50
030409001194	刚性矿物绝缘电缆	1. 名称：刚性矿物绝缘电缆 2. 规格：BTTZ-3 × 95 + 1 × 50 3. 敷设方式：综合考虑 4. 完成本清单项目所需的一切相关工作	m	408.75	15.14	2.75	5.01	377.13	5.14	3.58
030409001195	刚性矿物绝缘电缆	1. 名称：刚性矿物绝缘电缆 2. 规格：BTTZ-3 × 120 + 1 × 70 3. 敷设方式：综合考虑 4. 完成本清单项目所需的一切相关工作	m	512.22	15.14	2.75	5.01	480.60	5.14	3.58
030409001196	刚性矿物绝缘电缆	1. 名称：刚性矿物绝缘电缆 2. 规格：BTTZ-3 × 150 + 1 × 70 3. 敷设方式：综合考虑 4. 完成本清单项目所需的一切相关工作	m	618.45	18.99	3.30	5.02	580.27	6.41	4.46

续表

项目编码	标准名称	项目特征	计量单位	综合单价	人工费	机械费	材料费		管理费	利润
							辅材费	主材费		
030409001197	刚性矿物绝缘电缆	1. 名称：刚性矿物绝缘电缆 2. 规格：BTTZ-3 × 185 + 1 × 95 3. 敷设方式：综合考虑 4. 完成本清单项目所需的一切相关工作	m	763.85	18.99	3.30	5.02	725.67	6.41	4.46
030409001198	刚性矿物绝缘电缆	1. 名称：刚性矿物绝缘电缆 2. 规格：BTTZ-3 × 240 + 1 × 120 3. 敷设方式：综合考虑 4. 完成本清单项目所需的一切相关工作	m	989.14	21.31	3.85	5.03	946.69	7.23	5.03
030409001199	刚性矿物绝缘电缆	1. 名称：刚性矿物绝缘电缆 2. 规格:BTTZ-4 × 25 + 1 × 16 3. 敷设方式：综合考虑 4. 完成本清单项目所需的一切相关工作	m	163.68	10.05	2.14	5.48	140.07	3.50	2.44
030409001200	刚性矿物绝缘电缆	1. 名称：刚性矿物绝缘电缆 2. 规格:BTTZ-4 × 35 + 1 × 16 3. 敷设方式：综合考虑 4. 完成本清单项目所需的一切相关工作	m	203.26	10.05	2.14	5.48	179.65	3.50	2.44
030409001201	刚性矿物绝缘电缆	1. 名称：刚性矿物绝缘电缆 2. 规格：BTTZ-4 × 50 + 1 × 25 3. 敷设方式：综合考虑 4. 完成本清单项目所需的一切相关工作	m	281.87	13.40	2.86	6.50	251.19	4.67	3.25
030409001202	刚性矿物绝缘电缆	1. 名称：刚性矿物绝缘电缆 2. 规格：BTTZ-4 × 70 + 1 × 35 3. 敷设方式：综合考虑 4. 完成本清单项目所需的一切相关工作	m	386.51	13.40	2.86	6.50	355.83	4.67	3.25
030409001203	刚性矿物绝缘电缆	1. 名称：刚性矿物绝缘电缆 2. 规格：BTTZ-4 × 95 + 1 × 50 3. 敷设方式：综合考虑 4. 完成本清单项目所需的一切相关工作	m	525.90	19.68	3.57	6.51	484.81	6.68	4.65
030409001204	刚性矿物绝缘电缆	1. 名称：刚性矿物绝缘电缆 2. 规格：BTTZ-4 × 120 + 1 × 70 3. 敷设方式：综合考虑 4. 完成本清单项目所需的一切相关工作	m	661.65	19.68	3.57	6.51	620.56	6.68	4.65
030409001205	刚性矿物绝缘电缆	1. 名称：刚性矿物绝缘电缆 2. 规格：BTTZ-4 × 150 + 1 × 70 3. 敷设方式：综合考虑 4. 完成本清单项目所需的一切相关工作	m	800.34	24.69	4.29	6.52	750.71	8.33	5.80

续表

项目编码	标准名称	项目特征	计量单位	综合单价	人工费	机械费	材料费		管理费	利润
							辅材费	主材费		
030409001206	刚性矿物绝缘电缆	1. 名称：刚性矿物绝缘电缆 2. 规格：BTTZ-4 × 185 + 1 × 95 3. 敷设方式：综合考虑 4. 完成本清单项目所需的一切相关工作	m	990.47	24.69	4.29	6.52	940.84	8.33	5.80
030409001207	刚性矿物绝缘电缆	1. 名称：刚性矿物绝缘电缆 2. 规格：BTTZ-4 × 240 + 1 × 120 3. 敷设方式：综合考虑 4. 完成本清单项目所需的一切相关工作	m	1281.31	27.70	5.00	6.54	1226.13	9.40	6.54
030409001208	刚性矿物绝缘电缆	1. 名称：刚性矿物绝缘电缆 2. 规格：BTTZ-3 × 25 + 2 × 16 3. 敷设方式：综合考虑 4. 完成本清单项目所需的一切相关工作	m	151.90	10.05	2.14	5.48	128.29	3.50	2.44
030409001209	刚性矿物绝缘电缆	1. 名称：刚性矿物绝缘电缆 2. 规格：BTTZ-3 × 35 + 2 × 16 3. 敷设方式：综合考虑 4. 完成本清单项目所需的一切相关工作	m	186.48	10.05	2.14	5.48	162.87	3.50	2.44
030409001210	刚性矿物绝缘电缆	1. 名称：刚性矿物绝缘电缆 2. 规格：BTTZ-3 × 50 + 2 × 25 3. 敷设方式：综合考虑 4. 完成本清单项目所需的一切相关工作	m	257.33	13.40	2.86	6.50	226.65	4.67	3.25
030409001211	刚性矿物绝缘电缆	1. 名称：刚性矿物绝缘电缆 2. 规格：BTTZ-3 × 70 + 2 × 35 3. 敷设方式：综合考虑 4. 完成本清单项目所需的一切相关工作	m	347.50	13.40	2.86	6.50	316.82	4.67	3.25
030409001212	刚性矿物绝缘电缆	1. 名称：刚性矿物绝缘电缆 2. 规格：BTTZ-3 × 95 + 2 × 50 3. 敷设方式：综合考虑 4. 完成本清单项目所需的一切相关工作	m	477.19	19.68	3.57	6.51	436.10	6.68	4.65
030409001213	刚性矿物绝缘电缆	1. 名称：刚性矿物绝缘电缆 2. 规格：BTTZ-3 × 120 + 2 × 70 3. 敷设方式：综合考虑 4. 完成本清单项目所需的一切相关工作	m	602.99	19.68	3.57	6.51	561.90	6.68	4.65

续表

项目编码	标准名称	项目特征	计量单位	综合单价	人工费	机械费	材料费		管理费	利润
							辅材费	主材费		
030409001214	刚性矿物绝缘电缆	1. 名称：刚性矿物绝缘电缆 2. 规格：BTTZ-3 × 150 + 2 × 70 3. 敷设方式：综合考虑 4. 完成本清单项目所需的一切相关工作	m	706.01	24.69	4.29	6.52	656.38	8.33	5.80
030409001215	刚性矿物绝缘电缆	1. 名称：刚性矿物绝缘电缆 2. 规格：BTTZ-3 × 185 + 2 × 95 3. 敷设方式：综合考虑 4. 完成本清单项目所需的一切相关工作	m	885.89	24.69	4.29	6.52	836.26	8.33	5.80
030409001216	刚性矿物绝缘电缆	1. 名称：刚性矿物绝缘电缆 2. 规格：BTTZ-3 × 240 + 2 × 120 3. 敷设方式：综合考虑 4. 完成本清单项目所需的一切相关工作	m	1140.36	27.70	5.00	6.54	1085.18	9.40	6.54
030409003001	电力电缆头	1. 名称：电力电缆头（干包式） 2. 规格：五芯及以下、截面 16mm^{2}以下 3. 完成本清单项目所需的一切相关工作	个	97.11	37.49	0.00	41.35	0.00	10.77	7.50
030409003002	电力电缆头	1. 名称：电力电缆头（干包式） 2. 规格：五芯及以下、截面 35mm^{2}以下 3. 完成本清单项目所需的一切相关工作	个	159.52	68.60	0.00	57.48	0.00	19.72	13.72
030409003003	电力电缆头	1. 名称：电力电缆头（干包式） 2. 规格：五芯及以下、截面 70mm^{2}以下 3. 完成本清单项目所需的一切相关工作	个	212.38	88.62	0.00	80.57	0.00	25.47	17.72
030409003004	电力电缆头	1. 名称：电力电缆头（干包式） 2. 规格：五芯及以下、截面 120mm^{2}以下 3. 完成本清单项目所需的一切相关工作	个	277.70	109.94	0.00	114.17	0.00	31.60	21.99
030409003005	电力电缆头	1. 名称：电力电缆头（干包式） 2. 规格：五芯及以下、截面 185mm^{2}以下 3. 完成本清单项目所需的一切相关工作	个	336.40	127.24	0.00	147.14	0.00	36.57	25.45

续表

项目编码	标准名称	项目特征	计量单位	综合单价	人工费	机械费	材料费		管理费	利润
							辅材费	主材费		
030409003006	电力电缆头	1. 名称：电力电缆头（干包式） 2. 规格：五芯及以下、截面 240mm² 以下 3. 完成本清单项目所需的一切相关工作	个	527.50	144.29	0.00	312.88	0.00	41.47	28.86
030409003007	电力电缆头	1. 名称：电力电缆头（热缩式） 2. 规格：五芯及以下、截面 16mm² 以下 3. 完成本清单项目所需的一切相关工作	个	175.87	62.05	0.00	58.08	25.50	17.83	12.41
030409003008	电力电缆头	1. 名称：电力电缆头（热缩式） 2. 规格：五芯及以下、截面 35mm² 以下 3. 完成本清单项目所需的一切相关工作	个	278.29	112.73	0.00	80.01	30.60	32.40	22.55
030409003009	电力电缆头	1. 名称：电力电缆头（热缩式） 2. 规格：五芯及以下、截面 70mm² 以下 3. 完成本清单项目所需的一切相关工作	个	365.63	150.66	0.00	103.80	37.74	43.30	30.13
030409003010	电力电缆头	1. 名称：电力电缆头（热缩式） 2. 规格：五芯及以下、截面 120mm² 以下 3. 完成本清单项目所需的一切相关工作	个	462.12	188.59	0.00	138.77	42.84	54.20	37.72
030409003011	电力电缆头	1. 名称：电力电缆头（热缩式） 2. 规格：五芯及以下、截面 185mm² 以下 3. 完成本清单项目所需的一切相关工作	个	556.68	219.96	0.00	174.43	55.08	63.22	43.99
030409003012	电力电缆头	1. 名称：电力电缆头（热缩式） 2. 规格：五芯及以下、截面 240mm² 以下 3. 完成本清单项目所需的一切相关工作	个	662.13	251.07	0.00	222.39	66.30	72.16	50.21
030403006001	母线槽	1. 名称及规格：密集型母线 500A/5P/IP54 2. 包含母线槽安装（包括水平弯通、垂直弯通、T 接头、变径单元、始终端母线、膨胀接头等附件，与变压器等设备连接的软（硬）连接等）、接地、防火堵洞、母线槽防护、除锈刷油等相关费用 3. 完成本清单项目所需的一切相关工作	m	1146.20	41.85	15.24	16.06	1045.22	16.41	11.42

续表

项目编码	标准名称	项目特征	计量单位	综合单价	人工费	机械费	材料费		管理费	利润
							辅材费	主材费		
030403006002	母线槽	1. 名称及规格：密集型母线630A/5P/IP54 2. 包含母线槽安装（包括水平弯通、垂直弯通、T接头、变径单元、始终端母线、膨胀接头等附件，与变压器等设备连接的软（硬）连接等）、接地、防火堵洞、母线槽防护、除锈刷油等相关费用 3. 完成本清单项目所需的一切相关工作	m	1360.98	41.85	15.24	16.06	1260.00	16.41	11.42
030403006003	母线槽	1. 名称及规格：密集型母线800A/5P/IP54 2. 包含母线槽安装（包括水平弯通、垂直弯通、T接头、变径单元、始终端母线、膨胀接头等附件，与变压器等设备连接的软（硬）连接等）、接地、防火堵洞、母线槽防护、除锈刷油等相关费用 3. 完成本清单项目所需的一切相关工作	m	1694.98	41.85	15.24	16.06	1594.00	16.41	11.42
030403006004	母线槽	1. 名称及规格：密集型母线1000A/5P/IP54 2. 包含母线槽安装（包括水平弯通、垂直弯通、T接头、变径单元、始终端母线、膨胀接头等附件，与变压器等设备连接的软（硬）连接等）、接地、防火堵洞、母线槽防护、除锈刷油等相关费用 3. 完成本清单项目所需的一切相关工作	m	2121.22	52.33	17.97	21.65	1995.00	20.21	14.06
030403006005	母线槽	1. 名称及规格：密集型母线1250A/5P/IP54 2. 包含母线槽安装（包括水平弯通、垂直弯通、T接头、变径单元、始终端母线、膨胀接头等附件，与变压器等设备连接的软（硬）连接等）、接地、防火堵洞、母线槽防护、除锈刷油等相关费用 3. 完成本清单项目所需的一切相关工作	m	2615.22	52.33	17.97	21.65	2489.00	20.21	14.06

续表

项目编码	标准名称	项目特征	计量单位	综合单价	人工费	机械费	材料费		管理费	利润
							辅材费	主材费		
030403006006	母线槽	1. 名称及规格：密集型母线1600A/5P/IP54 2. 包含母线槽安装（包括水平弯通、垂直弯通、T 接头、变径单元、始终端母线、膨胀接头等附件，与变压器等设备连接的软（硬）连接等）、接地、防火堵洞、母线槽防护、除锈刷油等相关费用 3. 完成本清单项目所需的一切相关工作	m	3371.35	78.50	19.34	27.82	3198.00	28.12	19.57
030403006007	母线槽	1. 名称及规格：密集型母线2000A/5P/IP54 2. 包含母线槽安装（包括水平弯通、垂直弯通、T 接头、变径单元、始终端母线、膨胀接头等附件，与变压器等设备连接的软（硬）连接等）、接地、防火堵洞、母线槽防护、除锈刷油等相关费用 3. 完成本清单项目所需的一切相关工作	m	4164.35	78.50	19.34	27.82	3991.00	28.12	19.57
030403006008	母线槽	1. 名称及规格：密集型母线2500A/5P/IP54 2. 包含母线槽安装（包括水平弯通、垂直弯通、T 接头、变径单元、始终端母线、膨胀接头等附件，与变压器等设备连接的软（硬）连接等）、接地、防火堵洞、母线槽防护、除锈刷油等相关费用 3. 完成本清单项目所需的一切相关工作	m	5213.23	107.36	23.44	33.68	4985.00	37.59	26.16
030403006009	母线槽	1. 名称及规格：密集型母线3200A/5P/IP54 2. 包含母线槽安装（包括水平弯通、垂直弯通、T 接头、变径单元、始终端母线、膨胀接头等附件，与变压器等设备连接的软（硬）连接等）、接地、防火堵洞、母线槽防护、除锈刷油等相关费用 3. 完成本清单项目所需的一切相关工作	m	6613.23	107.36	23.44	33.68	6385.00	37.59	26.16

续表

项目编码	标准名称	项目特征	计量单位	综合单价	人工费	机械费	材料费		管理费	利润
							辅材费	主材费		
030403006010	母线槽	1. 名称及规格：密集型母线4000A/5P/IP54 2. 包含母线槽安装（包括水平弯通、垂直弯通、T接头、变径单元、始终端母线、膨胀接头等附件，与变压器等设备连接的软（硬）连接等）、接地、防火堵洞、母线槽防护、除锈刷油等相关费用 3. 其他：按设计图纸、技术需求书及施工规范要求综合考虑 4. 完成本清单项目所需的一切相关工作	m	8279.23	107.36	23.44	33.68	8051.00	37.59	26.16
030403006011	母线槽	1. 名称及规格：密集型母线5000A/5P/IP54 2. 包含母线槽安装（包括水平弯通、垂直弯通、T接头、变径单元、始终端母线、膨胀接头等附件，与变压器等设备连接的软（硬）连接等）、接地、防火堵洞、母线槽防护、除锈刷油等相关费用 3. 其他：按设计图纸、技术需求书及施工规范要求综合考虑 4. 完成本清单项目所需的一切相关工作	m	10212.90	130.65	28.52	39.15	9937.00	45.75	31.83
030403006012	母线槽	1. 名称及规格：密集型母线6300A/5P/IP54 2. 包含母线槽安装（包括水平弯通、垂直弯通、T接头、变径单元、始终端母线、膨胀接头等附件，与变压器等设备连接的软（硬）连接等）、接地、防火堵洞、母线槽防护、除锈刷油等相关费用 3. 其他：按设计图纸、技术需求书及施工规范要求综合考虑 4. 完成本清单项目所需的一切相关工作	m	12664.70	130.65	28.52	39.15	12388.80	45.75	31.83
030403007001	母线槽始端箱	1. 名称：母线槽始端箱 2. 规格型号：5P 3. 每相电流：100A 4. 箱体及附件制作安装、箱体接地、浪涌保护器SPD及连接线制作安装与调试 5. 完成本清单项目所需的一切相关工作	台	1420.70	207.91	26.32	46.30	1026.00	67.32	46.85

续表

项目编码	标准名称	项目特征	计量单位	综合单价	人工费	机械费	材料费		管理费	利润
							辅材费	主材费		
030403007002	母线槽始端箱	1. 名称：母线槽始端箱 2. 规格型号：5P 3. 每相电流：400A 4. 箱体及附件制作安装、箱体接地、浪涌保护器SPD及连接线制作安装与调试 5. 完成本清单项目所需的一切相关工作	台	1493.13	231.07	26.32	55.29	1055.00	73.97	51.48
030403007003	母线槽始端箱	1. 名称：母线槽始端箱 2. 规格型号：5P 3. 每相电流：800A 4. 箱体及附件制作安装、箱体接地、浪涌保护器SPD及连接线制作安装与调试 5. 完成本清单项目所需的一切相关工作	台	1775.17	254.23	39.49	55.29	1283.00	84.42	58.74
030403007004	母线槽始端箱	1. 名称：母线槽始端箱 2. 规格型号：5P 3. 每相电流：1250A 4. 箱体及附件制作安装、箱体接地、浪涌保护器SPD及连接线制作安装与调试 5. 完成本清单项目所需的一切相关工作	台	1845.05	267.23	52.65	66.26	1303.00	91.93	63.98
030403007005	母线槽始端箱	1. 名称：母线槽始端箱 2. 规格型号：5P 3. 每相电流：2000A 4. 箱体及附件制作安装、箱体接地、浪涌保护器SPD及连接线制作安装与调试 5. 完成本清单项目所需的一切相关工作	台	1931.96	309.45	65.81	67.80	1306.00	107.85	75.05
030403007006	母线槽始端箱	1. 名称：母线槽始端箱 2. 规格型号：5P 3. 每相电流：4000A 4. 箱体及附件制作安装、箱体接地、浪涌保护器SPD及连接线制作安装与调试 5. 完成本清单项目所需的一切相关工作	台	2724.58	415.80	92.13	324.08	1645.00	145.98	101.59
030403007007	母线槽始端箱	1. 名称：母线槽始端箱 2. 规格型号：5P 3. 每相电流：5000A 4. 箱体及附件制作安装、箱体接地、浪涌保护器SPD及连接线制作安装与调试 5. 完成本清单项目所需的一切相关工作	台	3068.29	630.08	92.13	325.08	1669.00	207.56	144.44

续表

项目编码	标准名称	项目特征	计量单位	综合单价	人工费	机械费	材料费		管理费	利润
							辅材费	主材费		
030403007008	母线槽插接箱	1. 名称：母线槽插接箱 2. 规格：40A/5P/IP54 3. 箱体及附件制作安装、箱体接地、浪涌保护器 SPD 及连接线制作安装与调试、基础槽钢制作和安装 4. 完成本清单项目所需的一切相关工作	台	1142.40	61.61	0.00	24.76	1026.00	17.71	12.32
030403007009	母线槽插接箱	1. 名称：母线槽插接箱 2. 规格：100A/5P/IP54 3. 箱体及附件制作安装、箱体接地、浪涌保护器 SPD 及连接线制作安装与调试、基础槽钢制作和安装 4. 完成本清单项目所需的一切相关工作	台	1182.47	87.92	0.00	25.70	1026.00	25.27	17.58
030403007010	母线槽插接箱	1. 名称：母线槽插接箱 2. 规格：300A/5P/IP54 3. 箱体及附件制作安装、箱体接地、浪涌保护器 SPD 及连接线制作安装与调试、基础槽钢制作和安装 4. 完成本清单项目所需的一切相关工作	台	1275.42	134.05	0.00	25.70	1050.33	38.53	26.81
030403007011	母线槽插接箱	1. 名称：母线槽插接箱 2. 规格：600A/5P/IP54 3. 箱体及附件制作安装、箱体接地、浪涌保护器 SPD 及连接线制作安装与调试、基础槽钢制作和安装 4. 完成本清单项目所需的一切相关工作	台	1492.71	150.66	0.00	26.75	1241.87	43.30	30.13
030403007012	母线槽插接箱	1. 名称：母线槽插接箱 2. 规格：1000A/5P/IP54 3. 箱体及附件制作安装、箱体接地、浪涌保护器 SPD 及连接线制作安装与调试、基础槽钢制作和安装 4. 完成本清单项目所需的一切相关工作	台	1607.55	188.59	0.00	27.04	1300.00	54.20	37.72
030413001001	楼道感应灯	1. 名称及规格：LED 楼道感应灯 8W 2. 安装方式：综合考虑 3. 完成本清单项目所需的一切相关工作	套	102.17	19.33	0.00	2.84	70.58	5.55	3.87
030413001002	楼道感应灯	1. 名称及规格：LED 楼道感应灯 12W 2. 安装方式：综合考虑 3. 完成本清单项目所需的一切相关工作	套	104.57	19.33	0.00	2.84	72.98	5.55	3.87

续表

项目编码	标准名称	项目特征	计量单位	综合单价	人工费	机械费	材料费		管理费	利润
							辅材费	主材费		
030413001003	吸顶灯	1. 名称及规格：LED 吸顶灯 12W 2. 安装方式：吸顶安装 3. 完成本清单项目所需的一切相关工作	套	80.31	19.33	0.00	2.84	48.72	5.55	3.87
030413001004	吸顶灯	1. 名称及规格：LED 吸顶灯 18W 2. 安装方式：吸顶安装 3. 完成本清单项目所需的一切相关工作	套	83.92	19.33	0.00	2.84	52.33	5.55	3.87
030413001005	吸顶灯	1. 名称及规格：LED 吸顶灯 24W 2. 安装方式：吸顶安装 3. 完成本清单项目所需的一切相关工作	套	86.99	19.33	0.00	2.84	55.40	5.55	3.87
030413001006	壁灯	1. 名称及规格:LED 壁灯 7W 2. 安装方式：综合考虑 3. 完成本清单项目所需的一切相关工作	套	67.64	19.33	0.00	2.84	36.05	5.55	3.87
030413002001	筒灯	1. 名称及规格:LED 筒灯 7W 2. 安装方式：综合考虑 3. 完成本清单项目所需的一切相关工作	套	68.61	18.86	0.00	2.59	37.97	5.42	3.77
030413002002	射灯	1. 名称及规格:LED 射灯 7W 2. 安装方式：综合考虑 3. 完成本清单项目所需的一切相关工作	套	88.09	18.86	0.00	2.59	57.45	5.42	3.77
030413003001	荧光灯	1. 名称及规格：单管荧光灯 14W 2. 安装方式：综合考虑 3. 完成本清单项目所需的一切相关工作	套	75.60	21.56	0.00	3.99	39.54	6.20	4.31
030413003002	荧光灯	1. 名称及规格：单管荧光灯 18W 2. 安装方式：综合考虑 3. 完成本清单项目所需的一切相关工作	套	78.14	21.56	0.00	3.99	42.08	6.20	4.31
030413003003	荧光灯	1. 名称及规格：双管荧光灯 2×16W 2. 安装方式：综合考虑 3. 完成本清单项目所需的一切相关工作	套	132.16	27.11	0.00	3.99	87.85	7.79	5.42
030413003004	荧光灯	1. 名称及规格：双管荧光灯 2×18W 2. 安装方式：综合考虑 3. 完成本清单项目所需的一切相关工作	套	134.54	27.11	0.00	3.99	90.23	7.79	5.42
030413003005	荧光灯	1. 名称及规格：单管荧光灯（带应急电源，连续供电时间不小于 30MIN）18W 2. 安装方式：综合考虑 3. 完成本清单项目所需的一切相关工作	套	78.14	21.56	0.00	3.99	42.08	6.20	4.31

续表

项目编码	标准名称	项目特征	计量单位	综合单价	人工费	机械费	材料费		管理费	利润
							辅材费	主材费		
030413003006	荧光灯	1. 名称及规格：双管荧光灯（带应急电源，连续供电时间不小于30MIN）T8 2×18W（吸顶式） 2. 安装方式：综合考虑 3. 完成本清单项目所需的一切相关工作	套	132.16	27.11	0.00	3.99	87.85	7.79	5.42
030413003007	荧光灯	1. 名称及规格：防水防尘单管荧光灯（吸顶式）18W 2. 安装方式：综合考虑 3. 完成本清单项目所需的一切相关工作	套	189.54	21.56	0.00	3.99	153.48	6.20	4.31
030413007001	防潮灯	1. 名称及规格：防潮灯220V，250W（防爆型） 2. 安装方式：靠墙安装/离地2.5m 3. 完成本清单项目所需的一切相关工作	套	132.05	20.11	0.00	3.77	98.37	5.78	4.02
030413002003	消防应急照明灯具	1. 名称及规格：消防应急照明灯具DC24V、3W 2. 安装方式：底边距地2.5m壁挂 3. 完成本清单项目所需的一切相关工作	套	172.13	25.45	0.00	3.59	130.69	7.31	5.09
030413002004	疏散出口标志灯	1. 名称及规格：疏散出口标志灯DC24V、1W 2. 安装形式：门框上方0.2m壁挂 3. 完成本清单项目所需的一切相关工作	套	116.98	25.45	0.00	3.59	75.54	7.31	5.09
030413002005	楼层标志灯	1. 名称及规格：楼层标志灯DC24V、1W 2. 安装形式：底边距地2.2m壁挂 3. 完成本清单项目所需的一切相关工作	套	115.45	25.45	0.00	3.59	74.01	7.31	5.09
030413002006	方向标志灯	1. 名称及规格：方向标志灯DC24V、1W 2. 安装形式：底边距地2.2m壁挂 3. 完成本清单项目所需的一切相关工作	套	118.62	25.45	0.00	3.59	77.18	7.31	5.09
030413002007	LED灯带	1. 名称：LED灯带软灯带 2. 完成本清单项目所需的一切相关工作	m	13.87	2.46	0.00	0.11	10.10	0.71	0.49
030413002008	LED灯带	1. 名称：LED灯带自粘软灯带 2. 完成本清单项目所需的一切相关工作	m	9.05	0.57	0.00	0.05	8.16	0.16	0.11

续表

项目编码	标准名称	项目特征	计量单位	综合单价	人工费	机械费	材料费		管理费	利润
							辅材费	主材费		
030413002009	LED灯带	1. 名称：LED 灯带硬条灯 2. 完成本清单项目所需的一切相关工作	套	40.18	16.09	0.00	0.09	16.16	4.62	3.22
030413013001	照明开关	1. 名称：单联单控照明开关 2. 安装方式：综合考虑 3. 含接线、调试、凿孔洞及修补等工作 4. 完成本清单项目所需的一切相关工作	个	21.98	8.50	0.00	1.38	7.96	2.44	1.70
030413013002	照明开关	1. 名称：单联双控照明开关 2. 安装方式：综合考虑 3. 含接线、调试、凿孔洞及修补等工作 4. 完成本清单项目所需的一切相关工作	个	23.82	8.89	0.00	1.61	8.98	2.56	1.78
030413013003	照明开关	1. 名称：双联单控照明开关 2. 安装方式：综合考虑 3. 含接线、调试、凿孔洞及修补等工作 4. 完成本清单项目所需的一切相关工作	个	24.05	8.89	0.00	1.72	9.10	2.56	1.78
030413013004	照明开关	1. 名称：双联双控照明开关 2. 安装方式：综合考虑 3. 含接线、调试、凿孔洞及修补等工作 4. 完成本清单项目所需的一切相关工作	个	25.94	9.31	0.00	1.99	10.10	2.68	1.86
030413013005	照明开关	1. 名称：三联单控照明开关 2. 安装方式：综合考虑 3. 含接线、调试、凿孔洞及修补等工作 4. 完成本清单项目所需的一切相关工作	个	27.40	8.89	0.00	2.07	12.10	2.56	1.78
030413013006	照明开关	1. 名称：三联双控照明开关 2. 安装方式：综合考虑 3. 含接线、调试、凿孔洞及修补等工作 4. 完成本清单项目所需的一切相关工作	个	31.39	9.75	0.00	2.30	14.59	2.80	1.95

续表

项目编码	标准名称	项目特征	计量单位	综合单价	人工费	机械费	材料费		管理费	利润
							辅材费	主材费		
030413013007	照明开关	1. 名称：四联单控照明开关 2. 安装方式：综合考虑 3. 含接线、调试、凿孔洞及修补等工作 4. 完成本清单项目所需的一切相关工作	个	33.06	8.89	0.00	2.42	17.41	2.56	1.78
030413013008	照明开关	1. 名称：四联双控照明开关 2. 安装方式：综合考虑 3. 含接线、调试、凿孔洞及修补等工作 4. 完成本清单项目所需的一切相关工作	个	38.20	10.24	0.00	2.67	20.30	2.94	2.05
030413013009	照明开关	1. 名称：人体感应开关 2. 安装方式：综合考虑 3. 含接线、调试、凿孔洞及修补等工作 4. 完成本清单项目所需的一切相关工作	个	49.56	8.50	0.00	1.38	35.54	2.44	1.70
030413013010	照明开关	1. 名称：声控延时开关 2. 安装方式：综合考虑 3. 含接线、调试、凿孔洞及修补等工作 4. 完成本清单项目所需的一切相关工作	个	49.56	8.50	0.00	1.38	35.54	2.44	1.70
030413014001	插座	1. 名称：二三孔插座 2. 安装方式：综合考虑 3. 含接线、调试、凿孔洞及修补等工作 4. 完成本清单项目所需的一切相关工作	个	21.42	8.68	0.00	1.38	7.12	2.50	1.74
030413014002	插座	1. 名称：带二三插 USB 充电插座 2. 安装方式：综合考虑 3. 含接线、调试、凿孔洞及修补等工作 4. 完成本清单项目所需的一切相关工作	个	21.42	8.68	0.00	1.38	7.12	2.50	1.74
030413014003	插座	1. 名称：带开关连体二三孔插座 2. 安装方式：综合考虑 3. 含接线、调试、凿孔洞及修补等工作 4. 完成本清单项目所需的一切相关工作	个	21.42	8.68	0.00	1.38	7.12	2.50	1.74
030412006001	接线盒	1. 名称：塑料接线盒 2. 安装方式：暗装 3. 完成本清单项目所需的一切相关工作	个	9.53	4.51	0.00	0.66	2.16	1.30	0.90

续表

项目编码	标准名称	项目特征	计量单位	综合单价	人工费	机械费	材料费		管理费	利润
							辅材费	主材费		
030412006002	接线盒	1. 名称：塑料接线盒 2. 安装方式：明装	个	14.41	7.97	0.00	0.40	2.16	2.29	1.59
030412006003	接线盒	1. 名称：钢制接线盒 2. 安装方式：暗装 3. 完成本清单项目所需的一切相关工作	个	14.20	4.51	0.00	0.66	6.83	1.30	0.90
030412006004	接线盒	1. 名称：钢制接线盒 2. 安装方式：明装 3. 完成本清单项目所需的一切相关工作	个	19.08	7.97	0.00	0.40	6.83	2.29	1.59
031301004001	铁构件	1. 名称：桥架支架 2. 含除锈、刷油等工作 3. 完成本清单项目所需的一切相关工作	kg	33.26	16.81	2.20	0.89	4.35	5.21	3.80
031301001001	凿槽及修复	1. 名称：在砖结构上凿槽及修复 2. 规格：70mm × 70mm（宽×深） 3. 完成本清单项目所需的一切相关工作	m	19.91	11.78	0.00	2.80	0.00	2.97	2.36
031301001002	凿槽及修复	1. 名称：在混凝土结构上凿槽及修复 2. 规格：70mm × 70mm（宽×深） 3. 完成本清单项目所需的一切相关工作	m	59.59	36.41	0.00	5.85	0.00	10.05	7.28
030416006001	送配电装置系统	1. 名称：送配电装置系统 2. 电压等级：1kV 3. 完成本清单项目所需的一切相关工作	系统	983.23	612.18	48.86	0.00	0.00	189.98	132.21
030416006002	送配电装置系统	1. 名称：送配电装置系统 2. 电压等级：10kV 3. 完成本清单项目所需的一切相关工作	系统	3233.82	1838.35	335.79	0.00	0.00	624.85	434.83

防雷接地系统标准清单库　　表 4.1-2

项目编码	标准名称	项目特征	计量单位	综合单价	人工费	机械费	材料费		管理费	利润
							辅材费	主材费		
030410001001	接地极	1. 名称：接地极 2. 材质：钢管 3. 土质：普通土 4. 完成本清单项目所需的一切相关工作	根	145.29	48.02	17.99	6.42	40.69	18.97	13.20
030410001002	接地极	1. 名称：接地极 2. 材质：角钢 3. 土质：普通土 4. 完成本清单项目所需的一切相关工作	根	110.02	33.30	12.00	5.88	36.76	13.02	9.06

续表

项目编码	标准名称	项目特征	计量单位	综合单价	人工费	机械费	材料费		管理费	利润
							辅材费	主材费		
030410001003	接地极	1. 名称：接地极 2. 材质：圆钢 3. 土质：普通土 4. 完成本清单项目所需的一切相关工作	根	67.12	23.91	10.00	4.72	11.96	9.75	6.78
030410001004	接地板	1. 名称：接地板 2. 材质：铜板 3. 土质：普通土 4. 完成本清单项目所需的一切相关工作	块	596.85	261.59	0.00	109.27	98.49	75.18	52.32
030410001005	接地板	1. 名称：接地板 2. 材质：钢板 3. 土质：普通土 4. 完成本清单项目所需的一切相关工作	块	610.25	366.37	10.00	13.29	37.15	108.17	75.27
030410002001	接地母线	1. 名称：户内接地母线 2. 材质：镀锌扁钢 3. 规格：40mm × 4mm 4. 完成本清单项目所需的一切相关工作	m	29.48	14.34	0.73	1.59	5.47	4.33	3.02
030410002002	接地母线	1. 名称：户外接地母线 2. 材质：镀锌扁钢 3. 规格：40mm × 4mm 4. 完成本清单项目所需的一切相关工作	m	69.09	42.09	0.47	0.32	5.47	12.23	8.51
030410001006	桩承台接地线	1. 名称：桩承台接地线 2. 焊接桩根数：三连桩以下 3. 完成本清单项目所需的一切相关工作	基	513.44	256.69	34.72	80.00	0.00	83.75	58.28
030410001007	桩承台接地线	1. 名称：桩承台接地线 2. 焊接桩根数：七连桩以下 3. 完成本清单项目所需的一切相关工作	基	725.50	362.77	49.05	112.96	0.00	118.36	82.36
030410001008	桩承台接地线	1. 名称：桩承台接地线 2. 焊接桩根数：十连桩以下 3. 完成本清单项目所需的一切相关工作	基	1068.21	534.13	72.24	166.30	0.00	174.27	121.27
030410001009	桩承台接地线	1. 名称：桩承台接地线 2. 焊接桩根数：十六连桩以下 3. 完成本清单项目所需的一切相关工作	基	1567.97	806.93	97.03	223.42	0.00	259.80	180.79
030410003001	避雷引下线	1. 名称：避雷引下线 2. 引下方式：利用建筑物主筋引下 3. 完成本清单项目所需的一切相关工作	m	20.12	8.62	4.20	1.06	0.00	3.68	2.56

续表

项目编码	标准名称	项目特征	计量单位	综合单价	人工费	机械费	材料费		管理费	利润
							辅材费	主材费		
030410003002	避雷引下线	1. 名称：避雷引下线 2. 引下方式：沿建筑、构筑物引下 3. 完成本清单项目所需的一切相关工作	m	21.40	9.63	1.67	1.31	3.28	3.25	2.26
030410003003	避雷引下线	1. 名称：避雷引下线 2. 引下方式：利用金属构件引下 3. 完成本清单项目所需的一切相关工作	m	7.22	1.79	0.53	0.49	3.28	0.67	0.46
030410004001	均压环	1. 名称：均压环 2. 敷设方式：利用梁内钢筋敷设 3. 完成本清单项目所需的一切相关工作	m	8.80	4.19	1.17	0.83	0.00	1.54	1.07
030410004002	均压环	1. 名称：均压环 2. 敷设方式：利用型钢敷设 3. 完成本清单项目所需的一切相关工作	m	14.32	5.73	0.73	0.39	4.32	1.86	1.29
030410005001	避雷网	1. 名称：避雷网 2. 敷设方式：沿混凝土块敷设 3. 材质：热镀锌圆钢 4. 规格：ϕ10mm 5. 完成本清单项目所需的一切相关工作	m	19.88	9.63	0.87	0.98	3.28	3.02	2.10
030410005002	避雷网	1. 名称：避雷网 2. 敷设方式：沿混凝土块敷设 3. 材质：热镀锌圆钢 4. 规格：ϕ12mm 5. 完成本清单项目所需的一切相关工作	m	21.17	9.63	0.87	0.98	4.57	3.02	2.10
030410005003	避雷网	1. 名称：避雷网 2. 敷设方式：沿混凝土块敷设 3. 材质：热镀锌圆钢 4. 规格：ϕ14mm 5. 完成本清单项目所需的一切相关工作	m	22.84	9.63	0.87	0.98	6.24	3.02	2.10
030410005004	避雷网	1. 名称：避雷网 2. 敷设方式：沿混凝土块敷设 3. 材质：热镀锌圆钢 4. 规格：ϕ16mm 5. 完成本清单项目所需的一切相关工作	m	24.77	9.63	0.87	0.98	8.17	3.02	2.10

续表

项目编码	标准名称	项目特征	计量单位	综合单价	人工费	机械费	材料费		管理费	利润
							辅材费	主材费		
030410005005	避雷网	1. 名称：避雷网 2. 敷设方式：沿混凝土块敷设 3. 材质：热镀锌圆钢 4. 规格：ϕ20mm 5. 完成本清单项目所需的一切相关工作	m	29.43	9.63	0.87	0.98	12.83	3.02	2.10
030410005006	避雷网	1. 名称：避雷网 2. 敷设方式：沿折板支架敷设 3. 材质：热镀锌圆钢 4. 规格：ϕ10mm 5. 完成本清单项目所需的一切相关工作	m	50.58	28.46	1.73	2.39	3.28	8.68	6.04
030410005007	避雷网	1. 名称：避雷网 2. 敷设方式：沿折板支架敷设 3. 材质：热镀锌圆钢 4. 规格：ϕ12mm 5. 完成本清单项目所需的一切相关工作	m	51.87	28.46	1.73	2.39	4.57	8.68	6.04
030410005008	避雷网	1. 名称：避雷网 2. 敷设方式：沿折板支架敷设 3. 材质：热镀锌圆钢 4. 规格：ϕ14mm 5. 完成本清单项目所需的一切相关工作	m	53.54	28.46	1.73	2.39	6.24	8.68	6.04
030410005009	避雷网	1. 名称：避雷网 2. 敷设方式：沿折板支架敷设 3. 材质：热镀锌圆钢 4. 规格：ϕ16mm 5. 完成本清单项目所需的一切相关工作	m	55.47	28.46	1.73	2.39	8.17	8.68	6.04
030410005010	避雷网	1. 名称：避雷网 2. 敷设方式：沿折板支架敷设 3. 材质：热镀锌圆钢 4. 规格：ϕ20mm 5. 完成本清单项目所需的一切相关工作	m	60.13	28.46	1.73	2.39	12.83	8.68	6.04
030410006001	避雷针	1. 名称：避雷针 2. 材质：热镀锌圆钢 3. 规格：ϕ10mm，$H=0.5$m 4. 完成本清单项目所需的一切相关工作	根	203.88	120.38	6.00	14.26	1.64	36.33	25.27

续表

项目编码	标准名称	项目特征	计量单位	综合单价	人工费	机械费	材料费		管理费	利润
							辅材费	主材费		
030410006002	避雷针	1. 名称：避雷针 2. 材质：热镀锌圆钢 3. 规格：ϕ12mm，$H=0.5$m 4. 完成本清单项目所需的一切相关工作	根	204.52	120.38	6.00	14.26	2.28	36.33	25.27
030410006003	避雷针	1. 名称：避雷针 2. 材质：热镀锌圆钢 3. 规格：ϕ14mm，$H=0.5$m 4. 完成本清单项目所需的一切相关工作	根	205.36	120.38	6.00	14.26	3.12	36.33	25.27
030410007001	等电位端子箱	1. 名称：总等电位端子箱 MEB 2. 规格：综合考虑 3. 完成本清单项目所需的一切相关工作	个	181.93	39.76	0.00	2.79	120.00	11.43	7.95
030410007002	等电位端子箱	1. 名称：局部等电位端子箱 LEB 2. 规格：综合考虑 3. 完成本清单项目所需的一切相关工作	个	143.93	39.76	0.00	2.79	82.00	11.43	7.95
030410007003	接地测试板	1. 名称：接地电阻测试板 2. 规格：综合考虑 3. 完成本清单项目所需的一切相关工作	个	125.12	80.64	0.53	4.39	0.00	23.33	16.23
030416027001	接地装置调试	1. 名称：接地装置调试 2. 类别：接地网 3. 完成本清单项目所需的一切相关工作	系统	1863.81	960.50	292.57	0.00	0.00	360.13	250.61

高低压配电系统标准清单库　　表 4.1-3

项目编码	标准名称	项目特征	计量单位	综合单价	人工费	机械费	材料费		管理费	利润
							辅材费	主材费		
030402009001	高压成套配电柜	1. 名称：高压进线柜 2. 电压等级：10kV 3. 规格：550mm × 1350mm × 2300mm 4. 完成本清单项目所需的一切相关工作	台	106500.42	694.97	123.60	31.36	105251.52	235.26	163.71
030402009002	高压成套配电柜	1. 名称：高压计量柜 2. 电压等级：10kV 3. 规格：550mm × 1350mm × 2300mm 4. 完成本清单项目所需的一切相关工作	台	26248.16	694.97	123.60	31.36	24999.26	235.26	163.71

续表

项目编码	标准名称	项目特征	计量单位	综合单价	人工费	机械费	材料费		管理费	利润
							辅材费	主材费		
030402009003	高压成套配电柜	1. 名称：高压馈电柜 2. 电压等级：10kV 3. 规格：550mm × 1350mm × 2300mm 4. 完成本清单项目所需的一切相关工作	台	91617.36	694.97	123.60	31.36	90368.46	235.26	163.71
030404011001	直流操作柜	1. 名称：直流操作柜 2. 型号：20Ah/DC220V 3. 规格：600mm × 600mm × 1600mm 4. 完成本清单项目所需的一切相关工作	台	11414.38	415.52	70.59	35.09	10656.25	139.71	97.22
030404011002	直流操作柜	1. 名称：直流操作柜 2. 型号：30Ah/DC220V 3. 规格：600mm × 600mm × 1600mm 4. 完成本清单项目所需的一切相关工作	台	16414.38	415.52	70.59	35.09	15656.25	139.71	97.22
030401002001	变压器	1. 名称：三相干式节能型变压器 2. 规格型号：SCB13-1250/10.5 3. 容量：1250kVA 4. 完成本清单项目所需的一切相关工作	台	110924.54	1827.25	549.76	153.98	107235.00	683.15	475.40
030113005001	柴油发电机组	1. 名称：柴油发电机组 2. 规格型号：常用功率600kW 3. 包含柴油发电机组成套设备供应及安装、送配电系统安装、供回油系统（包括管道及储油装置）安装、排烟管道安装及隔热处理、发电机房照明、消声、隔声、送排风系统、尾气净化处理（净化器、送排风管安装）、基础型钢制作安装、二次灌浆、单机试运行、补刷（喷）油漆、引下线制作安装、接地、端子箱（汇控箱）安装、辅助设备安装、防护罩安装、保护层安装、专用机具、专用垫铁、特殊垫铁和地脚螺栓安装、支吊架制作安装及自用水系统等相关费用 4. 完成本清单项目所需的一切相关工作	台	332068.81	1259.33	278.39	610.61	329000.00	612.94	307.54
030402010001	低压柜	1. 名称：低压进线柜 2. 规格：800mm × 1000mm × 2200mm 3. 完成本清单项目所需的一切相关工作	台	169968.69	495.06	37.49	39.65	169136.93	153.05	106.51

续表

项目编码	标准名称	项目特征	计量单位	综合单价	人工费	机械费	材料费		管理费	利润
							辅材费	主材费		
030402010002	低压柜	1. 名称：无功自动补偿柜 2. 规格：800mm × 1000mm × 2200mm 3. 完成本清单项目所需的一切相关工作	台	27812.44	495.06	37.49	39.65	26980.68	153.05	106.51
030402010003	低压柜	1. 名称：低压馈电柜 2. 规格：600mm × 1000mm × 2200mm 3. 完成本清单项目所需的一切相关工作	台	85549.83	495.06	37.49	39.65	84718.07	153.05	106.51

4.2 消防工程

4.2.1 工程量计算规则

本节包括火灾自动报警系统、消防水系统及气体灭火系统 3 个工程，共 141 个项目。

1. 火灾自动报警系统

（1）火灾自动报警系统包括火灾报警系统控制主机、火灾报警控制微机（CRT）、消防广播控制器、消防电话总机、模块箱、火灾探测器、手动报警按钮（带电话插孔）、消火栓按钮、消防电话、声光报警器、扬声器、短路隔离器、输入输出模块、输入模块、输出模块、电压信号传感器、剩余电流式电气火灾探测器、防火门监控模块、防火门门磁开关、防火门电磁释放器、压差传感器、双绞线、控制电缆、自动报警系统调试等，共 41 个项目。

（2）火灾报警系统控制主机，按设计图示数量以“台”计算。

（3）火灾报警控制微机（CRT）安装包括火灾报警控制微机、图形显示及打印终端的安装，按设计图示数量以“台”计算。

（4）消防广播控制器、消防电话总机，按设计图示数量以“台”计算。

（5）模块箱，按设计图示数量以“台”计算。

（6）火灾探测器、手动报警按钮（带电话插孔）、消火栓按钮、消防电话、声光报警器、扬声器，按设计图示数量以“个”计算。

（7）短路隔离器、输入输出模块、输入模块、输出模块、防火门监控模块，按设计图示数量以“个”计算。

（8）电压信号传感器、剩余电流式电气火灾探测器、防火门门磁开关、防火门电磁释放器，按设计图示数量以“个”计算。

（9）压差传感器，按设计图示数量以“支”计算。

（10）控制电缆按设计图示单根敷设长度以“m”计算，电缆敷设的附加长度和松弛系数按《广东省安装工程综合定额（2018）》计算。

（11）自动报警系统调试，包括各种探测器、报警按钮、报警控制器组成的报警系统，区分不同点数根据集中报警器台数以“系统”计算，其点数按具有地址编码的器件数量计算。

2. 消防水系统说明

（1）消防水系统包括消防加压设备、消防稳压设备、内外热浸镀锌钢管、蝶阀、明杆闸阀、金属波纹补偿器、遥控信号阀、水流指示器、减压孔板、末端试水装置、水喷淋喷头、湿式报警装置、消防水泵接合器、泡沫比例混合器、泡沫液贮罐、室内消火栓、试验用消火栓、灭火器放置箱、灭火器、水灭火系统控制装置调试等，共86个项目。

（2）消防加压设备、消防稳压设备，按设计图示数量以“台”计算。

（3）内外热浸镀锌钢管，按设计图示管道中心线长度以“m”计算，不扣除阀门、管件及各种组件所占长度。

（4）蝶阀、明杆闸阀、金属波纹补偿器、遥控信号阀，均按照不同连接方式、公称直径，按设计图示数量以“个”计算。

（5）水流指示器，区分不同连接方式和规格按设计图示数量以“个”计算。

（6）减压孔板，区分不同规格按设计图示数量以“个”计算。

（7）末端试水装置，区分不同规格按设计图示数量以“组”计算。

（8）水喷淋喷头，按设计图示数量以“个”计算。

（9）湿式报警装置，区分不同连接方式和规格按设计图示成套产品数量以“组”计算。

（10）消防水泵接合器，区分不同规格按设计图示数量以“套”计算。

（11）泡沫比例混合器、泡沫液贮罐，按设计图示数量以“台”计算。

（12）室内消火栓，区分不同形式，分别按单栓和双栓按设计图示数量以“套”计算。

（13）试验用消火栓，按设计图示数量以“个”计算。

（14）灭火器放置箱，按设计图示数量以“套”计算。

（15）灭火器，按设计图示数量以“个”计算。

（16）水灭火系统控制装置调试：自动喷水系统按水流指示器数量以“点”计算；消火栓系统按消火栓启泵按钮数量以“点”计算。

3. 气体灭火系统说明

（1）气体灭火系统包括气体灭火控制器、无管网七氟丙烷灭火装置、气体灭火系统装置调试等，共14个项目。

（2）气体灭火控制器，按设计图示数量以“台”计算。

（3）无管网七氟丙烷灭火装置区分贮存容器容积的规格（L），按设计图示数量以“套”计算。

（4）气体灭火系统装置调试，按气体灭火系统装置试验容器的瓶头阀以“点”计算。

4.2.2　标准清单

火灾自动报警系统标准清单库，见表 4.2-1，消防水系统标准清单库，见表 4.2-2，气体灭火系统标准清单库，见表 4.2-3。

火灾自动报警系统标准清单库　　表 4.2-1

项目编码	标准名称	项目特征	计量单位	综合单价	人工费	机械费	材料费		管理费	利润
							辅材费	主材费		
030904012001	火灾报警系统控制主机	1. 名称：火灾报警系统控制主机 2. 控制点数量：500 点 3. 安装方式：壁挂 4. 包含主机备用电源和联动控制主机的安装 5. 完成本清单项目所需的一切相关工作	台	6881.35	1514.19	48.97	72.10	4500.00	433.46	312.63
030904012002	火灾报警系统控制主机	1. 名称：火灾报警系统控制主机 2. 控制点数量：1000 点 3. 安装方式：壁挂 4. 包含主机备用电源和联动控制主机的安装 5. 完成本清单项目所需的一切相关工作	台	9617.02	1978.80	55.73	111.40	6500.00	564.18	406.91
030904012003	火灾报警系统控制主机	1. 名称：火灾报警系统控制主机 2. 控制点数量：2000 点 3. 安装方式：落地 4. 包含主机备用电源和联动控制主机的安装 5. 完成本清单项目所需的一切相关工作	台	15697.63	2310.02	80.37	166.30	12000.00	662.86	478.08
030904012004	火灾报警系统控制主机	1. 名称：火灾报警系统控制主机 2. 控制点数量：3200 点 3. 安装方式：落地 4. 包含主机备用电源和联动控制主机的安装 5. 完成本清单项目所需的一切相关工作	台	22746.14	2964.61	73.60	257.79	18000.00	842.50	607.64
030904015001	火灾报警控制微机（CRT）	1. 名称：火灾报警控制微机（CRT） 2. 安装方式：落地 3. 完成本清单项目所需的一切相关工作	台	7796.70	776.66	15.39	126.60	6500.00	219.64	158.41
030904014001	消防广播控制器	1. 名称：消防广播控制器 2. 安装方式：落地 3. 完成本清单项目所需的一切相关工作	台	6216.94	1058.62	28.68	110.67	4500.00	301.51	217.46
030904014002	消防电话总机	1. 名称：消防电话总机 2. 控制分机数量：20 3. 完成本清单项目所需的一切相关工作	台	2183.19	722.33	25.83	77.94	1000.00	207.46	149.63

续表

项目编码	标准名称	项目特征	计量单位	综合单价	人工费	机械费	材料费		管理费	利润
							辅材费	主材费		
030904014003	消防电话总机	1. 名称：消防电话总机 2. 控制分机数量：40 3. 完成本清单项目所需的一切相关工作	台	3741.48	1078.00	25.83	110.79	2000.00	306.09	220.77
030904014004	消防电话总机	1. 名称：消防电话总机 2. 控制分机数量：60 3. 完成本清单项目所需的一切相关工作	台	5110.79	1295.36	36.09	143.84	3000.00	369.21	266.29
030904014005	消防电话总机	1. 名称：消防电话总机 2. 控制分机数量：80 3. 完成本清单项目所需的一切相关工作	台	6114.89	1638.64	46.35	192.76	3432.89	467.25	337.00
030904008001	模块箱	1. 名称：模块箱 2. 包含本体及附件安装、接线、接地等相关费用 3. 完成本清单项目所需的一切相关工作	套	273.35	42.35	9.62	18.58	178.00	14.41	10.39
030904001001	火灾探测器	1. 名称：智能型感烟火灾探测器 2. 规格型号：综合考虑 3. 完成本清单项目所需的一切相关工作	个	100.15	28.14	0.13	4.61	53.78	7.84	5.65
030904001002	火灾探测器	1. 名称：智能型感温火灾探测器 2. 规格型号：综合考虑 3. 完成本清单项目所需的一切相关工作	个	96.10	28.14	0.13	4.61	49.73	7.84	5.65
030904003001	手动报警按钮（带电话插孔）	1. 名称：手动报警按钮（带电话插孔） 2. 型号规格：综合考虑 3. 完成本清单项目所需的一切相关工作	个	117.89	40.92	0.03	6.85	50.54	11.36	8.19
030904003002	消火栓按钮	1. 名称：消火栓按钮 2. 型号规格：综合考虑 3. 完成本清单项目所需的一切相关工作	个	118.35	40.92	0.03	6.85	51.00	11.36	8.19
030904005001	消防电话	1. 名称：消防电话 2. 型号规格：综合考虑 3. 完成本清单项目所需的一切相关工作	个	149.45	10.33	0.03	1.32	132.83	2.87	2.07
030904004001	声光报警器	1. 名称：声光报警器 2. 型号规格：综合考虑 3. 完成本清单项目所需的一切相关工作	个	143.88	58.07	0.00	4.38	53.72	16.10	11.61
030904006001	扬声器	1. 名称：扬声器 2. 型号规格：综合考虑 3. 完成本清单项目所需的一切相关工作	个	65.54	18.59	0.03	4.34	33.70	5.16	3.72

续表

项目编码	标准名称	项目特征	计量单位	综合单价	人工费	机械费	材料费		管理费	利润
							辅材费	主材费		
030904008002	短路隔离器	1. 名称：短路隔离器 2. 型号规格：综合考虑 3. 完成本清单项目所需的一切相关工作	个	189.84	86.76	0.68	7.01	53.65	24.25	17.49
030904008003	输入输出模块	1. 名称：输入输出模块 2. 型号规格：综合考虑 3. 完成本清单项目所需的一切相关工作	个	279.29	114.64	1.35	11.91	96.03	32.16	23.20
030904008004	输入模块	1. 名称：输入模块 2. 型号规格：综合考虑 3. 完成本清单项目所需的一切相关工作	个	189.84	86.76	0.68	7.01	53.65	24.25	17.49
030904008005	输出模块	1. 名称：输出模块 2. 型号规格：综合考虑 3. 完成本清单项目所需的一切相关工作	个	205.83	86.76	0.68	7.01	69.64	24.25	17.49
030904008006	电压信号传感器	1. 名称：电压信号传感器 2. 型号规格：综合考虑 3. 完成本清单项目所需的一切相关工作	个	842.77	42.01	0.00	1.24	778.76	12.36	8.40
030904008007	剩余电流式电气火灾探测器	1. 名称：剩余电流式电气火灾探测器 2. 型号规格：综合考虑 3. 完成本清单项目所需的一切相关工作	个	1648.00	56.51	0.32	6.52	1557.52	15.76	11.37
030904008008	防火门监控模块	1. 名称：防火门监控模块 2. 型号规格：综合考虑 3. 完成本清单项目所需的一切相关工作	个	190.19	86.76	0.68	7.01	54.00	24.25	17.49
030506001001	防火门门磁开关	1. 名称：防火门门磁开关 2. 型号规格：综合考虑 3. 完成本清单项目所需的一切相关工作	个	277.92	25.68	0.17	1.80	237.17	7.93	5.17
030506007001	防火门电磁释放器	1. 名称：防火门电磁释放器 2. 型号规格：综合考虑 3. 完成本清单项目所需的一切相关工作	个	489.06	213.94	1.35	5.41	159.29	66.01	43.06
030503005001	压差传感器	1. 名称：压差传感器 2. 型号规格：综合考虑 3. 完成本清单项目所需的一切相关工作	支	754.74	66.09	0.80	3.96	650.00	20.51	13.38

续表

项目编码	标准名称	项目特征	计量单位	综合单价	人工费	机械费	材料费		管理费	利润
							辅材费	主材费		
030412004033	双绞线	1. 名称：双绞线 2. 规格：ZR-RVS-2 × 1.0 3. 综合考虑各种敷设方式 4. 包含接线端子制作和安装 5. 完成本清单项目所需的一切相关工作	m	3.71	0.86	0.00	0.16	2.27	0.25	0.17
030412004034	双绞线	1. 名称：双绞线 2. 规格：ZR-RVS-2 × 1.5 3. 综合考虑各种敷设方式 4. 包含接线端子制作和安装 5. 完成本清单项目所需的一切相关工作	m	5.33	0.87	0.00	0.16	3.88	0.25	0.17
030412004035	双绞线	1. 名称：双绞线 2. 规格：ZR-RVS-2 × 2.5 3. 综合考虑各种敷设方式 4. 包含接线端子制作和安装 5. 完成本清单项目所需的一切相关工作	m	7.31	0.88	0.00	0.17	5.83	0.25	0.18
030409002001	控制电缆	1. 名称及规格：控制电缆NH-kVV-4 × 1.5 2. 材质：铜芯 3. 敷设方式：综合考虑 4. 完成本清单项目所需的一切相关工作	m	16.99	4.35	0.00	0.72	9.80	1.25	0.87
030409002002	控制电缆	1. 名称及规格：控制电缆NH-kVV-6 × 1.5 2. 材质：铜芯 3. 敷设方式：综合考虑 4. 完成本清单项目所需的一切相关工作	m	20.82	4.35	0.00	0.72	13.63	1.25	0.87
030409002003	控制电缆	1. 名称及规格：控制电缆NH-kVV-8 × 1.5 2. 材质：铜芯 3. 敷设方式：综合考虑 4. 完成本清单项目所需的一切相关工作	m	26.22	4.83	0.14	0.76	18.07	1.43	0.99
030909003001	自动报警系统调试	1. 名称：自动报警系统调试 2. 调试点位：64 点以下 3. 完成本清单项目所需的一切相关工作	系统	2973.49	1816.12	157.30	58.16	0.00	547.23	394.68
030909003002	自动报警系统调试	1. 名称：自动报警系统调试 2. 调试点位：128 点以下 3. 完成本清单项目所需的一切相关工作	系统	4963.24	3049.19	244.01	98.20	0.00	913.20	658.64
030909003003	自动报警系统调试	1. 名称：自动报警系统调试 2. 调试点位：500 点以下 3. 完成本清单项目所需的一切相关工作	系统	13915.46	8862.10	418.56	205.14	0.00	2573.53	1856.13

续表

项目编码	标准名称	项目特征	计量单位	综合单价	人工费	机械费	材料费		管理费	利润
							辅材费	主材费		
030909003004	自动报警系统调试	1. 名称：自动报警系统调试 2. 调试点位：1000 点以下 3. 完成本清单项目所需的一切相关工作	系统	19096.35	11931.56	773.07	327.80	0.00	3522.99	2540.93
030909003005	自动报警系统调试	1. 名称：自动报警系统调试 2. 调试点位：2000 点以下 3. 完成本清单项目所需的一切相关工作	系统	25294.49	15648.72	1093.18	561.68	0.00	4642.53	3348.38
030909003006	自动报警系统调试	1. 名称：自动报警系统调试 2. 调试点位：3000 点以下 3. 完成本清单项目所需的一切相关工作	系统	30026.29	18256.73	1538.35	783.01	0.00	5489.18	3959.02
030909003007	自动报警系统调试	1. 名称：自动报警系统调试 2. 调试点位：5000 点以下 3. 完成本清单项目所需的一切相关工作	系统	38817.71	23472.92	1976.31	1221.56	0.00	7057.07	5089.85

消防水系统标准清单库　　表 4.2-2

项目编码	标准名称	项目特征	计量单位	综合单价	人工费	机械费	材料费		管理费	利润
							辅材费	主材费		
030109001008	消防加压设备	1. 名称：消火栓泵 2. 规格：$Q = 30\text{L/s}$，$H = 115\text{m}$，$N = 110\text{kW}$ 3. 减振装置：4 套减振器 4. 完成本清单项目所需的一切相关工作	台	40204.74	757.77	66.41	152.84	38752.50	310.39	164.83
031005002002	消防稳压设备	1. 名称：稳压泵 2. 水泵主要技术参数：$Q = 4.5\text{L/s}$，$H = 30\text{m}$，$N = 3.0\text{kW}$ 3. 减振装置：4 套减振器 4. 完成本清单项目所需的一切相关工作	台	13792.24	757.77	66.41	152.84	12340.00	310.39	164.83
030901001001	内外热浸镀锌钢管	1. 名称及规格：内外热浸镀锌钢管 DN15mm 2. 连接形式：螺纹连接 3. 管道刷油：刷红丹防锈漆两道，调和漆两道 4. 含管道冲洗、试压等工作 5. 完成本清单项目所需的一切相关工作	m	40.21	18.63	0.51	1.28	10.70	5.26	3.83
030901001002	内外热浸镀锌钢管	1. 名称及规格：内外热浸镀锌钢管 DN20mm 2. 连接形式：螺纹连接 3. 管道刷油：刷红丹防锈漆两道，调和漆两道 4. 含管道冲洗、试压等工作 5. 完成本清单项目所需的一切相关工作	m	43.44	18.78	0.57	1.29	13.63	5.30	3.87

续表

项目编码	标准名称	项目特征	计量单位	综合单价	人工费	机械费	材料费		管理费	利润
							辅材费	主材费		
030901001003	内外热浸镀锌钢管	1. 名称及规格：内外热浸镀锌钢管 DN25mm 2. 连接形式：螺纹连接 3. 管道刷油：刷红丹防锈漆两道，调和漆两道 4. 含管道冲洗、试压等工作 5. 完成本清单项目所需的一切相关工作	m	50.20	18.93	0.65	1.31	20.05	5.35	3.91
030901001004	内外热浸镀锌钢管	1. 名称及规格：内外热浸镀锌钢管 DN32mm 2. 连接形式：螺纹连接 3. 管道刷油：刷红丹防锈漆两道，调和漆两道 4. 含管道冲洗、试压等工作 5. 完成本清单项目所需的一切相关工作	m	58.72	19.83	0.98	1.47	26.61	5.67	4.16
030901001005	内外热浸镀锌钢管	1. 名称及规格：内外热浸镀锌钢管 DN40mm 2. 连接形式：螺纹连接 3. 管道刷油：刷红丹防锈漆两道，调和漆两道 4. 含管道冲洗、试压等工作 5. 完成本清单项目所需的一切相关工作	m	72.81	22.68	1.28	1.88	35.66	6.52	4.79
030901001006	内外热浸镀锌钢管	1. 名称及规格：内外热浸镀锌钢管 DN50mm 2. 连接形式：螺纹连接 3. 管道刷油：刷红丹防锈漆两道，调和漆两道 4. 含管道冲洗、试压等工作 5. 完成本清单项目所需的一切相关工作	m	87.28	23.89	1.38	1.93	48.18	6.85	5.05
030901001007	内外热浸镀锌钢管	1. 名称及规格：内外热浸镀锌钢管 DN65mm 2. 连接形式：螺纹连接 3. 管道刷油：刷红丹防锈漆两道，调和漆两道 4. 含管道冲洗、试压等工作 5. 完成本清单项目所需的一切相关工作	m	106.58	26.83	1.50	2.53	62.39	7.66	5.67
030901001008	内外热浸镀锌钢管	1. 名称及规格：内外热浸镀锌钢管 DN80mm 2. 连接形式：沟槽式连接 3. 管道刷油：刷红丹防锈漆两道，调和漆两道 4. 含管道冲洗、试压等工作 5. 完成本清单项目所需的一切相关工作	m	115.83	27.44	1.64	1.62	71.50	7.82	5.81

续表

项目编码	标准名称	项目特征	计量单位	综合单价	人工费	机械费	材料费		管理费	利润
							辅材费	主材费		
030901001009	内外热浸镀锌钢管	1. 名称及规格：内外热浸镀锌钢管 DN100mm 2. 连接形式：沟槽式连接 3. 管道刷油：刷红丹防锈漆两道，调和漆两道 4. 含管道冲洗、试压等工作 5. 完成本清单项目所需的一切相关工作	m	146.55	34.00	1.95	1.78	91.97	9.66	7.19
030901001010	内外热浸镀锌钢管	1. 名称及规格：内外热浸镀锌钢管 DN150mm 2. 连接形式：沟槽式连接 3. 管道刷油：刷红丹防锈漆两道，调和漆两道 4. 含管道冲洗、试压等工作 5. 完成本清单项目所需的一切相关工作	m	228.65	46.93	2.94	3.10	152.34	13.37	9.97
030901001011	内外热浸镀锌钢管	1. 名称及规格：内外热浸镀锌钢管 DN200mm 2. 连接形式：沟槽式连接 3. 管道刷油：刷红丹防锈漆两道，调和漆两道 4. 含管道冲洗、试压等工作 5. 完成本清单项目所需的一切相关工作	m	425.94	55.91	6.00	3.49	331.61	16.55	12.38
030901001012	内外热浸镀锌钢管	1. 名称及规格：内外热浸镀锌钢管 DN250mm 2. 连接形式：沟槽式连接 3. 管道刷油：刷红丹防锈漆两道，调和漆两道 4. 含管道冲洗、试压等工作 5. 完成本清单项目所需的一切相关工作	m	567.41	65.70	8.10	5.28	453.87	19.70	14.76
030901001013	内外热浸镀锌钢管	1. 名称及规格：内外热浸镀锌钢管 DN300mm 2. 连接形式：沟槽式连接 3. 管道刷油：刷红丹防锈漆两道，调和漆两道 4. 含管道冲洗、试压等工作 5. 完成本清单项目所需的一切相关工作	m	667.85	82.97	8.83	5.60	527.56	24.53	18.36
031002001052	蝶阀	1. 名称及规格：蝶阀 DN32mm 2. 连接形式：法兰连接 3. 完成本清单项目所需的一切相关工作	个	188.80	35.27	9.42	8.78	114.00	12.39	8.94
031002001053	蝶阀	1. 名称及规格：蝶阀 DN40mm 2. 连接形式：法兰连接 3. 完成本清单项目所需的一切相关工作	个	230.23	37.17	9.42	9.41	152.00	12.91	9.32

续表

项目编码	标准名称	项目特征	计量单位	综合单价	人工费	机械费	材料费		管理费	利润
							辅材费	主材费		
031002001054	蝶阀	1. 名称及规格：蝶阀 DN50mm 2. 连接形式：法兰连接 3. 完成本清单项目所需的一切相关工作	个	284.24	41.77	9.56	10.28	198.13	14.23	10.27
031002001055	蝶阀	1. 名称及规格：蝶阀 DN65mm 2. 连接形式：法兰连接 3. 完成本清单项目所需的一切相关工作	个	358.14	62.78	16.86	12.51	227.98	22.08	15.93
031002001056	蝶阀	1. 名称及规格：蝶阀 DN80mm 2. 连接形式：法兰连接 3. 完成本清单项目所需的一切相关工作	个	405.27	71.42	16.86	19.47	255.39	24.47	17.66
031002001057	蝶阀	1. 名称及规格：蝶阀 DN100mm 2. 连接形式：法兰连接 3. 完成本清单项目所需的一切相关工作	个	501.35	88.62	19.80	21.63	319.57	30.05	21.68
031002001058	蝶阀	1. 名称及规格：蝶阀 DN125mm 2. 连接形式：法兰连接 3. 完成本清单项目所需的一切相关工作	个	630.89	113.19	21.18	24.98	407.42	37.25	26.87
031002001059	蝶阀	1. 名称及规格：蝶阀 DN150mm 2. 连接形式：法兰连接 3. 完成本清单项目所需的一切相关工作	个	742.79	124.75	22.61	35.51	489.60	40.85	29.47
031002001060	蝶阀	1. 名称及规格：蝶阀 DN200mm 2. 连接形式：法兰连接 3. 完成本清单项目所需的一切相关工作	个	1097.11	195.13	48.47	55.99	681.27	67.53	48.72
031002001061	明杆闸阀	1. 名称及规格：明杆闸阀 DN50mm 2. 连接形式：法兰连接 3. 完成本清单项目所需的一切相关工作	个	248.64	41.77	9.56	10.28	162.53	14.23	10.27
031002001062	明杆闸阀	1. 名称及规格：明杆闸阀 DN65mm 2. 连接形式：法兰连接 3. 完成本清单项目所需的一切相关工作	个	471.75	62.78	16.86	12.51	341.59	22.08	15.93
031002001063	明杆闸阀	1. 名称及规格：明杆闸阀 DN80mm 2. 连接形式：法兰连接 3. 完成本清单项目所需的一切相关工作	个	591.34	71.42	16.86	19.47	441.46	24.47	17.66

续表

项目编码	标准名称	项目特征	计量单位	综合单价	人工费	机械费	材料费		管理费	利润
							辅材费	主材费		
031002001064	明杆闸阀	1. 名称及规格：明杆闸阀 DN100mm 2. 连接形式：法兰连接 3. 完成本清单项目所需的一切相关工作	个	817.99	88.62	19.80	21.63	636.21	30.05	21.68
031002001065	明杆闸阀	1. 名称及规格：明杆闸阀 DN125mm 2. 连接形式：法兰连接 3. 完成本清单项目所需的一切相关工作	个	1098.17	113.19	21.18	24.98	874.70	37.25	26.87
031002001066	明杆闸阀	1. 名称及规格：明杆闸阀 DN150mm 2. 连接形式：法兰连接 3. 完成本清单项目所需的一切相关工作	个	1688.43	124.75	22.61	35.51	1435.24	40.85	29.47
031002001067	明杆闸阀	1. 名称及规格：明杆闸阀 DN200mm 2. 连接形式：法兰连接 3. 完成本清单项目所需的一切相关工作	个	2468.77	195.13	48.47	55.99	2052.93	67.53	48.72
031002001068	金属波纹补偿器	1. 名称及规格：金属波纹补偿器 DN25mm 2. 连接形式：法兰连接 3. 完成本清单项目所需的一切相关工作	个	163.02	35.27	9.42	8.78	88.22	12.39	8.94
031002001069	金属波纹补偿器	1. 名称及规格：金属波纹补偿器 DN32mm 2. 连接形式：法兰连接 3. 完成本清单项目所需的一切相关工作	个	201.82	35.27	9.42	8.78	127.02	12.39	8.94
031002001070	金属波纹补偿器	1. 名称及规格：金属波纹补偿器 DN40mm 2. 连接形式：法兰连接 3. 完成本清单项目所需的一切相关工作	个	288.01	37.17	9.42	9.41	209.78	12.91	9.32
031002001071	金属波纹补偿器	1. 名称及规格：金属波纹补偿器 DN50mm 2. 连接形式：法兰连接 3. 完成本清单项目所需的一切相关工作	个	352.95	41.77	9.56	10.28	266.84	14.23	10.27
031002001072	金属波纹补偿器	1. 名称及规格：金属波纹补偿器 DN65mm 2. 连接形式：法兰连接 3. 完成本清单项目所需的一切相关工作	个	448.30	62.78	16.86	12.51	318.14	22.08	15.93

续表

项目编码	标准名称	项目特征	计量单位	综合单价	人工费	机械费	材料费		管理费	利润
							辅材费	主材费		
031002001073	金属波纹补偿器	1. 名称及规格：金属波纹补偿器 DN80mm 2. 连接形式：法兰连接 3. 完成本清单项目所需的一切相关工作	个	551.30	71.42	16.86	19.47	401.42	24.47	17.66
031002001074	金属波纹补偿器	1. 名称及规格：金属波纹补偿器 DN100mm 2. 连接形式：法兰连接 3. 完成本清单项目所需的一切相关工作	个	650.76	88.62	19.80	21.63	468.98	30.05	21.68
031002001075	金属波纹补偿器	1. 名称及规格：金属波纹补偿器 DN125mm 2. 连接形式：法兰连接 3. 完成本清单项目所需的一切相关工作	个	924.31	113.19	21.18	24.98	700.84	37.25	26.87
031002001076	金属波纹补偿器	1. 名称及规格：金属波纹补偿器 DN150mm 2. 连接形式：法兰连接 3. 完成本清单项目所需的一切相关工作	个	1085.11	124.75	22.61	35.51	831.92	40.85	29.47
031002001077	金属波纹补偿器	1. 名称及规格：金属波纹补偿器 DN200mm 2. 连接形式：法兰连接 3. 完成本清单项目所需的一切相关工作	个	1558.24	195.13	48.47	55.99	1142.40	67.53	48.72
031002001078	遥控信号阀	1. 名称及规格：遥控信号阀 DN32mm 2. 连接形式：螺纹连接 3. 完成本清单项目所需的一切相关工作	个	204.39	12.37	0.72	3.25	181.80	3.63	2.62
031002001079	遥控信号阀	1. 名称及规格：遥控信号阀 DN40mm 2. 连接形式：螺纹连接 3. 完成本清单项目所需的一切相关工作	个	251.07	22.90	0.85	3.89	212.10	6.58	4.75
031002001080	遥控信号阀	1. 名称及规格：遥控信号阀 DN50mm 2. 连接形式：螺纹连接 3. 完成本清单项目所需的一切相关工作	个	313.70	22.90	1.32	5.23	272.70	6.71	4.84
031002001081	遥控信号阀	1. 名称及规格：遥控信号阀 DN65mm 2. 连接形式：法兰连接 3. 完成本清单项目所需的一切相关工作	个	522.30	62.78	16.86	12.51	392.14	22.08	15.93
031002001082	遥控信号阀	1. 名称及规格：遥控信号阀 DN80mm 2. 连接形式：法兰连接 3. 完成本清单项目所需的一切相关工作	个	607.30	71.42	16.86	19.47	457.42	24.47	17.66

续表

项目编码	标准名称	项目特征	计量单位	综合单价	人工费	机械费	材料费		管理费	利润
							辅材费	主材费		
031002001083	遥控信号阀	1. 名称及规格：遥控信号阀 DN100mm 2. 连接形式：法兰连接 3. 完成本清单项目所需的一切相关工作	个	699.60	88.62	19.80	21.63	517.82	30.05	21.68
031002001084	遥控信号阀	1. 名称及规格：遥控信号阀 DN150mm 2. 连接形式：法兰连接 3. 完成本清单项目所需的一切相关工作	个	948.41	124.75	22.61	35.51	695.22	40.85	29.47
031002001085	遥控信号阀	1. 名称及规格：遥控信号阀 DN200mm 2. 连接形式：法兰连接 3. 完成本清单项目所需的一切相关工作	个	1473.84	195.13	48.47	55.99	1058.00	67.53	48.72
030901006001	水流指示器	1. 名称及规格：水流指示器 DN32mm 2. 连接形式：法兰连接 3. 完成本清单项目所需的一切相关工作	个	199.83	76.01	0.70	13.51	73.00	21.27	15.34
030901006002	水流指示器	1. 名称及规格：水流指示器 DN40mm 2. 连接形式：法兰连接 3. 完成本清单项目所需的一切相关工作	个	213.83	76.01	0.70	13.51	87.00	21.27	15.34
030901006003	水流指示器	1. 名称及规格：水流指示器 DN50mm 2. 连接形式：法兰连接 3. 完成本清单项目所需的一切相关工作	个	237.05	76.01	0.70	13.51	110.22	21.27	15.34
030901006004	水流指示器	1. 名称及规格：水流指示器 DN65mm 2. 连接形式：法兰连接 3. 完成本清单项目所需的一切相关工作	个	343.24	99.15	1.04	26.70	168.53	27.78	20.04
030901006005	水流指示器	1. 名称及规格：水流指示器 DN80mm 2. 连接形式：法兰连接 3. 完成本清单项目所需的一切相关工作	个	354.70	99.15	1.04	26.70	179.99	27.78	20.04
030901006006	水流指示器	1. 名称及规格：水流指示器 DN100mm 2. 连接形式：法兰连接 3. 完成本清单项目所需的一切相关工作	个	402.11	118.89	1.12	27.51	197.31	33.28	24.00

续表

项目编码	标准名称	项目特征	计量单位	综合单价	人工费	机械费	材料费		管理费	利润
							辅材费	主材费		
030901006007	水流指示器	1. 名称及规格：水流指示器DN150mm 2. 连接形式：法兰连接 3. 完成本清单项目所需的一切相关工作	个	559.34	167.80	1.70	53.94	255.00	47.00	33.90
030901006008	水流指示器	1. 名称及规格：水流指示器DN200mm 2. 连接形式：法兰连接 3. 完成本清单项目所需的一切相关工作	个	770.69	222.00	2.19	78.94	360.55	62.17	44.84
030901007001	减压孔板	1. 名称及规格：减压孔板DN100-d62 2. 连接形式：法兰连接 3. 完成本清单项目所需的一切相关工作	个	203.75	29.95	13.94	30.85	108.06	12.17	8.78
030901007002	减压孔板	1. 名称及规格：减压孔板DN150-d70 2. 连接形式：法兰连接 3. 完成本清单项目所需的一切相关工作	个	272.01	34.08	17.15	38.58	157.74	14.21	10.25
030901008001	末端试水装置	1. 名称及规格：末端试水装置DN25mm 2. 组装形式：螺纹连接 3. 包含1个末端试水阀、1个截止阀、1个压力表 4. 完成本清单项目所需的一切相关工作	组	272.77	71.81	1.44	12.88	151.68	20.31	14.65
030901008002	末端试水装置	1. 名称及规格：末端试水装置DN32mm 2. 组装形式：螺纹连接 3. 包含1个末端试水阀、1个截止阀、1个压力表 4. 完成本清单项目所需的一切相关工作	组	334.06	78.55	2.25	14.08	200.61	22.41	16.16
030901003001	水喷淋喷头	1. 名称：直立型68℃玻璃球喷头 2. 规格：DN15mm 3. 完成本清单项目所需的一切相关工作	个	40.30	12.78	0.00	5.32	16.09	3.55	2.56
030901003002	水喷淋喷头	1. 名称：直立型68℃玻璃球喷头 2. 规格：DN20mm 3. 完成本清单项目所需的一切相关工作	个	44.59	13.43	0.00	5.44	19.31	3.72	2.69
030901003003	水喷淋喷头	1. 名称：直立型68℃玻璃球喷头 2. 规格：DN25mm 3. 完成本清单项目所需的一切相关工作	个	63.79	17.48	0.00	5.64	32.32	4.85	3.50

续表

项目编码	标准名称	项目特征	计量单位	综合单价	人工费	机械费	材料费		管理费	利润
							辅材费	主材费		
030901003004	水喷淋喷头	1. 名称：侧式 68℃玻璃球喷头 2. 规格：DN25mm 3. 完成本清单项目所需的一切相关工作	个	75.10	17.48	0.00	5.64	43.63	4.85	3.50
030901003005	水喷淋喷头	1. 名称：侧式 68℃玻璃球喷头 2. 规格：DN32mm 3. 完成本清单项目所需的一切相关工作	个	94.71	22.72	0.00	5.30	55.85	6.30	4.54
030901004001	湿式报警装置	1. 名称及规格：湿式报警阀组 DN50mm 2. 连接形式：法兰连接 3. 包含湿式报警阀本体、延迟器、水力警铃、压力开关、压力表、过滤器、试验阀、排水阀等组件 4. 完成本清单项目所需的一切相关工作	组	1595.47	329.15	25.61	332.55	738.84	98.37	70.95
030901004002	湿式报警装置	1. 名称及规格：湿式报警阀组 DN65mm 2. 连接形式：法兰连接 3. 包含湿式报警阀本体、延迟器、水力警铃、压力开关、压力表、过滤器、试验阀、排水阀等组件 4. 完成本清单项目所需的一切相关工作	组	1698.77	329.15	25.61	332.55	842.14	98.37	70.95
030901004003	湿式报警装置	1. 名称及规格：湿式报警阀组 DN80mm 2. 连接形式：法兰连接 3. 包含湿式报警阀本体、延迟器、水力警铃、压力开关、压力表、过滤器、试验阀、排水阀等组件 4. 完成本清单项目所需的一切相关工作	组	1958.29	423.00	27.81	344.89	947.42	125.01	90.16
030901004004	湿式报警装置	1. 名称及规格：湿式报警阀组 DN100mm 2. 连接形式：法兰连接 3. 包含湿式报警阀本体、延迟器、水力警铃、压力开关、压力表、过滤器、试验阀、排水阀等组件 4. 完成本清单项目所需的一切相关工作	组	2709.15	557.42	31.85	390.74	1447.89	163.40	117.85

续表

项目编码	标准名称	项目特征	计量单位	综合单价	人工费	机械费	材料费		管理费	利润
							辅材费	主材费		
030901004005	湿式报警装置	1. 名称及规格：湿式报警阀组 DN150mm 2. 连接形式：法兰连接 3. 包含湿式报警阀本体、延迟器、水力警铃、压力开关、压力表、过滤器、试验阀、排水阀等组件 4. 完成本清单项目所需的一切相关工作	组	4098.46	749.63	35.33	412.95	2525.89	217.67	156.99
030901004006	湿式报警装置	1. 名称及规格：湿式报警阀组 DN200mm 2. 连接形式：法兰连接 3. 包含湿式报警阀本体、延迟器、水力警铃、压力开关、压力表、过滤器、试验阀、排水阀等组件 4. 完成本清单项目所需的一切相关工作	组	5322.90	942.22	61.01	440.96	3399.86	278.20	200.65
030901012001	消防水泵接合器	1. 名称：消防水泵接合器 2. 型号：SQD80 3. 完成本清单项目所需的一切相关工作	套	701.91	168.43	8.27	30.16	410.71	49.00	35.34
030901012002	消防水泵接合器	1. 名称：消防水泵接合器 2. 型号：SQD100 3. 完成本清单项目所需的一切相关工作	套	876.59	198.70	8.27	35.83	535.01	57.39	41.39
030901012003	消防水泵接合器	1. 名称：消防水泵接合器 2. 型号：SQD150 3. 完成本清单项目所需的一切相关工作	套	1214.78	231.27	12.54	78.83	775.77	67.61	48.76
030901012004	消防水泵接合器	1. 名称：消防水泵接合器 2. 型号：SQD200 3. 完成本清单项目所需的一切相关工作	套	1594.06	285.42	12.54	99.89	1054.00	82.62	59.59
030903002001	泡沫比例混合器	1. 名称：泡沫比例混合器 2. 本体及附件安装 3. 完成本清单项目所需的一切相关工作	台	2567.45	316.08	249.69	178.96	1552.68	156.89	113.15
030903003001	泡沫液贮罐	1. 名称：泡沫液贮罐 2. 质量/容量：有效容积 $3m^3$ 3. 完成本清单项目所需的一切相关工作	台	63318.00	1866.36	260.26	117.39	60058.96	589.71	425.32

续表

项目编码	标准名称	项目特征	计量单位	综合单价	人工费	机械费	材料费		管理费	利润
							辅材费	主材费		
030901010001	室内消火栓	1. 名称：室内消火栓(单口单阀) 2. 箱体规格：650mm × 1800mm × 250mm 3. 消火栓规格：成套减压稳压消火栓 DN65mm 4. 消防箱内配置以下器材：一支ϕ65mm 接口/19mm 喷嘴的直流水枪，配备 25m 长麻质衬胶消防水带；另设消防卷盘一套，包含栓口直径 25mm、内径 19mm 的输水胶带（长度 30m），配套水枪喷嘴口径为 6mm 5. 完成本清单项目所需的一切相关工作	套	1350.86	107.32	0.00	2.32	1190.00	29.76	21.46
030901010002	室内消火栓	1. 名称：室内消火栓(双口双阀) 2. 箱体规格：700mm × 1800mm × 300mm 3. 消火栓规格：成套减压稳压消火栓 DN65mm 4. 消防箱内配置以下器材：一支ϕ65mm 接口/19mm 喷嘴的直流水枪，配备 25m 长麻质衬胶消防水带；另设消防卷盘一套，包含栓口直径 25mm、内径 19mm 的输水胶带（长度 30m），配套水枪喷嘴口径为 6mm 5. 完成本清单项目所需的一切相关工作	套	1494.90	136.96	0.00	2.57	1290.00	37.98	27.39
030901010003	试验消火栓	1. 名称：试验消火栓 2. 规格：DN65mm 3. 完成本清单项目所需的一切相关工作	个	176.24	25.61	0.00	1.24	137.17	7.10	5.12
030910001001	灭火器放置箱	1. 名称：灭火器放置箱 2. 箱内配备 2 具 5kg 手提式水基型灭火器，并配有 3 套防烟面具 3. 完成本清单项目所需的一切相关工作	套	428.80	29.14	0.00	0.75	385.00	8.08	5.83
030910001002	灭火器	1. 名称：手提式水基型灭火器 2. 规格：5kg 3. 完成本清单项目所需的一切相关工作	具	82.39	2.64	0.00	0.05	78.44	0.73	0.53

续表

项目编码	标准名称	项目特征	计量单位	综合单价	人工费	机械费	材料费		管理费	利润
							辅材费	主材费		
030910001003	灭火器	1. 名称：手提式干粉磷酸铵盐灭火器 2. 规格：MF/ABC5 3. 完成本清单项目所需的一切相关工作	具	98.84	2.64	0.00	0.05	94.89	0.73	0.53
030909001001	水灭火系统控制装置调试	1. 名称：自动喷水系统调试 2. 完成本清单项目所需的一切相关工作	点	382.48	241.44	11.79	8.38	0.00	70.22	50.65
030909001002	水灭火系统控制装置调试	1. 名称：消防栓系统调试 2. 完成本清单项目所需的一切相关工作	点	249.85	162.16	4.35	3.87	0.00	46.17	33.30

气体灭火系统标准清单库　　表 4.2-3

项目编码	标准名称	项目特征	计量单位	综合单价	人工费	机械费	材料费		管理费	利润
							辅材费	主材费		
030904009001	气体灭火控制器	1. 名称：气体灭火控制器 2. 型号：TX3042B 3. 包含主体及配件安装、接线、接地、调试等相关费用 4. 完成本清单项目所需的一切相关工作	台	6037.43	1660.77	20.08	54.31	3500.00	466.10	336.17
030902010001	无管网七氟丙烷灭火装置	1. 名称：无管网七氟丙烷灭火装置 2. 介质：七氟丙烷 3. 规格：40L（含药剂） 4. 完成本清单项目所需的一切相关工作	套	10649.58	249.74	0.88	15.34	10264.00	69.50	50.12
030902010002	无管网七氟丙烷灭火装置	1. 名称：无管网七氟丙烷灭火装置 2. 介质：七氟丙烷 3. 规格：70L（含药剂） 4. 完成本清单项目所需的一切相关工作	套	15031.32	540.62	0.88	19.36	14212.00	150.16	108.30
030902010003	无管网七氟丙烷灭火装置	1. 名称：无管网七氟丙烷灭火装置 2. 介质：七氟丙烷 3. 规格：90L（含药剂） 4. 完成本清单项目所需的一切相关工作	套	18071.36	816.83	0.88	19.36	16844.00	226.75	163.54
030902010004	无管网七氟丙烷灭火装置	1. 名称：无管网七氟丙烷灭火装置 2. 介质：七氟丙烷 3. 规格：100L（含药剂） 4. 完成本清单项目所需的一切相关工作	套	19511.49	900.85	0.88	19.36	18160.00	250.05	180.35

续表

项目编码	标准名称	项目特征	计量单位	综合单价	人工费	机械费	材料费		管理费	利润
							辅材费	主材费		
030902010005	无管网七氟丙烷灭火装置	1. 名称：无管网七氟丙烷灭火装置 2. 介质：七氟丙烷 3. 规格：120L（含药剂） 4. 完成本清单项目所需的一切相关工作	套	22143.49	900.85	0.88	19.36	20792.00	250.05	180.35
030902010006	无管网七氟丙烷灭火装置	1. 名称：无管网七氟丙烷灭火装置 2. 介质：七氟丙烷 3. 规格：150L（含药剂） 4. 完成本清单项目所需的一切相关工作	套	26091.49	900.85	0.88	19.36	24740.00	250.05	180.35
030902010007	无管网七氟丙烷灭火装置	1. 名称：无管网七氟丙烷灭火装置 2. 介质：七氟丙烷 3. 规格：240L（含药剂） 4. 完成本清单项目所需的一切相关工作	套	38830.90	1501.54	0.88	27.38	36584.00	416.62	300.48
030909002001	气体灭火系统装置调试	1. 名称：气体灭火系统装置调试 2. 容积：4L 以内 3. 完成本清单项目所需的一切相关工作	点	258.83	113.96	11.92	46.86	26.00	34.91	25.18
030909002002	气体灭火系统装置调试	1. 名称：气体灭火系统装置调试 2. 容积：40L 以内 3. 完成本清单项目所需的一切相关工作	点	964.80	228.49	11.92	593.52	16.12	66.67	48.08
030909002003	气体灭火系统装置调试	1. 名称：气体灭火系统装置调试 2. 容积：70L 以内 3. 完成本清单项目所需的一切相关工作	点	1382.33	342.45	11.92	842.70	16.12	98.27	70.87
030909002004	气体灭火系统装置调试	1. 名称：气体灭火系统装置调试 2. 容积：90L 以内 3. 完成本清单项目所需的一切相关工作	点	1692.01	456.75	11.92	983.53	16.12	129.96	93.73
030909002005	气体灭火系统装置调试	1. 名称：气体灭火系统装置调试 2. 容积：155L 以内 3. 完成本清单项目所需的一切相关工作	点	2261.95	627.86	11.92	1300.68	16.12	177.41	127.96
030909002006	气体灭火系统装置调试	1. 名称：气体灭火系统装置调试 2. 容积：270L 以内 3. 完成本清单项目所需的一切相关工作	点	3234.38	913.16	11.92	1851.64	16.12	256.52	185.02

4.3 通风空调工程

4.3.1 工程量计算规则

本节包括整体式空调机组、分体式空调器、风机盘管、轴流式通风机、离心式通风机、空气风幕机、排气扇、碳钢通风管道、复合型风管、风管套管、柔性接口、成品消声器、成品静压箱、风管止回阀、调节阀、风管防火阀、百叶风口、旋转吹风口、方形散流器、通风管道绝热、风管防火板、风管漏光试验、风管漏风试验、冷冻水泵、冷却水泵、螺杆式冷水机组、玻璃钢冷却塔、蒸汽分汽缸、无缝钢管、空调镀锌钢管、金属波纹管、水处理器安装、过滤器框架、空调系统铜管、硬质保温管壳、按键面板、传感器、超声波流量计、电动二通调节阀、电动蝶阀、人防过滤吸收器、人防手动密闭阀、人防自动排气阀、测压装置、冷媒分配器等，共255个项目。

（1）整体式空调机组、分体式空调器、风机盘管，按设计图纸数量以“台”计算。分体空调均不包铜管安装。

（2）轴流式通风机、离心式通风机、空气风幕机、排气扇，按设计图示数量以“台”计算。风机安装包括电动机安装及电机试运转。

（3）碳钢通风管道、复合型风管，按设计图示展开面积以“m^2”计算，不扣除检查孔、测定孔、送风口、吸风口等所占面积。碳钢通风管道、复合型风管的制作安装中已包括法兰、加固框和吊托支架，不得另行计算。

（4）风管套管、柔性接口，按设计图示尺寸展开面积以“m^2”计算。

（5）成品消声器、成品静压箱，按设计图示数量以“个”计算。

（6）风管止回阀、调节阀、风管防火阀，按设计图示数量以“个”计算。

（7）百叶风口、旋转吹风口、方形散流器，按设计图示数量以“个”计算。

（8）通风管道绝热，按设计图示尺寸以“m^3”计算。

（9）风管防火板，按设计图示尺寸表面积以“m^2”计算。

（10）风管漏光试验、风管漏风试验，按试验风管的展开面积以“m^2”计算。

（11）冷冻水泵、冷却水泵、螺杆式冷水机组，按设计图示数量以“台”计算。

（12）玻璃钢冷却塔、蒸汽分汽缸，按设计图示数量以“台”计算。

（13）无缝钢管、空调镀锌钢管，按设计图示管道中心线长度以“m”计算，不扣除阀门、管件（包括减压器、疏水器、水表、伸缩器等组成安装）所占长度。

（14）金属波纹管，按设计图示数量以“个”计算。

（15）水处理器安装，按设计图示数量以“台”计算。

（16）过滤器框架，按设计图示尺寸以“kg”计算。

（17）空调系统铜管，按设计图示管道中心线长度以“m”计算，不扣除管件所占的长度。

（18）硬质保温管壳，按图示表面积以“m^2”计算。

（19）按键面板，按设计图示数量以“个”计算。

（20）传感器，按设计图示数量以“支”计算。

（21）超声波流量计、电动二通调节阀、电动蝶阀，按设计图示数量以“个”计算。

（22）人防过滤吸收器、人防手动密闭阀、人防自动排气阀，按设计图示数量以“个”计算。

（23）测压装置，按设计图示数量以“套”计算。

（24）冷媒分配器，按设计图示数量以“个”计算。

（25）空调系统调试费，按空调通风系统（包括设备、风管系统及防腐绝热）项目人工费的 7%计算。工作内容包括通风管道风量测定、温度测定、各系统风口阀门调整。

4.3.2　标准清单

通风空调工程标准清单库，见表 4.3-1。

通风空调工程标准清单库　　表 4.3-1

项目编码	标准名称	项目特征	计量单位	综合单价	人工费	机械费	材料费		管理费	利润
							辅材费	主材费		
030701003001	整体式空调机组	1. 名称：整体式空调机组（吊装） 2. 制冷量 CL：30kW 3. 包括控制箱、控制箱至设备的控制回路、初、中效过滤器、滤网、电机的检查接线、基础、隔振器、保温、调试及其他一切所需配件及附件的供应与安装 4. 完成本清单项目所需的一切相关工作	台	39107.49	400.85	22.36	15.96	38466.36	117.33	84.63
030701003002	整体式空调机组	1. 名称：整体式空调机组（吊装） 2. 制冷量 CL：55kW 3. 包括控制箱、控制箱至设备的控制回路、初、中效过滤器、滤网、电机的检查接线、基础、隔振器、保温、调试及其他一切所需配件及附件的供应与安装 4. 完成本清单项目所需的一切相关工作	台	70467.69	475.45	22.36	15.96	69716.36	138.01	99.55
030701003003	整体式空调机组	1. 名称：整体式空调机组（吊装） 2. 制冷量 CL：80kW 3. 包括控制箱、控制箱至设备的控制回路、初、中效过滤器、滤网、电机的检查接线、基础、隔振器、保温、调试及其他一切所需配件及附件的供应与安装 4. 完成本清单项目所需的一切相关工作	台	101989.44	575.99	103.00	20.07	100966.36	188.23	135.79

续表

项目编码	标准名称	项目特征	计量单位	综合单价	人工费	机械费	材料费		管理费	利润
							辅材费	主材费		
030701003004	整体式空调机组	1. 名称：整体式空调机组（吊装） 2. 制冷量 CL：110kW 3. 包括控制箱、控制箱至设备的控制回路、初、中效过滤器、滤网、电机的检查接线、基础、隔振器、保温、调试及其他一切所需配件及附件的供应与安装 4. 完成本清单项目所需的一切相关工作	台	139774.64	737.07	134.99	20.07	138466.36	241.75	174.40
030701003005	整体式空调机组	1. 名称：整体式空调机组（吊装） 2. 制冷量 CL：150kW 3. 包括控制箱、控制箱至设备的控制回路、初、中效过滤器、滤网、电机的检查接线、基础、隔振器、保温、调试及其他一切所需配件及附件的供应与安装 4. 完成本清单项目所需的一切相关工作	台	190046.06	901.99	153.81	20.07	188466.36	292.68	211.15
030701003006	整体式空调机组	1. 名称：整体式空调机组（吊装） 2. 制冷量 CL：180kW 3. 包括控制箱、控制箱至设备的控制回路、初、中效过滤器、滤网、电机的检查接线、基础、隔振器、保温、调试及其他一切所需配件及附件的供应与安装 4. 完成本清单项目所需的一切相关工作	台	228749.67	1816.83	53.76	20.07	225966.36	518.54	374.11
030701003007	整体式空调机组	1. 名称：整体式空调机组（落地式） 2. 制冷量 CL：200kW 3. 包括控制箱、控制箱至设备的控制回路、初、中效过滤器、滤网、电机的检查接线、基础、隔振器、保温、调试及其他一切所需配件及附件的供应与安装 4. 完成本清单项目所需的一切相关工作	台	253749.67	1816.83	53.76	20.07	250966.36	518.54	374.11
030701003008	整体式空调机组	1. 名称：整体式空调机组（落地式） 2. 制冷量 CL：350kW 3. 包括控制箱、控制箱至设备的控制回路、初、中效过滤器、滤网、电机的检查接线、基础、隔振器、保温、调试及其他一切所需配件及附件的供应与安装 4. 完成本清单项目所需的一切相关工作	台	442007.67	2316.52	67.20	20.07	438466.36	660.78	476.74

续表

项目编码	标准名称	项目特征	计量单位	综合单价	人工费	机械费	材料费		管理费	利润
							辅材费	主材费		
030701003009	整体式空调机组	1. 名称：整体式空调机组（落地式） 2. 制冷量 CL：500kW 3. 包括控制箱、控制箱至设备的控制回路、初、中效过滤器、滤网、电机的检查接线、基础、隔振器、保温、调试及其他一切所需配件及附件的供应与安装 4. 完成本清单项目所需的一切相关工作	台	630167.39	2749.68	80.64	20.07	625966.36	784.58	566.06
030701003010	分体式空调器	1. 名称：分体式室内空调器（吊顶式） 2. 制冷量 CL：5kW 3. 完成本清单项目所需的一切相关工作	台	3512.50	168.29	25.78	10.82	3215.00	53.80	38.81
030701003011	分体式空调器	1. 名称：分体式室内空调器（吊顶式） 2. 制冷量 CL：10kW 3. 完成本清单项目所需的一切相关工作	台	6768.85	196.28	25.78	10.82	6430.00	61.56	44.41
030701003012	分体式空调器	1. 名称：分体式室内空调器（挂墙式） 2. 制冷量 CL：3kW 3. 完成本清单项目所需的一切相关工作	台	2084.97	98.26	0.00	10.82	1929.00	27.24	19.65
030701003013	分体式空调器	1. 名称：分体式室内空调器（挂墙式） 2. 制冷量 CL：8kW 3. 完成本清单项目所需的一切相关工作	台	5386.14	130.81	25.78	10.82	5144.00	43.41	31.32
030701003014	分体式空调器	1. 名称：分体式室外空调器 2. 制冷量 CL：8kW 3. 完成本清单项目所需的一切相关工作	台	11102.61	319.05	25.78	26.86	10566.36	95.60	68.96
030701003015	分体式空调器	1. 名称：分体式室外空调器 2. 制冷量 CL：15kW 3. 完成本清单项目所需的一切相关工作	台	19672.68	432.08	27.88	26.86	18966.36	127.52	91.98
030701003016	分体式空调器	1. 名称：分体式室外空调器 2. 制冷量 CL：50kW 3. 完成本清单项目所需的一切相关工作	台	61971.68	629.92	27.88	33.61	60966.36	182.36	131.55
030701003017	分体式空调器	1. 名称：分体式室外空调器 2. 制冷量 CL：90kW 3. 完成本清单项目所需的一切相关工作	台	110339.19	870.16	27.88	46.24	108966.36	248.95	179.60
030701003018	分体式空调器	1. 名称：分体式室外空调器 2. 制冷量 CL：140kW 3. 完成本清单项目所需的一切相关工作	台	172003.74	1692.62	48.97	464.70	168966.36	482.78	348.31

续表

项目编码	标准名称	项目特征	计量单位	综合单价	人工费	机械费	材料费		管理费	利润
							辅材费	主材费		
030701003019	分体式空调器	1. 名称：分体式室外空调器 2. 制冷量 CL：200kW 3. 完成本清单项目所需的一切相关工作	台	244635.89	2033.52	57.26	581.02	240966.36	579.58	418.15
030701004001	风机盘管	1. 名称：风机盘管 2. 风量：$Q = 1100m^3/h$ 3. 完成本清单项目所需的一切相关工作	台	2455.25	168.29	0.00	6.65	2200.00	46.65	33.66
030701004002	风机盘管	1. 名称：风机盘管 2. 风量：$Q = 2500m^3/h$ 3. 完成本清单项目所需的一切相关工作	台	5296.60	196.28	0.00	6.65	5000.00	54.41	39.26
030108001001	轴流式通风机	1. 名称：轴流式通风机 2. 风量：$Q = 8900m^3/h$ 3. 含减振器安装、接口制作安装、电机检查接线等工作 4. 完成本清单项目所需的一切相关工作	台	4101.23	289.50	0.00	7.22	3666.36	80.26	57.89
030108001002	轴流式通风机	1. 名称：轴流式通风机 2. 风量：$Q = 25000m^3/h$ 3. 含减振器安装、接口制作安装、电机检查接线等工作 4. 完成本清单项目所需的一切相关工作	台	9032.00	352.08	25.78	7.46	8466.36	104.76	75.56
030108001003	轴流式通风机	1. 名称：轴流式通风机 2. 风量：$Q = 63000m^3/h$ 3. 含减振器安装、接口制作安装、电机检查接线等工作 4. 完成本清单项目所需的一切相关工作	台	21118.09	810.82	25.78	15.90	19866.36	231.92	167.31
030108001004	轴流式通风机	1. 名称：轴流式通风机 2. 风量：$Q = 140000m^3/h$ 3. 含减振器安装、接口制作安装、电机检查接线等工作 4. 完成本清单项目所需的一切相关工作	台	45397.97	1586.08	38.11	32.35	42966.36	450.24	324.83
030108001005	离心式通风机	1. 名称：离心式通风机 2. 风量：$Q = 4500m^3/h$ 3. 含减振器安装、接口制作安装、电机检查接线等工作 4. 完成本清单项目所需的一切相关工作	台	5367.96	228.96	0.00	13.38	5016.36	63.48	45.78
030108001006	离心式通风机	1. 名称：离心式通风机 2. 风量：$Q = 7000m^3/h$ 3. 含减振器安装、接口制作安装、电机检查接线等工作 4. 完成本清单项目所需的一切相关工作	台	7973.46	465.12	0.00	20.01	7266.36	128.95	93.02

续表

项目编码	标准名称	项目特征	计量单位	综合单价	人工费	机械费	材料费		管理费	利润
							辅材费	主材费		
030108001007	离心式通风机	1. 名称：离心式通风机 2. 风量：$Q=19300m^3/h$ 3. 含减振器安装、接口制作安装、电机检查接线等工作 4. 完成本清单项目所需的一切相关工作	台	13077.15	845.30	25.78	24.02	11766.36	241.48	174.21
030108001008	离心式通风机	1. 名称：离心式通风机 2. 风量：$Q=62000m^3/h$ 3. 含减振器安装、接口制作安装、电机检查接线等工作 4. 完成本清单项目所需的一切相关工作	台	59252.23	1605.65	25.78	75.91	56766.36	452.25	326.28
030108001009	离心式通风机	1. 名称：离心式通风机 2. 风量：$Q=123000m^3/h$ 3. 含减振器安装、接口制作安装、电机检查接线等工作 4. 完成本清单项目所需的一切相关工作	台	115802.62	2693.82	38.11	100.64	111666.36	757.31	546.38
030701004003	空气幕风机	1. 名称：空气幕风机 2. 风量：$Q=3050m^3/h$ 3. 含电机检查接线等工作 4. 完成本清单项目所需的一切相关工作	台	1714.71	130.81	25.78	10.82	1472.57	43.41	31.32
030108001010	排气扇	1. 名称：排气扇 2. 风量：$Q=250m^3/h$ 3. 含检查接线等工作 4. 完成本清单项目所需的一切相关工作	台	238.61	63.99	0.00	1.84	141.59	18.39	12.80
030702001001	碳钢通风管道	1. 名称：装配式镀锌薄钢板矩形风管 2. 厚度：0.75mm 3. 长边长：≤320mm 4. 含风管、管件、软接头、法兰、零配件、弯头导流叶片、风管检查孔、温度风量测定孔、风帽等制作安装 5. 完成本清单项目所需的一切相关工作	m^2	94.97	38.33	0.52	2.25	35.33	10.77	7.77
030702001002	碳钢通风管道	1. 名称：装配式镀锌薄钢板矩形风管 2. 厚度：1mm 3. 长边长：≤450mm 4. 含风管、管件、软接头、法兰、零配件、弯头导流叶片、风管检查孔、温度风量测定孔、风帽等制作安装 5. 完成本清单项目所需的一切相关工作	m^2	91.97	27.90	0.52	2.89	47.10	7.88	5.68

续表

项目编码	标准名称	项目特征	计量单位	综合单价	人工费	机械费	材料费		管理费	利润
							辅材费	主材费		
030702001003	碳钢通风管道	1. 名称：装配式镀锌薄钢板矩形风管 2. 厚度：1.2mm 3. 长边长：≤1000mm 4. 含风管、管件、软接头、法兰、零配件、弯头导流叶片、风管检查孔、温度风量测定孔、风帽等制作安装 5. 完成本清单项目所需的一切相关工作	m^2	89.80	20.97	0.52	1.53	56.52	5.96	4.30
030702001004	碳钢通风管道	1. 名称：装配式镀锌薄钢板矩形风管 2. 厚度：1.2mm 3. 长边长：≤1250mm 4. 含风管、管件、软接头、法兰、零配件、弯头导流叶片、风管检查孔、温度风量测定孔、风帽等制作安装 5. 完成本清单项目所需的一切相关工作	m^2	96.24	25.47	0.52	1.33	56.52	7.20	5.20
030702001005	碳钢通风管道	1. 名称：装配式镀锌薄钢板矩形风管 2. 厚度：1.2mm 3. 长边长：≤2000mm 4. 含风管、管件、软接头、法兰、零配件、弯头导流叶片、风管检查孔、温度风量测定孔、风帽等制作安装 5. 完成本清单项目所需的一切相关工作	m^2	100.91	28.89	0.52	0.95	56.52	8.15	5.88
030702001006	碳钢通风管道	1. 名称：装配式镀锌薄钢板矩形风管 2. 厚度：1.2mm 3. 长边长：≤4000mm 4. 含风管、管件、软接头、法兰、零配件、弯头导流叶片、风管检查孔、温度风量测定孔、风帽等制作安装 5. 完成本清单项目所需的一切相关工作	m^2	103.04	30.33	0.52	0.95	56.52	8.55	6.17
030702007001	复合型风管	1. 名称：双面铝箔复合型矩形风管 2. 厚度：综合考虑 3. 长边长：≤630mm 4. 含风管、管件、软接头、法兰、零配件、弯头导流叶片、风管检查孔、温度风量测定孔、风帽等制作安装 5. 完成本清单项目所需的一切相关工作	m^2	266.35	22.33	1.11	34.92	196.80	6.50	4.69

续表

项目编码	标准名称	项目特征	计量单位	综合单价	人工费	机械费	材料费		管理费	利润
							辅材费	主材费		
030702007002	复合型风管	1. 名称：双面铝箔复合型矩形风管 2. 厚度：综合考虑 3. 长边长：≤ 1000mm 4. 含风管、管件、软接头、法兰、零配件、弯头导流叶片、风管检查孔、温度风量测定孔、风帽等制作安装 5. 完成本清单项目所需的一切相关工作	m^2	261.77	20.69	1.16	32.69	196.80	6.06	4.37
030702007003	复合型风管	1. 名称：双面铝箔复合型矩形风管 2. 厚度：综合考虑 3. 长边长：≤ 2000mm 4. 含风管、管件、软接头、法兰、零配件、弯头导流叶片、风管检查孔、温度风量测定孔、风帽等制作安装 5. 完成本清单项目所需的一切相关工作	m^2	257.54	19.08	1.09	30.95	196.80	5.59	4.03
031301003026	风管套管	1. 名称：风管套管制作安装 2. 套管与孔洞之间填充及修补 3. 完成本清单项目所需的一切相关工作	m^2	209.00	45.55	17.92	13.87	101.38	17.59	12.69
030703019001	柔性接口	1. 名称：柔性接口及伸缩节制作安装 2. 完成本清单项目所需的一切相关工作	m^2	1106.42	608.41	69.77	104.61	0.00	187.99	135.64
030703020001	成品消声器	1. 名称：成品消声器 2. 长度：1000mm 以内 3. 周长：2000mm 以内 4. 完成本清单项目所需的一切相关工作	个	868.60	46.49	61.64	8.87	700.00	29.97	21.63
030703020002	成品消声器	1. 名称：成品消声器 2. 长度：1000mm 以内 3. 周长：2500mm 以内 4. 完成本清单项目所需的一切相关工作	个	1094.23	79.40	61.64	10.88	875.00	39.10	28.21
030703020003	成品消声器	1. 名称：成品消声器 2. 长度：1000mm 以内 3. 周长：3000mm 以内 4. 完成本清单项目所需的一切相关工作	个	1329.76	101.50	79.01	13.11	1050.00	50.04	36.10
030703020004	成品消声器	1. 名称：成品消声器 2. 长度：1000mm 以内 3. 周长：3600mm 以内 4. 完成本清单项目所需的一切相关工作	个	1610.25	147.87	79.01	15.10	1260.00	62.89	45.38

续表

项目编码	标准名称	项目特征	计量单位	综合单价	人工费	机械费	材料费		管理费	利润
							辅材费	主材费		
030703020005	成品消声器	1. 名称：成品消声器 2. 长度：1000mm 以内 3. 周长：4500mm 以内 4. 完成本清单项目所需的一切相关工作	个	2011.23	203.12	79.87	18.20	1575.00	78.44	56.60
030703020006	成品消声器	1. 名称：成品消声器 2. 长度：1000mm 以内 3. 周长：5200mm 以内 4. 完成本清单项目所需的一切相关工作	个	2364.93	274.71	79.87	21.14	1820.00	98.29	70.92
030703020007	成品消声器	1. 名称：成品消声器 2. 长度：1000mm 以内 3. 周长：6500mm 以内 4. 完成本清单项目所需的一切相关工作	个	2936.12	349.67	79.87	26.60	2275.00	119.07	85.91
030703020008	成品消声器	1. 名称：成品消声器 2. 长度：2000mm 以内 3. 周长：2000mm 以内 4. 完成本清单项目所需的一切相关工作	个	1642.58	70.51	87.70	8.87	1400.00	43.86	31.64
030703020009	成品消声器	1. 名称：成品消声器 2. 长度：2000mm 以内 3. 周长：2500mm 以内 4. 完成本清单项目所需的一切相关工作	个	2068.41	120.48	87.70	10.88	1750.00	57.71	41.64
030703020010	成品消声器	1. 名称：成品消声器 2. 长度：2000mm 以内 3. 周长：3000mm 以内 4. 完成本清单项目所需的一切相关工作	个	2468.01	152.55	87.70	13.11	2100.00	66.60	48.05
030703020011	成品消声器	1. 名称：成品消声器 2. 长度：2000mm 以内 3. 周长：3600mm 以内 4. 完成本清单项目所需的一切相关工作	个	2969.68	206.49	87.70	15.10	2520.00	81.55	58.84
030703020012	成品消声器	1. 名称：成品消声器 2. 长度：2000mm 以内 3. 周长：4500mm 以内 4. 完成本清单项目所需的一切相关工作	个	3763.08	305.47	97.24	18.20	3150.00	111.63	80.54
030703020013	成品消声器	1. 名称：成品消声器 2. 长度：2000mm 以内 3. 周长：5200mm 以内 4. 完成本清单项目所需的一切相关工作	个	4411.99	411.05	97.24	21.14	3640.00	140.90	101.66
030703020014	成品消声器	1. 名称：成品消声器 2. 长度：2000mm 以内 3. 周长：6500mm 以内 4. 完成本清单项目所需的一切相关工作	个	5503.32	524.32	103.03	26.60	4550.00	173.90	125.47

续表

项目编码	标准名称	项目特征	计量单位	综合单价	人工费	机械费	材料费		管理费	利润
							辅材费	主材费		
030703020015	成品消声器	1. 名称：成品消声器 2. 长度：4000mm 以内 3. 周长：2000mm 以内 4. 完成本清单项目所需的一切相关工作	个	3062.92	92.97	79.01	8.87	2800.00	47.67	34.40
030703020016	成品消声器	1. 名称：成品消声器 2. 长度：4000mm 以内 3. 周长：2500mm 以内 4. 完成本清单项目所需的一切相关工作	个	3863.94	160.00	79.01	10.88	3500.00	66.25	47.80
030703020017	成品消声器	1. 名称：成品消声器 2. 长度：4000mm 以内 3. 周长：3000mm 以内 4. 完成本清单项目所需的一切相关工作	个	4642.71	203.12	87.70	13.11	4200.00	80.62	58.16
030703020018	成品消声器	1. 名称：成品消声器 2. 长度：4000mm 以内 3. 周长：3600mm 以内 4. 完成本清单项目所需的一切相关工作	个	5592.06	275.80	87.70	15.10	5040.00	100.76	72.70
030703020019	成品消声器	1. 名称：成品消声器 2. 长度：4000mm 以内 3. 周长：4500mm 以内 4. 完成本清单项目所需的一切相关工作	个	7070.69	406.37	103.03	18.20	6300.00	141.21	101.88
030703020020	成品消声器	1. 名称：成品消声器 2. 长度：4000mm 以内 3. 周长：5200mm 以内 4. 完成本清单项目所需的一切相关工作	个	8284.73	548.35	117.50	21.14	7280.00	184.57	133.17
030703020021	成品消声器	1. 名称：成品消声器 2. 长度：4000mm 以内 3. 周长：6500mm 以内 4. 完成本清单项目所需的一切相关工作	个	10333.05	699.22	117.50	26.60	9100.00	226.39	163.34
030703021001	成品静压箱	1. 名称：成品静压箱 2. 体积：$1m^3$ 以内 3. 完成本清单项目所需的一切相关工作	个	2203.03	63.18	0.00	9.70	2100.00	17.51	12.64
030703021002	成品静压箱	1. 名称：成品静压箱 2. 体积：$2m^3$ 以内 3. 完成本清单项目所需的一切相关工作	个	2816.81	105.23	0.00	15.53	2645.83	29.17	21.05
030703021003	成品静压箱	1. 名称：成品静压箱 2. 体积：$4m^3$ 以内 3. 完成本清单项目所需的一切相关工作	个	3657.29	147.27	57.90	20.68	3333.54	56.87	41.03

续表

项目编码	标准名称	项目特征	计量单位	综合单价	人工费	机械费	材料费		管理费	利润
							辅材费	主材费		
030703021004	成品静压箱	1. 名称：成品静压箱 2. 体积：6m³以内 3. 完成本清单项目所需的一切相关工作	个	4396.23	287.21	86.85	27.72	3815.95	103.69	74.81
030703021005	成品静压箱	1. 名称：成品静压箱 2. 体积：10m³以内 3. 完成本清单项目所需的一切相关工作	个	5409.02	431.23	144.75	33.87	4524.31	159.66	115.20
030703001001	风管止回阀	1. 名称：风管止回阀 2. 周长：800mm以内 3. 材质：碳钢 4. 完成本清单项目所需的一切相关工作	个	134.74	23.30	0.19	2.04	98.00	6.51	4.70
030703001002	风管止回阀	1. 名称：风管止回阀 2. 周长：1200mm以内 3. 材质：碳钢 4. 完成本清单项目所需的一切相关工作	个	218.46	26.19	3.16	2.22	172.88	8.14	5.87
030703001003	风管止回阀	1. 名称：风管止回阀 2. 周长：2000mm以内 3. 材质：碳钢 4. 完成本清单项目所需的一切相关工作	个	485.13	40.24	4.51	6.03	413.00	12.40	8.95
030703001004	风管止回阀	1. 名称：风管止回阀 2. 周长：3200mm以内 3. 材质：碳钢 4. 完成本清单项目所需的一切相关工作	个	906.38	46.97	7.52	7.89	818.00	15.10	10.90
030703001005	风管止回阀	1. 名称：风管止回阀 2. 周长：4800mm以内 3. 材质：碳钢 4. 完成本清单项目所需的一切相关工作	个	1887.44	56.10	11.28	9.90	1778.00	18.68	13.48
030703001006	风管止回阀	1. 名称：风管止回阀 2. 周长：6000mm以内 3. 材质：碳钢 4. 完成本清单项目所需的一切相关工作	个	2887.56	70.03	15.04	11.90	2750.00	23.58	17.01
030703001007	风管止回阀	1. 名称：风管止回阀 2. 周长：8000mm以内 3. 材质：碳钢 4. 完成本清单项目所需的一切相关工作	个	5022.20	87.57	18.05	16.18	4850.00	29.28	21.12
030703001008	调节阀	1. 名称：对开多叶调节阀 2. 周长：1400mm以内 3. 材质：碳钢 4. 完成本清单项目所需的一切相关工作	个	638.09	42.04	6.62	6.21	560.00	13.49	9.73

续表

项目编码	标准名称	项目特征	计量单位	综合单价	人工费	机械费	材料费		管理费	利润
							辅材费	主材费		
030703001009	调节阀	1. 名称：对开多叶调节阀 2. 周长：2800mm 以内 3. 材质：碳钢 4. 完成本清单项目所需的一切相关工作	个	1466.09	42.04	6.62	6.21	1388.00	13.49	9.73
030703001010	调节阀	1. 名称：对开多叶调节阀 2. 周长：4000mm 以内 3. 材质：碳钢 4. 完成本清单项目所需的一切相关工作	个	2092.62	46.97	10.53	7.68	2000.00	15.94	11.50
030703001011	调节阀	1. 名称：对开多叶调节阀 2. 周长：5200mm 以内 3. 材质：碳钢 4. 完成本清单项目所需的一切相关工作	个	2938.19	56.10	12.03	9.54	2828.00	18.89	13.63
030703001012	调节阀	1. 名称：对开多叶调节阀 2. 周长：6500mm 以内 3. 材质：碳钢 4. 完成本清单项目所需的一切相关工作	个	4402.68	67.27	15.79	11.99	4268.00	23.02	16.61
030703001013	调节阀	1. 名称：对开多叶调节阀 2. 周长：8000mm 以内 3. 材质：碳钢 4. 完成本清单项目所需的一切相关工作	个	5774.92	92.25	18.05	11.98	5600.00	30.58	22.06
030703001014	调节阀	1. 名称：对开多叶调节阀 2. 周长：9000mm 以内 3. 材质：碳钢 4. 完成本清单项目所需的一切相关工作	个	7078.59	107.39	21.06	13.84	6875.00	35.61	25.69
030703001015	调节阀	1. 名称：对开多叶调节阀 2. 周长：10000mm 以内 3. 材质：碳钢 4. 完成本清单项目所需的一切相关工作	个	8535.99	123.72	24.82	16.56	8300.00	41.18	29.71
030703001016	风管防火阀	1. 名称：风管防火阀 2. 周长：1400mm 以内 3. 材质：碳钢 4. 完成本清单项目所需的一切相关工作	个	227.50	19.58	5.11	6.03	185.00	6.84	4.94
030703001017	风管防火阀	1. 名称：风管防火阀 2. 周长：2200mm 以内 3. 材质：碳钢 4. 完成本清单项目所需的一切相关工作	个	455.50	19.58	5.11	6.03	413.00	6.84	4.94

续表

项目编码	标准名称	项目特征	计量单位	综合单价	人工费	机械费	材料费		管理费	利润
							辅材费	主材费		
030703001018	风管防火阀	1. 名称：风管防火阀 2. 周长：3600mm 以内 3. 材质：碳钢 4. 完成本清单项目所需的一切相关工作	个	1214.16	116.76	8.12	7.68	1022.00	34.62	24.98
030703001019	风管防火阀	1. 名称：风管防火阀 2. 周长：5400mm 以内 3. 材质：碳钢 4. 完成本清单项目所需的一切相关工作	个	2513.97	169.01	12.03	9.54	2237.00	50.18	36.21
030703001020	风管防火阀	1. 名称：风管防火阀 2. 周长：8000mm 以内 3. 材质：碳钢 4. 完成本清单项目所需的一切相关工作	个	5265.86	254.05	18.05	13.91	4850.00	75.43	54.42
030703001021	风管防火阀	1. 名称：风管防火阀 2. 周长：9600mm 以内 3. 材质：碳钢 4. 完成本清单项目所需的一切相关工作	个	7574.32	380.66	22.56	16.69	6962.00	111.77	80.64
030703007001	百叶风口	1. 名称：百叶风口 2. 周长：900mm 以内 3. 材质：碳钢 4. 完成本清单项目所需的一切相关工作	个	133.38	16.94	0.13	2.86	105.31	4.73	3.41
030703007002	百叶风口	1. 名称：百叶风口 2. 周长：1280mm 以内 3. 材质：碳钢 4. 完成本清单项目所需的一切相关工作	个	166.71	21.50	0.13	3.55	131.20	6.00	4.33
030703007003	百叶风口	1. 名称：百叶风口 2. 周长：1800mm 以内 3. 材质：碳钢 4. 完成本清单项目所需的一切相关工作	个	228.34	42.04	0.13	4.80	161.25	11.69	8.43
030703007004	百叶风口	1. 名称：百叶风口 2. 周长：2500mm 以内 3. 材质：碳钢 4. 完成本清单项目所需的一切相关工作	个	295.83	63.54	0.13	6.47	195.31	17.65	12.73
030703007005	百叶风口	1. 名称：百叶风口 2. 周长：3300mm 以内 3. 材质：碳钢 4. 完成本清单项目所需的一切相关工作	个	470.41	82.28	0.13	8.37	340.31	22.84	16.48
030703007006	百叶风口	1. 名称：百叶风口 2. 周长：4200mm 以内 3. 材质：碳钢 4. 完成本清单项目所需的一切相关工作	个	743.23	122.64	0.21	10.51	551.25	34.05	24.57

续表

项目编码	标准名称	项目特征	计量单位	综合单价	人工费	机械费	材料费		管理费	利润
							辅材费	主材费		
030703007007	百叶风口	1. 名称：百叶风口 2. 周长：5200mm 以内 3. 材质：碳钢 4. 完成本清单项目所需的一切相关工作	个	1075.62	147.27	0.21	12.76	845.00	40.88	29.50
030703007008	百叶风口	1. 名称：百叶风口 2. 周长：6400mm 以内 3. 材质：碳钢 4. 完成本清单项目所需的一切相关工作	个	1554.64	175.01	0.34	15.61	1280.00	48.61	35.07
030703007009	百叶风口	1. 名称：百叶风口 2. 周长：7700mm 以内 3. 材质：碳钢 4. 完成本清单项目所需的一切相关工作	个	2182.56	210.21	0.34	18.73	1852.81	58.36	42.11
030703007010	百叶风口	1. 名称：百叶风口 2. 周长：9000mm 以内 3. 材质：碳钢 4. 完成本清单项目所需的一切相关工作	个	2926.27	252.25	0.34	21.89	2531.25	70.02	50.52
030703007011	百叶风口	1. 名称：百叶风口 2. 周长：11000mm 以内 3. 材质：碳钢 4. 完成本清单项目所需的一切相关工作	个	4255.20	302.34	0.43	26.70	3781.25	83.93	60.55
030703007012	百叶风口	1. 名称：百叶风口 2. 周长：14000mm 以内 3. 材质：碳钢 4. 完成本清单项目所需的一切相关工作	个	6695.98	363.12	0.43	33.94	6125.00	100.78	72.71
030703007013	百叶风口	1. 名称：百叶风口 2. 周长：17000mm 以内 3. 材质：碳钢 4. 完成本清单项目所需的一切相关工作	个	9718.55	436.88	0.51	41.19	9031.25	121.24	87.48
030703007014	百叶风口	1. 名称：百叶风口 2. 周长：20000mm 以内 3. 材质：碳钢 4. 完成本清单项目所需的一切相关工作	个	13320.52	522.16	0.51	48.44	12500.00	144.88	104.53
030703007015	旋转吹风口	1. 名称：旋转吹风口 2. 直径：450mm 以内 3. 材质：碳钢 4. 完成本清单项目所需的一切相关工作	个	198.45	72.91	0.00	11.10	79.65	20.21	14.58
030703007016	方形散流器	1. 名称：方形散流器 2. 直径：500mm 以内 3. 材质：碳钢 4. 完成本清单项目所需的一切相关工作	个	69.86	18.86	0.00	1.06	40.94	5.23	3.77

续表

项目编码	标准名称	项目特征	计量单位	综合单价	人工费	机械费	材料费		管理费	利润
							辅材费	主材费		
030703007017	方形散流器	1. 名称：方形散流器 2. 直径：1000mm 以内 3. 材质：碳钢 4. 完成本清单项目所需的一切相关工作	个	109.62	23.30	0.00	1.45	73.75	6.46	4.66
030703007018	方形散流器	1. 名称：方形散流器 2. 直径：2000mm 以内 3. 材质：碳钢 4. 完成本清单项目所需的一切相关工作	个	256.53	33.63	0.00	1.85	205.00	9.32	6.73
030703007019	方形散流器	1. 名称：方形散流器 2. 直径：2500mm 以内 3. 材质：碳钢 4. 完成本清单项目所需的一切相关工作	个	402.42	65.35	0.13	2.25	303.44	18.15	13.10
030703007020	方形散流器	1. 名称：方形散流器 2. 直径：3000mm 以内 3. 材质：碳钢 4. 完成本清单项目所需的一切相关工作	个	562.11	91.17	0.13	3.49	423.75	25.31	18.26
031208003001	通风管道绝热	1. 名称：铝箔玻璃棉毡 2. 厚度：综合考虑 3. 完成本清单项目所需的一切相关工作	m^3	2471.80	384.48	0.00	35.21	1896.16	79.05	76.90
031208003002	风管防火板	1. 名称：隔热层 2. 材质：防火岩棉板 3. 宽度：宽度不小于 300mm 4. 完成本清单项目所需的一切相关工作	m^2	99.80	32.47	0.00	24.50	31.64	4.70	6.49
031208003003	风管防火板	1. 名称：隔热层 2. 材质：防火岩棉板 3. 宽度：宽度不小于 450mm 4. 完成本清单项目所需的一切相关工作	m^2	96.64	30.85	0.00	24.16	31.00	4.46	6.17
031208003004	风管防火板	1. 名称：隔热层 2. 材质：防火岩棉板 3. 宽度：宽度不小于 500mm 4. 完成本清单项目所需的一切相关工作	m^2	93.75	29.22	0.00	23.90	30.56	4.23	5.84
031208003005	风管防火板	1. 名称：隔热层 2. 材质：防火岩棉板 3. 宽度：宽度不小于 600mm 4. 完成本清单项目所需的一切相关工作	m^2	90.74	27.60	0.00	23.60	30.03	3.99	5.52
030704001001	风管漏光试验	1. 名称：风管漏光试验 2. 完成本清单项目所需的一切相关工作	m^2	10.65	7.21	0.00	0.00	0.00	2.00	1.44
030704001002	风管漏风试验	1. 名称：风管漏风试验 2. 完成本清单项目所需的一切相关工作	m^2	24.52	16.58	0.02	0.00	0.00	4.60	3.32

续表

项目编码	标准名称	项目特征	计量单位	综合单价	人工费	机械费	材料费		管理费	利润
							辅材费	主材费		
030109001009	冷冻水泵	1. 名称：冷冻水泵 2. 设备重量：500kg 以内 3. 参数：流量$Q = 180\text{m}^3/\text{h}$，扬程$H = 30\text{m}$，功率$N = 22\text{kW}$ 4. 包含设备开箱检查、搬运、就位、减振器安装以及二次灌浆等工作 5. 完成本清单项目所需的一切相关工作	台	56217.32	616.29	58.83	138.08	55000.00	269.10	135.02
030109001010	冷冻水泵	1. 名称：冷冻水泵 2. 设备重量：1000kg 以内 3. 参数：流量$Q = 264\text{m}^3/\text{h}$，扬程$H = 36\text{m}$，功率$N = 55\text{kW}$ 4. 包含设备开箱检查、搬运、就位、减振器安装以及二次灌浆等工作 5. 完成本清单项目所需的一切相关工作	台	90192.93	864.10	111.91	182.68	88450.00	389.04	195.20
030109001011	冷却水泵	1. 名称：冷却水泵 2. 设备重量：500kg 以内 3. 参数：流量$Q = 190\text{m}^3/\text{h}$，扬程 $H= 20\text{m}$，功率 $N= 15\text{kW}$ 4. 包含设备开箱检查、搬运、就位、减振器安装以及二次灌浆等工作 5. 完成本清单项目所需的一切相关工作	台	36217.32	616.29	58.83	138.08	35000.00	269.10	135.02
030109001012	冷却水泵	1. 名称：冷却水泵 2. 设备重量：1000kg 以内 3. 参数：流量 $Q= 315\text{m}^3/\text{h}$，扬程 $H= 32\text{m}$，功率 $N= 55\text{kW}$ 4. 包含设备开箱检查、搬运、就位、减振器安装以及二次灌浆等工作 5. 完成本清单项目所需的一切相关工作	台	51462.93	864.10	111.91	182.68	49720.00	389.04	195.20
030112001001	螺杆式冷水机组	1. 名称：螺杆式冷水机组 2. 制冷量 CL：350kW 3. 包含设备开箱检查、搬运、就位、减振器安装以及二次灌浆等工作 4. 完成本清单项目所需的一切相关工作	台	250322.92	2592.46	687.06	80.28	245000.00	1307.22	655.90
030112001002	螺杆式冷水机组	1. 名称：螺杆式冷水机组 2. 制冷量 CL：700kW 3. 包含设备开箱检查、搬运、就位、减振器安装以及二次灌浆等工作 4. 完成本清单项目所需的一切相关工作	台	497493.33	3916.19	720.61	80.94	490000.00	1848.23	927.36

续表

项目编码	标准名称	项目特征	计量单位	综合单价	人工费	机械费	材料费		管理费	利润
							辅材费	主材费		
030112001003	螺杆式冷水机组	1. 名称：螺杆式冷水机组 2. 制冷量 CL：1050kW 3. 包含设备开箱检查、搬运、就位、减振器安装以及二次灌浆等工作 4. 完成本清单项目所需的一切相关工作	台	744944.68	5007.14	1157.21	90.35	735000.00	2457.11	1232.87
030112001004	螺杆式冷水机组	1. 名称：螺杆式冷水机组 2. 制冷量 CL：1400kW 3. 包含设备开箱检查、搬运、就位、减振器安装以及二次灌浆等工作 4. 完成本清单项目所需的一切相关工作	台	992211.86	6140.29	1453.02	73.20	980000.00	3026.69	1518.66
030112001005	螺杆式冷水机组	1. 名称：螺杆式冷水机组 2. 制冷量 CL：1750kW 3. 包含设备开箱检查、搬运、就位、减振器安装以及二次灌浆等工作 4. 完成本清单项目所需的一切相关工作	台	1239612.57	7270.83	1816.28	85.92	1225000.00	3622.12	1817.42
030701001001	玻璃钢冷却塔	1. 名称：玻璃钢冷却塔 2. 设备水处理量：30m³/h 3. 完成本清单项目所需的一切相关工作	台	20240.66	1150.18	127.50	198.16	18000.00	509.28	255.54
030701001002	玻璃钢冷却塔	1. 名称：玻璃钢冷却塔 2. 设备水处理量：50m³/h 3. 完成本清单项目所需的一切相关工作	台	32415.90	1247.87	127.50	217.24	30000.00	548.22	275.07
030701001003	玻璃钢冷却塔	1. 名称：玻璃钢冷却塔 2. 设备水处理量：70m³/h 3. 完成本清单项目所需的一切相关工作	台	44888.79	1393.86	249.26	262.10	42000.00	654.95	328.62
030701001004	玻璃钢冷却塔	1. 名称：玻璃钢冷却塔 2. 设备水处理量：100m³/h 3. 完成本清单项目所需的一切相关工作	台	63518.65	1522.73	496.12	291.32	60000.00	804.71	403.77
030701001005	玻璃钢冷却塔	1. 名称：玻璃钢冷却塔 2. 设备水处理量：150m³/h 3. 完成本清单项目所需的一切相关工作	台	94370.57	1758.21	766.47	334.61	90000.00	1006.34	504.94
030701001006	玻璃钢冷却塔	1. 名称：玻璃钢冷却塔 2. 设备水处理量：250m³/h 3. 完成本清单项目所需的一切相关工作	台	156628.88	2528.12	1324.36	470.30	150000.00	1535.60	770.50
030701001007	玻璃钢冷却塔	1. 名称：玻璃钢冷却塔 2. 设备水处理量：300m³/h 3. 完成本清单项目所需的一切相关工作	台	188301.76	2893.51	1840.44	734.07	180000.00	1886.95	946.79

续表

项目编码	标准名称	项目特征	计量单位	综合单价	人工费	机械费	材料费		管理费	利润
							辅材费	主材费		
030701001008	玻璃钢冷却塔	1. 名称：玻璃钢冷却塔 2. 设备水处理量：500m³/h 3. 完成本清单项目所需的一切相关工作	台	309312.63	3115.92	2184.15	839.94	300000.00	2112.61	1060.01
030701001009	玻璃钢冷却塔	1. 名称：玻璃钢冷却塔 2. 设备水处理量：700m³/h 3. 完成本清单项目所需的一切相关工作	台	430679.48	3820.80	2271.00	941.13	420000.00	2428.19	1218.36
030701001010	玻璃钢冷却塔	1. 名称：玻璃钢冷却塔 2. 设备水处理量：800m³/h 3. 完成本清单项目所需的一切相关工作	台	493581.80	5231.39	2475.55	1261.48	480000.00	3071.99	1541.39
030701001011	玻璃钢冷却塔	1. 名称：玻璃钢冷却塔 2. 设备水处理量：1000m³/h 3. 完成本清单项目所需的一切相关工作	台	617705.72	6255.17	3532.09	2059.81	600000.00	3901.20	1957.45
030814002001	蒸汽分汽缸	1. 名称：蒸汽分汽缸 2. 单重：100kg 3. 完成本清单项目所需的一切相关工作	个	7220.36	409.76	3.43	3.26	6600.00	121.27	82.64
030814002002	蒸汽分汽缸	1. 名称：蒸汽分汽缸 2. 单重：150kg 3. 完成本清单项目所需的一切相关工作	个	10632.30	484.35	3.66	3.46	9900.00	143.23	97.60
030814002003	蒸汽分汽缸	1. 名称：蒸汽分汽缸 2. 单重：200kg 3. 完成本清单项目所需的一切相关工作	个	14041.79	517.31	43.54	4.16	13200.00	164.61	112.17
030814002004	蒸汽分汽缸	1. 名称：蒸汽分汽缸 2. 单重：300kg 3. 完成本清单项目所需的一切相关工作	个	20708.81	550.92	53.90	5.52	19800.00	177.51	120.96
030814002005	蒸汽分汽缸	1. 名称：蒸汽分汽缸 2. 单重：400kg 3. 完成本清单项目所需的一切相关工作	个	27379.86	585.56	66.38	6.19	26400.00	191.34	130.39
030814002006	蒸汽分汽缸	1. 名称：蒸汽分汽缸 2. 单重：500kg 3. 完成本清单项目所需的一切相关工作	个	34099.21	644.37	86.92	7.03	33000.00	214.63	146.26
030814002007	蒸汽分汽缸	1. 名称：蒸汽分汽缸 2. 单重：600kg 3. 完成本清单项目所需的一切相关工作	个	40826.59	708.64	107.40	7.83	39600.00	239.51	163.21
030814002008	蒸汽分汽缸	1. 名称：蒸汽分汽缸 2. 单重：700kg 3. 完成本清单项目所需的一切相关工作	个	47564.07	779.43	128.06	8.73	46200.00	266.35	181.50

续表

项目编码	标准名称	项目特征	计量单位	综合单价	人工费	机械费	材料费		管理费	利润
							辅材费	主材费		
031001003001	无缝钢管	1. 名称：无缝钢管 DN32mm（焊接） 2. 管道刷油：刷红丹防锈漆两道，调和漆两道 3. 管网冲洗及水压试验 4. 完成本清单项目所需的一切相关工作	m	59.72	20.32	2.04	0.90	25.86	6.12	4.48
031001003002	无缝钢管	1. 名称：无缝钢管 DN40mm（焊接） 2. 管道刷油：刷红丹防锈漆两道，调和漆两道 3. 管网冲洗及水压试验 4. 完成本清单项目所需的一切相关工作	m	71.30	23.38	2.71	1.11	31.76	7.12	5.22
031001003003	无缝钢管	1. 名称：无缝钢管 DN50mm（焊接） 2. 管道刷油：刷红丹防锈漆两道，调和漆两道 3. 管网冲洗及水压试验 4. 完成本清单项目所需的一切相关工作	m	88.31	27.64	4.34	1.53	39.67	8.73	6.40
031001003004	无缝钢管	1. 名称：无缝钢管 DN65mm（焊接） 2. 管道刷油：刷红丹防锈漆两道，调和漆两道 3. 管网冲洗及水压试验 4. 完成本清单项目所需的一切相关工作	m	104.92	31.36	5.45	1.89	48.83	10.03	7.36
031001003005	无缝钢管	1. 名称：无缝钢管 DN80mm（焊接） 2. 管道刷油：刷红丹防锈漆两道，调和漆两道 3. 管网冲洗及水压试验 4. 完成本清单项目所需的一切相关工作	m	118.60	34.30	6.11	2.14	56.94	11.03	8.08
031001003006	无缝钢管	1. 名称:无缝钢管 DN100mm（焊接） 2. 管道刷油：刷红丹防锈漆两道，调和漆两道 3. 管网冲洗及水压试验 4. 完成本清单项目所需的一切相关工作	m	159.01	40.23	9.61	2.57	83.08	13.55	9.97
031001003007	无缝钢管	1. 名称:无缝钢管 DN125mm（焊接） 2. 管道刷油：刷红丹防锈漆两道，调和漆两道 3. 管网冲洗及水压试验 4. 完成本清单项目所需的一切相关工作	m	190.70	42.22	11.18	2.55	109.60	14.47	10.68

续表

项目编码	标准名称	项目特征	计量单位	综合单价	人工费	机械费	材料费		管理费	利润
							辅材费	主材费		
031001003008	无缝钢管	1. 名称：无缝钢管 DN150mm（焊接） 2. 管道刷油：刷红丹防锈漆两道，调和漆两道 3. 管网冲洗及水压试验 4. 完成本清单项目所需的一切相关工作	m	229.17	47.10	12.27	3.13	138.74	16.06	11.87
031001003009	无缝钢管	1. 名称：无缝钢管 DN200mm（焊接） 2. 管道刷油：刷红丹防锈漆两道，调和漆两道 3. 管网冲洗及水压试验 4. 完成本清单项目所需的一切相关工作	m	329.77	57.84	16.85	4.05	215.93	20.17	14.93
031001003010	无缝钢管	1. 名称：无缝钢管 DN250mm（焊接） 2. 管道刷油：刷红丹防锈漆两道，调和漆两道 3. 管网冲洗及水压试验 4. 完成本清单项目所需的一切相关工作	m	494.88	67.09	22.91	5.99	356.60	24.29	18.00
031001003011	无缝钢管	1. 名称：无缝钢管 DN300mm（焊接） 2. 管道刷油：刷红丹防锈漆两道，调和漆两道 3. 管网冲洗及水压试验 4. 完成本清单项目所需的一切相关工作	m	645.90	79.89	27.49	7.34	480.74	28.97	21.47
031001003012	无缝钢管	1. 名称：无缝钢管 DN350mm（焊接） 2. 管道刷油：刷红丹防锈漆两道，调和漆两道 3. 管网冲洗及水压试验 4. 完成本清单项目所需的一切相关工作	m	760.28	86.28	32.48	8.94	576.84	31.99	23.75
031001003013	无缝钢管	1. 名称：无缝钢管 DN400mm（焊接） 2. 管道刷油：刷红丹防锈漆两道，调和漆两道 3. 管网冲洗及水压试验 4. 完成本清单项目所需的一切相关工作	m	841.51	92.83	36.27	10.24	641.63	34.72	25.82
031001002021	空调镀锌钢管	1. 名称：空调冷热水镀锌钢管 DN15mm（螺纹连接） 2. 管道刷油：刷红丹防锈漆两道，调和漆两道 3. 管网冲洗及水压试验 4. 完成本清单项目所需的一切相关工作	m	36.08	16.84	0.34	0.51	10.21	4.74	3.44

续表

项目编码	标准名称	项目特征	计量单位	综合单价	人工费	机械费	材料费		管理费	利润
							辅材费	主材费		
031001002022	空调镀锌钢管	1. 名称：空调冷热水镀锌钢管 DN20mm（螺纹连接） 2. 管道刷油：刷红丹防锈漆两道，调和漆两道 3. 管网冲洗及水压试验 4. 完成本清单项目所需的一切相关工作	m	47.71	21.02	0.45	0.64	15.39	5.92	4.29
031001002023	空调镀锌钢管	1. 名称：空调冷热水镀锌钢管 DN25mm（螺纹连接） 2. 管道刷油：刷红丹防锈漆两道，调和漆两道 3. 管网冲洗及水压试验 4. 完成本清单项目所需的一切相关工作	m	56.66	23.11	0.74	0.86	20.61	6.57	4.77
031001002024	空调镀锌钢管	1. 名称：空调冷热水镀锌钢管 DN32mm（螺纹连接） 2. 管道刷油：刷红丹防锈漆两道，调和漆两道 3. 管网冲洗及水压试验 4. 完成本清单项目所需的一切相关工作	m	65.59	24.83	0.92	1.01	26.59	7.09	5.15
031001002025	空调镀锌钢管	1. 名称：空调冷热水镀锌钢管 DN40mm（螺纹连接） 2. 管道刷油：刷红丹防锈漆两道，调和漆两道 3. 管网冲洗及水压试验 4. 完成本清单项目所需的一切相关工作	m	71.94	25.98	1.05	1.08	31.01	7.42	5.40
031001002026	空调镀锌钢管	1. 名称：空调冷热水镀锌钢管 DN50mm（螺纹连接） 2. 管道刷油：刷红丹防锈漆两道，调和漆两道 3. 管网冲洗及水压试验 4. 完成本清单项目所需的一切相关工作	m	85.76	27.62	1.55	1.25	41.51	8.00	5.83
031001002027	空调镀锌钢管	1. 名称：空调冷热水镀锌钢管 DN65mm（螺纹连接） 2. 管道刷油：刷红丹防锈漆两道，调和漆两道 3. 管网冲洗及水压试验 4. 完成本清单项目所需的一切相关工作	m	102.27	29.73	2.07	1.39	54.01	8.71	6.36
031001002028	空调镀锌钢管	1. 名称：空调冷热水镀锌钢管 DN80mm（螺纹连接） 2. 管道刷油：刷红丹防锈漆两道，调和漆两道 3. 管网冲洗及水压试验 4. 完成本清单项目所需的一切相关工作	m	117.61	33.12	2.63	1.63	63.30	9.78	7.15

续表

项目编码	标准名称	项目特征	计量单位	综合单价	人工费	机械费	材料费		管理费	利润
							辅材费	主材费		
031001002029	空调镀锌钢管	1. 名称：空调冷热水镀锌钢管 DN100mm（螺纹连接） 2. 管道刷油：刷红丹防锈漆两道，调和漆两道 3. 管网冲洗及水压试验 4. 完成本清单项目所需的一切相关工作	m	155.09	36.76	5.47	1.96	90.92	11.54	8.44
031001002030	空调镀锌钢管	1. 名称：空调冷热水镀锌钢管 DN125mm（螺纹连接） 2. 管道刷油：刷红丹防锈漆两道，调和漆两道 3. 管网冲洗及水压试验 4. 完成本清单项目所需的一切相关工作	m	188.66	38.59	6.97	1.23	120.34	12.42	9.11
031001002031	空调镀锌钢管	1. 名称：空调冷热水镀锌钢管 DN150mm（螺纹连接） 2. 管道刷油：刷红丹防锈漆两道，调和漆两道 3. 管网冲洗及水压试验 4. 完成本清单项目所需的一切相关工作	m	211.12	42.05	7.78	1.41	136.36	13.56	9.96
031002008013	金属波纹管	1. 名称：金属波纹管 2. 规格：DN40mm 3. 连接形式：法兰连接 4. 完成本清单项目所需的一切相关工作	个	298.30	35.11	11.36	13.88	215.78	12.88	9.29
031002008014	金属波纹管	1. 名称：金属波纹管 2. 规格：DN50mm 3. 连接形式：法兰连接 4. 完成本清单项目所需的一切相关工作	个	347.38	35.11	11.36	14.11	264.63	12.88	9.29
031002008015	金属波纹管	1. 名称：金属波纹管 2. 规格：DN65mm 3. 连接形式：法兰连接 4. 完成本清单项目所需的一切相关工作	个	481.50	63.01	20.10	14.92	343.81	23.04	16.62
031002008016	金属波纹管	1. 名称：金属波纹管 2. 规格：DN80mm 3. 连接形式：法兰连接 4. 完成本清单项目所需的一切相关工作	个	601.26	71.18	20.10	27.66	438.76	25.30	18.26
031002008017	金属波纹管	1. 名称：金属波纹管 2. 规格：DN100mm 3. 连接形式：法兰连接 4. 完成本清单项目所需的一切相关工作	个	712.74	88.85	23.60	28.85	517.78	31.17	22.49
031002008018	金属波纹管	1. 名称：金属波纹管 2. 规格：DN125mm 3. 连接形式：法兰连接 4. 完成本清单项目所需的一切相关工作	个	875.01	106.28	24.47	30.03	651.84	36.24	26.15

续表

项目编码	标准名称	项目特征	计量单位	综合单价	人工费	机械费	材料费		管理费	利润
							辅材费	主材费		
031002008019	金属波纹管	1. 名称：金属波纹管 2. 规格：DN150mm 3. 连接形式：法兰连接 4. 完成本清单项目所需的一切相关工作	个	1068.42	115.72	26.22	68.82	789.92	39.35	28.39
031002008020	金属波纹管	1. 名称：金属波纹管 2. 规格：DN200mm 3. 连接形式：法兰连接 4. 完成本清单项目所需的一切相关工作	个	1831.49	194.90	57.69	104.36	1354.00	70.02	50.52
031002008021	金属波纹管	1. 名称：金属波纹管 2. 规格：DN250mm 3. 连接形式：法兰连接 4. 完成本清单项目所需的一切相关工作	个	2726.83	231.27	143.62	111.40	2061.64	103.92	74.98
031002008022	金属波纹管	1. 名称：金属波纹管 2. 规格：DN300mm 3. 连接形式：法兰连接 4. 完成本清单项目所需的一切相关工作	个	3757.87	283.75	165.47	114.97	2979.32	124.52	89.84
031002008023	金属波纹管	1. 名称：金属波纹管 2. 规格：DN350mm 3. 连接形式：法兰连接 4. 完成本清单项目所需的一切相关工作	个	5311.09	293.02	174.76	124.90	4495.18	129.67	93.56
031002008024	金属波纹管	1. 名称：金属波纹管 2. 规格：DN400mm 3. 连接形式：法兰连接 4. 完成本清单项目所需的一切相关工作	个	8271.00	329.31	238.67	130.36	7301.62	157.44	113.60
031005008001	水处理器安装	1. 名称：水处理器 2. 规格：DN50mm 3. 连接形式：法兰连接 4. 完成本清单项目所需的一切相关工作	台	3332.16	111.47	111.27	3.13	3000.00	61.74	44.55
031005008002	水处理器安装	1. 名称：水处理器 2. 规格：DN70mm 3. 连接形式：法兰连接 4. 完成本清单项目所需的一切相关工作	台	3804.09	208.05	129.82	4.99	3300.00	93.66	67.57
031005008003	水处理器安装	1. 名称：水处理器 2. 规格：DN80mm 3. 连接形式：法兰连接 4. 完成本清单项目所需的一切相关工作	台	4238.89	281.44	146.82	6.27	3600.00	118.71	85.65
031005008004	水处理器安装	1. 名称：水处理器 2. 规格：DN100mm 3. 连接形式：法兰连接 4. 完成本清单项目所需的一切相关工作	台	4780.33	352.31	170.55	7.96	4000.00	144.94	104.57

续表

项目编码	标准名称	项目特征	计量单位	综合单价	人工费	机械费	材料费		管理费	利润
							辅材费	主材费		
031005008005	水处理器安装	1. 名称：水处理器 2. 规格：DN125mm 3. 连接形式：法兰连接 4. 完成本清单项目所需的一切相关工作	台	5109.89	415.50	193.54	10.21	4200.00	168.83	121.81
031005008006	水处理器安装	1. 名称：水处理器 2. 规格：DN150mm 3. 连接形式：法兰连接 4. 完成本清单项目所需的一切相关工作	台	5505.49	453.93	216.30	15.42	4500.00	185.79	134.05
031005008007	水处理器安装	1. 名称：水处理器 2. 规格：DN200mm 3. 连接形式：法兰连接 4. 完成本清单项目所需的一切相关工作	台	7042.73	641.80	52.01	17.84	6000.00	192.32	138.76
031005008008	水处理器安装	1. 名称：水处理器 2. 规格：DN300mm 3. 连接形式：法兰连接 4. 完成本清单项目所需的一切相关工作	台	8927.43	1175.49	108.92	30.10	7000.00	356.04	256.88
031005008009	水处理器安装	1. 名称：水处理器 2. 规格：DN400mm 3. 连接形式：法兰连接 4. 完成本清单项目所需的一切相关工作	台	10848.10	1717.24	177.50	49.19	8000.00	525.22	378.95
031005008010	水处理器安装	1. 名称：水处理器 2. 规格：DN500mm 3. 连接形式：法兰连接 4. 完成本清单项目所需的一切相关工作	台	13572.97	2146.42	229.12	63.82	10000.00	658.50	475.11
031005008011	水处理器安装	1. 名称：水处理器 2. 规格：DN600mm 3. 连接形式：法兰连接 4. 完成本清单项目所需的一切相关工作	台	19100.60	2478.44	250.98	68.70	15000.00	756.60	545.88
030113020001	过滤器框架	1. 名称：过滤器框架 2. 材质：型钢 3. 完成本清单项目所需的一切相关工作	kg	16.78	5.23	0.18	8.79	0.00	1.50	1.08
031001005001	空调系统铜管	1. 名称：智能集中式空调系统铜管 2. 铜管直径：6.4mm 3. 完成本清单项目所需的一切相关工作	m	20.14	3.06	0.00	0.29	15.33	0.85	0.61
031001005002	空调系统铜管	1. 名称：智能集中式空调系统铜管 2. 铜管直径：9.5mm 3. 完成本清单项目所需的一切相关工作	m	34.97	3.50	0.00	0.32	29.48	0.97	0.70

续表

项目编码	标准名称	项目特征	计量单位	综合单价	人工费	机械费	材料费		管理费	利润
							辅材费	主材费		
031001005003	空调系统铜管	1. 名称：智能集中式空调系统铜管 2. 铜管直径：12.7mm 3. 完成本清单项目所需的一切相关工作	m	46.21	3.89	0.00	0.36	40.10	1.08	0.78
031001005004	空调系统铜管	1. 名称：智能集中式空调系统铜管 2. 铜管直径：15.9mm 3. 完成本清单项目所需的一切相关工作	m	59.90	4.36	0.00	0.40	53.06	1.21	0.87
031001005005	空调系统铜管	1. 名称：智能集中式空调系统铜管 2. 铜管直径：19.1mm 3. 完成本清单项目所需的一切相关工作	m	96.66	5.31	0.00	0.50	88.32	1.47	1.06
031001005006	空调系统铜管	1. 名称：智能集中式空调系统铜管 2. 铜管直径：22.2mm 3. 完成本清单项目所需的一切相关工作	m	105.11	6.22	0.00	0.59	95.33	1.73	1.24
031001005007	空调系统铜管	1. 名称：智能集中式空调系统铜管 2. 铜管直径：28.6mm 3. 完成本清单项目所需的一切相关工作	m	141.32	7.33	0.00	0.78	129.71	2.03	1.47
031001005008	空调系统铜管	1. 名称：智能集中式空调系统铜管 2. 铜管直径：34.9mm 3. 完成本清单项目所需的一切相关工作	m	219.62	8.63	0.00	0.96	205.91	2.39	1.73
031001005009	空调系统铜管	1. 名称：智能集中式空调系统铜管 2. 铜管直径：41.3mm 3. 完成本清单项目所需的一切相关工作	m	269.55	10.94	0.00	1.28	252.11	3.03	2.19
031001005010	空调系统铜管	1. 名称：智能集中式空调系统铜管 2. 铜管直径：47.6mm 3. 完成本清单项目所需的一切相关工作	m	330.55	12.96	0.00	1.55	309.86	3.59	2.59
031208002001	硬质保温管壳	1. 名称：硬质保温管壳 2. 管外径：57mm 3. 硬质保温管壳厚度：40mm 4. 完成本清单项目所需的一切相关工作	m^3	2230.61	1005.96	31.59	119.37	652.86	213.32	207.51
031208002002	硬质保温管壳	1. 名称：硬质保温管壳 2. 管外径：57mm 3. 硬质保温管壳厚度：60mm 4. 完成本清单项目所需的一切相关工作	m^3	1837.60	731.28	31.59	118.28	647.03	156.85	152.57

续表

项目编码	标准名称	项目特征	计量单位	综合单价	人工费	机械费	材料费		管理费	利润
							辅材费	主材费		
031208002003	硬质保温管壳	1. 名称：硬质保温管壳 2. 管外径：57mm 3. 硬质保温管壳厚度：80mm 4. 完成本清单项目所需的一切相关工作	m^3	1529.80	512.30	31.59	118.28	647.03	111.82	108.78
031208002004	硬质保温管壳	1. 名称：硬质保温管壳 2. 管外径：57mm 3. 硬质保温管壳厚度：100mm 4. 完成本清单项目所需的一切相关工作	m^3	1392.34	414.35	31.59	118.49	647.03	91.69	89.19
031208002005	硬质保温管壳	1. 名称：硬质保温管壳 2. 管外径：133mm 3. 硬质保温管壳厚度：40mm 4. 完成本清单项目所需的一切相关工作	m^3	1730.02	673.41	31.59	103.70	635.37	144.95	141.00
031208002006	硬质保温管壳	1. 名称：硬质保温管壳 2. 管外径：133mm 3. 硬质保温管壳厚度：60mm 4. 完成本清单项目所需的一切相关工作	m^3	1465.30	489.26	31.59	103.65	629.54	107.09	104.17
031208002007	硬质保温管壳	1. 名称：硬质保温管壳 2. 管外径：133mm 3. 硬质保温管壳厚度：80mm 4. 完成本清单项目所需的一切相关工作	m^3	1274.83	353.75	31.59	103.65	629.54	79.23	77.07
031208002008	硬质保温管壳	1. 名称：硬质保温管壳 2. 管外径：133mm 3. 硬质保温管壳厚度：100mm 4. 完成本清单项目所需的一切相关工作	m^3	1130.60	251.14	31.59	103.65	629.54	58.13	56.55
031208002009	硬质保温管壳	1. 名称：硬质保温管壳 2. 管外径：325mm 3. 硬质保温管壳厚度：40mm 4. 完成本清单项目所需的一切相关工作	m^3	1610.87	593.55	31.59	102.63	629.54	128.53	125.03
031208002010	硬质保温管壳	1. 名称：硬质保温管壳 2. 管外径：325mm 3. 硬质保温管壳厚度：60mm 4. 完成本清单项目所需的一切相关工作	m^3	1384.95	432.83	31.59	102.63	629.54	95.48	92.88
031208002011	硬质保温管壳	1. 名称：硬质保温管壳 2. 管外径：325mm 3. 硬质保温管壳厚度：80mm 4. 完成本清单项目所需的一切相关工作	m^3	1217.01	313.34	31.59	102.63	629.54	70.92	68.99

续表

项目编码	标准名称	项目特征	计量单位	综合单价	人工费	机械费	材料费		管理费	利润
							辅材费	主材费		
031208002012	硬质保温管壳	1. 名称：硬质保温管壳 2. 管外径：325mm 3. 硬质保温管壳厚度：100mm 4. 完成本清单项目所需的一切相关工作	m^3	1088.29	221.77	31.59	102.63	629.54	52.09	50.67
031208002013	硬质保温管壳	1. 名称：硬质保温管壳 2. 管外径：529mm 3. 硬质保温管壳厚度：40mm 4. 完成本清单项目所需的一切相关工作	m^3	1530.11	536.24	31.59	102.42	629.54	116.75	113.57
031208002014	硬质保温管壳	1. 名称：硬质保温管壳 2. 管外径：529mm 3. 硬质保温管壳厚度：60mm 4. 完成本清单项目所需的一切相关工作	m^3	1308.77	391.21	31.59	102.42	612.06	86.93	84.56
031208002015	硬质保温管壳	1. 名称：硬质保温管壳 2. 管外径：529mm 3. 硬质保温管壳厚度：80mm 4. 完成本清单项目所需的一切相关工作	m^3	1183.67	302.21	31.59	102.42	612.06	68.63	66.76
031208002016	硬质保温管壳	1. 名称：硬质保温管壳 2. 管外径：529mm 3. 硬质保温管壳厚度：100mm 4. 完成本清单项目所需的一切相关工作	m^3	1040.80	200.57	31.59	102.42	612.06	47.73	46.43
031208002017	硬质保温管壳	1. 名称：硬质保温管壳 2. 管外径：720mm 3. 硬质保温管壳厚度：40mm 4. 完成本清单项目所需的一切相关工作	m^3	1254.10	352.36	31.59	102.36	612.06	78.94	76.79
031208002018	硬质保温管壳	1. 名称：硬质保温管壳 2. 管外径：720mm 3. 硬质保温管壳厚度：60mm 4. 完成本清单项目所需的一切相关工作	m^3	1133.22	266.36	31.59	102.36	612.06	61.26	59.59
031208002019	硬质保温管壳	1. 名称：硬质保温管壳 2. 管外径：720mm 3. 硬质保温管壳厚度：80mm 4. 完成本清单项目所需的一切相关工作	m^3	1030.06	193.04	31.59	102.26	612.06	46.18	44.93
031208002020	硬质保温管壳	1. 名称：硬质保温管壳 2. 管外径：720mm 3. 硬质保温管壳厚度：100mm 4. 完成本清单项目所需的一切相关工作	m^3	962.91	145.27	31.59	102.26	612.06	36.36	35.37

续表

项目编码	标准名称	项目特征	计量单位	综合单价	人工费	机械费	材料费		管理费	利润
							辅材费	主材费		
030413013011	按键面板	1. 名称：按键面板 2. 按键数量：6 键 3. 完成本清单项目所需的一切相关工作	个	237.76	74.98	1.85	2.00	120.00	23.56	15.37
030413013012	按键面板	1. 名称：按键面板 2. 按键数量：8 键 3. 完成本清单项目所需的一切相关工作	个	283.83	85.65	1.85	2.00	150.00	26.83	17.50
030413013013	按键面板	1. 名称：按键面板 2. 按键数量：12 键 3. 完成本清单项目所需的一切相关工作	个	366.07	107.05	1.85	2.00	200.00	33.39	21.78
030503005002	传感器	1. 名称：风管式温度湿度传感器 2. 完成本清单项目所需的一切相关工作	支	730.45	72.54	0.72	10.08	610.00	22.46	14.65
030503005003	传感器	1. 名称：浸入式温度传感器 2. 完成本清单项目所需的一切相关工作	支	719.70	66.09	0.41	9.51	610.00	20.39	13.30
030503005004	传感器	1. 名称：水道压差传感器 2. 完成本清单项目所需的一切相关工作	支	995.73	217.88	0.92	16.09	650.00	67.08	43.76
030503005005	传感器	1. 名称：风道式空气质量传感器 2. 完成本清单项目所需的一切相关工作	支	722.08	66.09	0.17	2.25	620.00	20.32	13.25
030503005006	传感器	1. 名称：室内壁挂式空气质量传感器 2. 完成本清单项目所需的一切相关工作	支	701.77	52.92	0.17	1.78	620.00	16.28	10.62
030503005007	超声波流量计	1. 名称：超声波流量计 2. 完成本清单项目所需的一切相关工作	个	1448.63	264.08	3.21	8.76	1037.17	81.95	53.46
030503006001	电动二通调节阀	1. 名称：电动二通调节阀及执行机构 2. 规格：DN50mm 3. 完成本清单项目所需的一切相关工作	个	3533.32	191.54	11.66	17.45	3209.73	62.30	40.64
030503006002	电动二通调节阀	1. 名称：电动二通调节阀及执行机构 2. 规格：DN100mm 3. 完成本清单项目所需的一切相关工作	个	5680.94	482.39	17.40	27.07	4900.88	153.24	99.96
030503006003	电动二通调节阀	1. 名称：电动二通调节阀及执行机构 2. 规格：DN200mm 3. 完成本清单项目所需的一切相关工作	个	10368.25	640.88	17.40	29.13	9347.35	201.83	131.66

续表

项目编码	标准名称	项目特征	计量单位	综合单价	人工费	机械费	材料费		管理费	利润
							辅材费	主材费		
030503006004	电动蝶阀	1. 名称:电动蝶阀及执行机构 2. 规格：DN100mm 3. 完成本清单项目所需的一切相关工作	个	6838.66	462.52	0.91	16.07	6124.38	142.09	92.69
030503006005	电动蝶阀	1. 名称:电动蝶阀及执行机构 2. 规格：DN250mm 3. 完成本清单项目所需的一切相关工作	个	15097.68	832.43	6.08	30.34	13804.04	257.09	167.70
030503006006	电动蝶阀	1. 名称:电动蝶阀及执行机构 2. 规格：DN400mm 3. 完成本清单项目所需的一切相关工作	个	29043.17	1057.01	1.49	31.62	27416.81	324.54	211.70
030701015001	人防过滤吸收器	1. 名称：人防过滤吸收器 2. 风量：$Q=300\text{m}^3/\text{h}$ 3. 完成本清单项目所需的一切相关工作	个	8129.41	334.17	62.83	20.84	7522.12	110.05	79.40
030701015002	人防过滤吸收器	1. 名称：人防过滤吸收器 2. 风量：$Q=500\text{m}^3/\text{h}$ 3. 完成本清单项目所需的一切相关工作	个	12894.51	500.90	100.52	42.38	11963.72	166.71	120.28
030701015003	人防过滤吸收器	1. 名称：人防过滤吸收器 2. 风量：$Q=1000\text{m}^3/\text{h}$ 3. 完成本清单项目所需的一切相关工作	个	20876.72	801.80	125.65	73.06	19433.63	257.09	185.49
030703023001	人防手动密闭阀	1. 名称：人防手动密闭阀 2. 规格：DN150mm 3. 完成本清单项目所需的一切相关工作	个	383.23	147.03	0.00	45.68	120.35	40.76	29.41
030703023002	人防手动密闭阀	1. 名称：人防手动密闭阀 2. 规格：DN200mm 3. 完成本清单项目所需的一切相关工作	个	473.72	190.27	0.00	72.31	120.35	52.74	38.05
030703023003	人防手动密闭阀	1. 名称：人防手动密闭阀 2. 规格：DN300mm 3. 完成本清单项目所需的一切相关工作	个	721.73	294.29	0.00	142.58	144.42	81.58	58.86
030703023004	人防手动密闭阀	1. 名称：人防手动密闭阀 2. 规格：DN400mm 3. 完成本清单项目所需的一切相关工作	个	966.06	380.66	0.00	242.48	161.27	105.52	76.13
030703023005	人防手动密闭阀	1. 名称：人防手动密闭阀 2. 规格：DN500mm 3. 完成本清单项目所需的一切相关工作	个	1324.90	484.32	0.00	392.83	216.64	134.25	96.86

续表

项目编码	标准名称	项目特征	计量单位	综合单价	人工费	机械费	材料费		管理费	利润
							辅材费	主材费		
030703023006	人防手动密闭阀	1. 名称：人防手动密闭阀 2. 规格：DN800mm 3. 完成本清单项目所需的一切相关工作	个	2304.16	686.49	0.00	929.01	361.06	190.30	137.30
030703022001	人防自动排气阀	1. 名称：人防自动排气阀 2. 规格：DN150mm 3. 完成本清单项目所需的一切相关工作	个	821.23	202.04	0.00	69.77	453.00	56.01	40.41
030703022002	人防自动排气阀	1. 名称：人防自动排气阀 2. 规格：DN200mm 3. 完成本清单项目所需的一切相关工作	个	1019.25	259.10	0.00	86.51	550.00	71.82	51.82
030703022003	人防自动排气阀	1. 名称：人防自动排气阀 2. 规格：DN250mm 3. 完成本清单项目所需的一切相关工作	个	1537.57	405.16	0.00	114.07	825.00	112.31	81.03
030703024001	测压装置	1. 名称：测压装置安装 2. 成本清单项目所需的一切相关工作	套	1762.56	317.84	0.00	232.20	1060.84	88.11	63.57
030902003001	冷媒分配器	1. 名称：冷媒分配器 2. 规格：DN20mm 3. 完成本清单项目所需的一切相关工作	个	156.22	25.68	0.00	3.24	115.04	7.12	5.14
030902003002	冷媒分配器	1. 名称：冷媒分配器 2. 规格：DN30mm 3. 完成本清单项目所需的一切相关工作	个	236.39	39.34	0.00	5.70	172.57	10.91	7.87
030902003003	冷媒分配器	1. 名称：冷媒分配器 2. 规格：DN40mm 3. 完成本清单项目所需的一切相关工作	个	282.60	49.15	0.00	7.99	202.00	13.63	9.83
030902003004	冷媒分配器	1. 名称：冷媒分配器 2. 规格：DN50mm 3. 完成本清单项目所需的一切相关工作	个	337.32	54.20	0.00	12.26	245.00	15.02	10.84

4.4　给水排水工程

4.4.1　工程量计算规则

本节包括室内给水排水系统和室外给水排水系统，共 322 个项目。

1. 室内给水排水系统

（1）本节包括变频给水设备、稳压给水设备、气压罐、整体水箱、液压水位控制器、紫外线消毒设备、镀锌钢管、钢塑复合管、PP-R 冷热给水管、PVC-U 给水管、不锈钢管、PVC-U 排水管、PVC-U 雨水管、铸铁排水管、管道支架、水表、遥控浮球阀、闸阀、消声止回阀、Y 形过滤器、可曲挠橡胶接头、可调式减压阀、电磁阀、截止阀、排气阀、真空破坏器、压力表、水龙头、洗脸盆、洗涤盆、淋浴器、小便器、大便器、潜污泵、接泵焊接管件、阻火圈、地漏、雨水斗、塑料套管、钢套管、防水套管等，共 247 个项目。

（2）变频给水设备、稳压给水设备，按设计图示数量以“台”计算。

（3）气压罐、整体水箱，按设计图示数量以“台”计算。

（4）液压水位控制器、紫外线消毒设备，按设计图示数量以“台”计算。

（5）镀锌钢管、钢塑复合管、PP-R 冷热给水管、PVC-U 给水管、不锈钢管、PVC-U 排水管、PVC-U 雨水管、铸铁排水管，按设计图示的管道中心线长度以“m”计算；在计算管道工程量时，不扣除阀门、管件（包括减压器、疏水器、水表、伸缩器等组成安装）及附属构筑物所占的长度；方形补偿器的长度计入管道安装工程量。

（6）管道支架，按设计图示数量以“kg”为计量单位。

（7）水表、遥控浮球阀、闸阀、消声止回阀，按设计图示数量以“个”计算。

（8）Y 形过滤器、可曲挠橡胶接头、可调式减压阀，按设计图示数量以“个”计算。

（9）电磁阀、截止阀、排气阀，按设计图示数量以“个”计算。

（10）真空破坏器、压力表、水龙头，按设计图示数量以“个”计算。

（11）洗脸盆、洗涤盆、淋浴器，按设计图示数量以“套”计算。

（12）小便器、大便器，按设计图示数量以“套”计算。

（13）潜污泵，按设计图示数量以“台”计算。

（14）接泵焊接管件、阻火圈，按设计图示数量以“个”计算。

（15）地漏、雨水斗，按设计图示数量以“个”计算。

（16）塑料套管、钢套管、防水套管，按设计图示数量以“个”计算。

2. 室外给水排水系统

（1）本节包括室外给水镀锌钢管、室外钢塑复合管、室外 PE 给水管、室外铸铁给水管、室外离心式铸铁排水管、室外 PVC-U 排水管、室外 PVC-U 雨水管、室外 PVC-U 双壁波纹管、室外 HDPE 双壁波纹管、入户水表组、阀门井、砖砌检查井、雨水进水口、室外消火栓等，共 75 个项目。

（2）室外给水镀锌钢管、室外钢塑复合管、室外 PE 给水管、室外铸铁给水管、室外离心式铸铁排水管、室外 PVC-U 排水管、室外 PVC-U 雨水管、室外 PVC-U 双壁波纹管、室外 HDPE 双壁波纹管，按设计图示的管道中心线长度以“m”计算。

（3）入户水表组，按设计图示数量以“组”计算。

（4）阀门井、砖砌检查井、雨水进水口，按设计图示数量以“座”计算。

（5）室外消火栓，按设计图示数量以“套”计算。

4.4.2 标准清单

室内给水排水工程标准清单见表 4.4-1，室外给水排水工程标准清单见表 4.4-2。

室内给水排水工程标准清单库 表 4.4-1

项目编码	标准名称	项目特征	计量单位	综合单价	人工费	机械费	材料费		管理费	利润
							辅材费	主材费		
031005001001	变频给水设备	1. 名称：变频给水水泵 2. 参数：流量$Q=15\text{m}^3/\text{h}$，扬程 $H=70\text{m}$，功率$N=5.5\text{kW}$ 3. 材质：铸铁 4. 包含设备开箱检查、搬运、就位、减振器安装以及二次灌浆等工作 5. 完成本清单项目所需的一切相关工作	台	21908.46	1608.17	311.48	72.75	19000.00	532.13	383.93
031005002001	稳压给水设备	1. 名称：稳压给水水泵 2. 参数：流量$Q=6\text{m}^3/\text{h}$，扬程 $H=70\text{m}$，功率 $N=2.5\text{kW}$ 3. 材质：铸铁 4. 包含设备开箱检查、搬运、就位、减振器安装以及二次灌浆等工作 5. 完成本清单项目所需的一切相关工作	台	11172.80	1777.06	316.29	80.50	8000.00	580.28	418.67
031005004001	气压罐	1. 名称：气压罐 2. 罐体直径：400mm 以内 3. 规格：ϕ400mm × 1200mm 4. 完成本清单项目所需的一切相关工作	台	3899.85	591.59	291.65	49.68	2545.45	244.83	176.65
031005004002	气压罐	1. 名称：气压罐 2. 罐体直径：600mm 以内 3. 规格：ϕ600mm × 1600mm 4. 完成本清单项目所需的一切相关工作	台	6749.83	665.46	357.03	57.59	5181.82	283.43	204.50
031005004003	气压罐	1. 名称：气压罐 2. 罐体直径：800mm 以内 3. 规格：ϕ800mm × 1600mm 4. 完成本清单项目所需的一切相关工作	台	9087.84	745.46	437.11	68.22	7272.73	327.81	236.51
031005004004	气压罐	1. 名称：气压罐 2. 罐体直径：1000mm 以内 3. 规格：ϕ1000mm × 1600mm 4. 完成本清单项目所需的一切相关工作	台	11600.19	834.83	495.06	90.22	9545.45	368.65	265.98
031005004005	气压罐	1. 名称：气压罐 2. 罐体直径：1200mm 以内 3. 规格：ϕ1200mm × 1600mm 4. 完成本清单项目所需的一切相关工作	台	14431.59	935.01	638.47	107.24	12000.00	436.17	314.70
031005016001	整体水箱	1. 名称：整体水箱 2. 水箱总容量：3m^3 3. 材质：304 不锈钢 4. 钢板厚度满足设计规范要求 5. 完成本清单项目所需的一切相关工作	台	7170.46	384.86	45.50	44.61	6490.12	119.30	86.07

续表

项目编码	标准名称	项目特征	计量单位	综合单价	人工费	机械费	材料费		管理费	利润
							辅材费	主材费		
031005016002	整体水箱	1. 名称：整体水箱 2. 水箱总容量：6m³ 3. 材质：304 不锈钢 4. 钢板厚度满足设计规范要求 5. 完成本清单项目所需的一切相关工作	台	9004.22	418.74	100.25	60.53	8177.04	143.86	103.80
031005016003	整体水箱	1. 名称：整体水箱 2. 水箱总容量：10m³ 3. 材质：304 不锈钢 4. 钢板厚度满足设计规范要求 5. 完成本清单项目所需的一切相关工作	台	10678.86	513.87	105.03	69.66	9694.96	171.56	123.78
031005016004	整体水箱	1. 名称：整体水箱 2. 水箱总容量：15m³ 3. 材质：304 不锈钢 4. 钢板厚度满足设计规范要求 5. 完成本清单项目所需的一切相关工作	台	12502.64	755.92	130.83	94.78	11097.95	245.81	177.35
031005016005	整体水箱	1. 名称：整体水箱 2. 水箱总容量：25m³ 3. 材质：304 不锈钢 4. 钢板厚度满足设计规范要求 5. 完成本清单项目所需的一切相关工作	台	18681.74	953.63	149.07	127.70	16925.13	305.67	220.54
031005016006	整体水箱	1. 名称：整体水箱 2. 水箱总容量：35m³ 3. 材质：304 不锈钢 4. 钢板厚度满足设计规范要求 5. 完成本清单项目所需的一切相关工作	台	23073.69	1002.04	169.95	161.69	21180.73	324.88	234.40
031005016007	整体水箱	1. 名称：整体水箱 2. 水箱总容量：45m³ 3. 材质：304 不锈钢 4. 钢板厚度满足设计规范要求 5. 完成本清单项目所需的一切相关工作	台	27146.78	1106.43	185.60	194.60	25043.59	358.15	258.41
031005016008	整体水箱	1. 名称：整体水箱 2. 水箱总容量：60m³ 3. 材质：304 不锈钢 4. 钢板厚度满足设计规范要求 5. 完成本清单项目所需的一切相关工作	台	32673.89	1219.22	209.28	226.14	30337.57	395.98	285.70

续表

项目编码	标准名称	项目特征	计量单位	综合单价	人工费	机械费	材料费		管理费	利润
							辅材费	主材费		
031002014001	液压水位控制器	1. 名称：液压水位控制器 2. 规格：DN100mm 3. 完成本清单项目所需的一切相关工作	台	2220.48	99.95	29.45	57.55	1971.78	35.87	25.88
031005014001	紫外线消毒设备	1. 名称：紫外线消毒器安装 2. 尺寸：1300mm × 400mm 3. 完成本清单项目所需的一切相关工作	台	18388.47	4552.54	167.09	140.70	10702.97	1881.24	943.93
031001002001	镀锌钢管	1. 名称及规格：镀锌钢管DN15mm（螺纹连接） 2. 管道刷油：刷红丹防锈漆两道，调和漆两道 3. 管道消毒、冲洗及水压试验 4. 完成本清单项目所需的一切相关工作	m	45.38	20.43	0.56	2.82	11.60	5.77	4.20
031001002002	镀锌钢管	1. 名称及规格：镀锌钢管DN20mm（螺纹连接） 2. 管道刷油：刷红丹防锈漆两道，调和漆两道 3. 管道消毒、冲洗及水压试验 4. 完成本清单项目所需的一切相关工作	m	49.12	21.49	0.67	3.30	13.15	6.08	4.43
031001002003	镀锌钢管	1. 名称及规格：镀锌钢管DN25mm（螺纹连接） 2. 管道刷油：刷红丹防锈漆两道，调和漆两道 3. 管道消毒、冲洗及水压试验 4. 完成本清单项目所需的一切相关工作	m	61.83	25.88	1.29	4.10	17.68	7.45	5.43
031001002004	镀锌钢管	1. 名称及规格：镀锌钢管DN32mm（螺纹连接） 2. 管道刷油：刷红丹防锈漆两道，调和漆两道 3. 管道消毒、冲洗及水压试验 4. 完成本清单项目所需的一切相关工作	m	70.64	28.15	1.68	4.36	22.31	8.17	5.97
031001002005	镀锌钢管	1. 名称及规格：镀锌钢管DN40mm（螺纹连接） 2. 管道刷油：刷红丹防锈漆两道，调和漆两道 3. 管道消毒、冲洗及水压试验 4. 完成本清单项目所需的一切相关工作	m	76.59	28.95	1.92	4.46	26.66	8.43	6.17
031001002006	镀锌钢管	1. 名称及规格：镀锌钢管DN50mm（螺纹连接） 2. 管道刷油：刷红丹防锈漆两道，调和漆两道 3. 管道消毒、冲洗及水压试验 4. 完成本清单项目所需的一切相关工作	m	90.76	31.31	2.33	4.60	36.62	9.17	6.73

续表

项目编码	标准名称	项目特征	计量单位	综合单价	人工费	机械费	材料费		管理费	利润
							辅材费	主材费		
031001002007	镀锌钢管	1. 名称及规格：镀锌钢管DN65mm（螺纹连接） 2. 管道刷油：刷红丹防锈漆两道，调和漆两道 3. 管道消毒、冲洗及水压试验 4. 完成本清单项目所需的一切相关工作	m	107.42	33.36	2.64	5.04	49.40	9.78	7.20
031001002008	镀锌钢管	1. 名称及规格：镀锌钢管DN80mm（螺纹连接） 2. 管道刷油：刷红丹防锈漆两道，调和漆两道 3. 管道消毒、冲洗及水压试验 4. 完成本清单项目所需的一切相关工作	m	119.91	35.30	3.16	5.44	57.91	10.41	7.69
031001002009	镀锌钢管	1. 名称及规格：镀锌钢管DN100mm（沟槽式连接） 2. 管道刷油：刷红丹防锈漆两道，调和漆两道 3. 管道消毒、冲洗及水压试验 4. 完成本清单项目所需的一切相关工作	m	150.89	35.29	6.11	0.92	89.12	11.17	8.28
031001002010	镀锌钢管	1. 名称及规格：镀锌钢管DN125mm（沟槽式连接） 2. 管道刷油：刷红丹防锈漆两道，调和漆两道 3. 管道消毒、冲洗及水压试验 4. 完成本清单项目所需的一切相关工作	m	187.96	42.61	7.82	1.12	112.72	13.60	10.09
031001002011	镀锌钢管	1. 名称及规格：镀锌钢管DN150mm（沟槽式连接） 2. 管道刷油：刷红丹防锈漆两道，调和漆两道 3. 管道消毒、冲洗及水压试验 4. 完成本清单项目所需的一切相关工作	m	208.27	44.31	8.86	1.32	128.87	14.28	10.63
031001002012	镀锌钢管	1. 名称及规格：镀锌钢管DN200mm（沟槽式连接） 2. 管道刷油：刷红丹防锈漆两道，调和漆两道 3. 管道消毒、冲洗及水压试验 4. 完成本清单项目所需的一切相关工作	m	361.50	50.58	10.08	1.79	270.72	16.20	12.13
031001002013	镀锌钢管	1. 名称及规格：镀锌钢管DN250mm（沟槽式连接） 2. 管道刷油：刷红丹防锈漆两道，调和漆两道 3. 管道消毒、冲洗及水压试验 4. 完成本清单项目所需的一切相关工作	m	508.97	66.92	16.20	2.33	384.61	22.28	16.63

续表

项目编码	标准名称	项目特征	计量单位	综合单价	人工费	机械费	材料费		管理费	利润
							辅材费	主材费		
031001007001	钢塑复合管	1. 名称及规格：钢塑复合管DN15mm（螺纹连接） 2. 管道刷油：刷红丹防锈漆两道，调和漆两道 3. 管道消毒、冲洗及水压试验 4. 完成本清单项目所需的一切相关工作	m	48.53	20.79	0.56	2.73	14.31	5.87	4.27
031001007002	钢塑复合管	1. 名称及规格：钢塑复合管DN20mm（螺纹连接） 2. 管道刷油：刷红丹防锈漆两道，调和漆两道 3. 管道消毒、冲洗及水压试验 4. 完成本清单项目所需的一切相关工作	m	52.27	21.87	0.67	3.21	15.82	6.19	4.51
031001007003	钢塑复合管	1. 名称及规格：钢塑复合管DN25mm（螺纹连接） 2. 管道刷油：刷红丹防锈漆两道，调和漆两道 3. 管道消毒、冲洗及水压试验 4. 完成本清单项目所需的一切相关工作	m	65.58	26.38	1.29	3.94	20.85	7.59	5.53
031001007004	钢塑复合管	1. 名称及规格：钢塑复合管DN32mm（螺纹连接） 2. 管道刷油：刷红丹防锈漆两道，调和漆两道 3. 管道消毒、冲洗及水压试验 4. 完成本清单项目所需的一切相关工作	m	75.40	28.73	1.68	4.18	26.40	8.33	6.08
031001007005	钢塑复合管	1. 名称及规格：钢塑复合管DN40mm（螺纹连接） 2. 管道刷油：刷红丹防锈漆两道，调和漆两道 3. 管道消毒、冲洗及水压试验 4. 完成本清单项目所需的一切相关工作	m	81.02	29.30	1.92	4.27	30.76	8.53	6.24
031001007006	钢塑复合管	1. 名称及规格：钢塑复合管DN50mm（螺纹连接） 2. 管道刷油：刷红丹防锈漆两道，调和漆两道 3. 管道消毒、冲洗及水压试验 4. 完成本清单项目所需的一切相关工作	m	94.03	31.83	2.33	4.43	39.29	9.32	6.83
031001007007	钢塑复合管	1. 名称及规格：钢塑复合管DN65mm（螺纹连接） 2. 管道刷油：刷红丹防锈漆两道，调和漆两道 3. 管道消毒、冲洗及水压试验 4. 完成本清单项目所需的一切相关工作	m	112.96	34.20	2.64	4.75	53.99	10.01	7.37

续表

项目编码	标准名称	项目特征	计量单位	综合单价	人工费	机械费	材料费		管理费	利润
							辅材费	主材费		
031001007008	钢塑复合管	1. 名称及规格：钢塑复合管DN80mm（螺纹连接） 2. 管道刷油：刷红丹防锈漆两道，调和漆两道 3. 管道消毒、冲洗及水压试验 4. 完成本清单项目所需的一切相关工作	m	131.92	35.93	3.16	5.11	69.31	10.59	7.82
031001007009	钢塑复合管	1. 名称及规格：钢塑复合管DN100mm（螺纹连接） 2. 管道刷油：刷红丹防锈漆两道，调和漆两道 3. 管道消毒、冲洗及水压试验 4. 完成本清单项目所需的一切相关工作	m	169.87	41.15	6.18	5.56	94.71	12.81	9.46
031001007010	钢塑复合管	1. 名称及规格：钢塑复合管DN125mm（螺纹连接） 2. 管道刷油：刷红丹防锈漆两道，调和漆两道 3. 管道消毒、冲洗及水压试验 4. 完成本清单项目所需的一切相关工作	m	220.79	46.12	8.04	5.29	135.88	14.63	10.83
031001007011	钢塑复合管	1. 名称及规格：钢塑复合管DN150mm（螺纹连接） 2. 管道刷油：刷红丹防锈漆两道，调和漆两道 3. 管道消毒、冲洗及水压试验 4. 完成本清单项目所需的一切相关工作	m	253.96	51.51	9.17	5.52	159.26	16.36	12.14
031001008001	PP-R冷热给水管	1. 名称及规格：PP-R冷热给水管ϕ15mm（热熔连接） 2. 管道消毒、冲洗及水压试验 3. 完成本清单项目所需的一切相关工作	m	21.76	12.18	0.02	0.12	3.62	3.38	2.44
031001008002	PP-R冷热给水管	1. 名称及规格：PP-R冷热给水管ϕ20mm（热熔连接） 2. 管道消毒、冲洗及水压试验 3. 完成本清单项目所需的一切相关工作	m	22.22	12.18	0.02	0.12	4.08	3.38	2.44
031001008003	PP-R冷热给水管	1. 名称及规格：PP-R冷热给水管ϕ25mm（热熔连接） 2. 管道消毒、冲洗及水压试验 3. 完成本清单项目所需的一切相关工作	m	25.78	13.55	0.02	0.13	5.61	3.76	2.71
031001008004	PP-R冷热给水管	1. 名称及规格：PP-R冷热给水管ϕ32mm（热熔连接） 2. 管道消毒、冲洗及水压试验 3. 完成本清单项目所需的一切相关工作	m	30.82	14.62	0.02	0.14	9.05	4.06	2.93

续表

项目编码	标准名称	项目特征	计量单位	综合单价	人工费	机械费	材料费		管理费	利润
							辅材费	主材费		
031001008005	PP-R冷热给水管	1. 名称及规格：PP-R 冷热给水管ϕ40mm（热熔连接） 2. 管道消毒、冲洗及水压试验 3. 完成本清单项目所需的一切相关工作	m	39.34	16.45	0.02	0.16	14.86	4.56	3.29
031001008006	PP-R冷热给水管	1. 名称及规格：PP-R 冷热给水管ϕ50mm（热熔连接） 2. 管道消毒、冲洗及水压试验 3. 完成本清单项目所需的一切相关工作	m	50.91	19.13	0.03	0.18	22.43	5.31	3.83
031001008007	PP-R冷热给水管	1. 名称及规格：PP-R 冷热给水管ϕ65mm（热熔连接） 2. 管道消毒、冲洗及水压试验 3. 完成本清单项目所需的一切相关工作	m	85.47	21.49	0.03	0.24	53.45	5.96	4.30
031001008008	PP-R冷热给水管	1. 名称及规格：PP-R 冷热给水管ϕ80mm（热熔连接） 2. 管道消毒、冲洗及水压试验 3. 完成本清单项目所需的一切相关工作	m	90.76	23.44	0.03	0.27	55.82	6.51	4.69
031001008009	PVC-U给水管	1. 名称及规格：PVC-U 给水管ϕ20mm（粘接） 2. 管道消毒、冲洗及水压试验 3. 完成本清单项目所需的一切相关工作	m	20.20	10.96	0.02	0.25	3.73	3.04	2.20
031001008010	PVC-U给水管	1. 名称及规格：PVC-U 给水管ϕ25mm（粘接） 2. 管道消毒、冲洗及水压试验 3. 完成本清单项目所需的一切相关工作	m	21.32	11.64	0.02	0.27	3.83	3.23	2.33
031001008011	PVC-U给水管	1. 名称及规格：PVC-U 给水管ϕ32mm（粘接） 2. 管道消毒、冲洗及水压试验 3. 完成本清单项目所需的一切相关工作	m	23.85	12.44	0.02	0.29	5.16	3.45	2.49
031001008012	PVC-U给水管	1. 名称及规格：PVC-U 给水管ϕ40mm（粘接） 2. 管道消毒、冲洗及水压试验 3. 完成本清单项目所需的一切相关工作	m	25.66	13.13	0.02	0.33	5.91	3.64	2.63
031001008013	PVC-U给水管	1. 名称及规格：PVC-U 给水管ϕ50mm（粘接） 2. 管道消毒、冲洗及水压试验 3. 完成本清单项目所需的一切相关工作	m	30.59	14.83	0.03	0.36	8.28	4.12	2.97
031001008014	PVC-U给水管	1. 名称及规格：PVC-U 给水管ϕ63mm（粘接） 2. 管道消毒、冲洗及水压试验 3. 完成本清单项目所需的一切相关工作	m	35.60	16.19	0.03	0.40	11.24	4.50	3.24

续表

项目编码	标准名称	项目特征	计量单位	综合单价	人工费	机械费	材料费		管理费	利润
							辅材费	主材费		
031001008015	PVC-U给水管	1. 名称及规格：PVC-U给水管ϕ75mm（粘接） 2. 管道消毒、冲洗及水压试验 3. 完成本清单项目所需的一切相关工作	m	40.88	18.02	0.03	0.44	13.78	5.00	3.61
031001008016	PVC-U给水管	1. 名称及规格：PVC-U给水管ϕ90mm（粘接） 2. 管道消毒、冲洗及水压试验 3. 完成本清单项目所需的一切相关工作	m	48.48	19.91	0.03	0.50	18.52	5.53	3.99
031001008017	PVC-U给水管	1. 名称及规格：PVC-U给水管ϕ110mm（粘接） 2. 管道消毒、冲洗及水压试验 3. 完成本清单项目所需的一切相关工作	m	57.27	21.78	0.03	0.63	24.42	6.05	4.36
030609002001	不锈钢管	1. 名称及规格：不锈钢管DN15mm（卡压连接） 2. 管道消毒、冲洗及水压试验 3. 完成本清单项目所需的一切相关工作	m	34.54	13.40	0.14	0.33	14.21	3.75	2.71
030609002002	不锈钢管	1. 名称及规格：不锈钢管DN20mm（卡压连接） 2. 管道消毒、冲洗及水压试验 3. 完成本清单项目所需的一切相关工作	m	39.16	14.73	0.14	0.37	16.83	4.12	2.97
030609002003	不锈钢管	1. 名称及规格：不锈钢管DN25mm（卡压连接） 2. 管道消毒、冲洗及水压试验 3. 完成本清单项目所需的一切相关工作	m	51.02	15.96	0.19	0.54	26.62	4.48	3.23
030609002004	不锈钢管	1. 名称及规格：不锈钢管DN32mm（卡压连接） 2. 管道消毒、冲洗及水压试验 3. 完成本清单项目所需的一切相关工作	m	59.60	16.64	0.23	0.62	34.06	4.68	3.37
030609002005	不锈钢管	1. 名称及规格：不锈钢管DN40mm（承插氩弧焊） 2. 管道消毒、冲洗及水压试验 3. 完成本清单项目所需的一切相关工作	m	97.99	20.04	2.98	1.50	62.49	6.38	4.60
030609002006	不锈钢管	1. 名称及规格：不锈钢管DN50mm（承插氩弧焊） 2. 管道消毒、冲洗及水压试验 3. 完成本清单项目所需的一切相关工作	m	116.15	21.17	3.47	1.66	78.09	6.83	4.93
030609002007	不锈钢管	1. 名称及规格：不锈钢管DN65mm（承插氩弧焊） 2. 管道消毒、冲洗及水压试验 3. 完成本清单项目所需的一切相关工作	m	140.96	21.95	3.91	1.85	100.91	7.17	5.17

续表

项目编码	标准名称	项目特征	计量单位	综合单价	人工费	机械费	材料费		管理费	利润
							辅材费	主材费		
030609002008	不锈钢管	1. 名称及规格：不锈钢管 DN80mm（承插氩弧焊） 2. 管道消毒、冲洗及水压试验 3. 完成本清单项目所需的一切相关工作	m	163.07	23.69	4.48	2.01	119.44	7.81	5.64
030609002009	不锈钢管	1. 名称及规格：不锈钢管 DN100mm（承插氩弧焊） 2. 管道消毒、冲洗及水压试验 3. 完成本清单项目所需的一切相关工作	m	218.37	26.36	5.32	2.25	169.32	8.78	6.34
030609002010	不锈钢管	1. 名称及规格：不锈钢管 DN150mm（承插氩弧焊） 2. 管道消毒、冲洗及水压试验 3. 完成本清单项目所需的一切相关工作	m	364.45	26.36	5.32	2.25	315.40	8.78	6.34
030609002011	不锈钢管	1. 名称及规格：不锈钢管 DN200mm（承插氩弧焊） 2. 管道消毒、冲洗及水压试验 3. 完成本清单项目所需的一切相关工作	m	511.05	26.36	5.32	2.25	462.00	8.78	6.34
031001008018	PVC-U 排水管	1. 名称及规格：PVC-U 排水管 De32（粘接） 2. 含泄漏试验 3. 完成本清单项目所需的一切相关工作	m	28.01	15.06	0.00	0.34	5.42	4.18	3.01
031001008019	PVC-U 排水管	1. 名称及规格：PVC-U 排水管 De40（粘接） 2. 含泄漏试验 3. 完成本清单项目所需的一切相关工作	m	28.89	15.06	0.00	0.34	6.30	4.18	3.01
031001008020	PVC-U 排水管	1. 名称及规格：PVC-U 排水管 De50（粘接） 2. 含泄漏试验 3. 完成本清单项目所需的一切相关工作	m	29.78	15.06	0.00	0.34	7.19	4.18	3.01
031001008021	PVC-U 排水管	1. 名称及规格：PVC-U 排水管 De75（粘接） 2. 含泄漏试验 3. 完成本清单项目所需的一切相关工作	m	44.45	20.16	0.00	0.58	14.09	5.59	4.03
031001008022	PVC-U 排水管	1. 名称及规格：PVC-U 排水管 De90（粘接） 2. 含泄漏试验 3. 完成本清单项目所需的一切相关工作	m	56.38	22.45	0.01	0.85	22.35	6.23	4.49
031001008023	PVC-U 排水管	1. 名称及规格：PVC-U 排水管 De110（粘接） 2. 含泄漏试验 3. 完成本清单项目所需的一切相关工作	m	65.51	22.45	0.01	0.85	31.48	6.23	4.49

续表

项目编码	标准名称	项目特征	计量单位	综合单价	人工费	机械费	材料费		管理费	利润
							辅材费	主材费		
031001008024	PVC-U排水管	1. 名称及规格：PVC-U 排水管 De160（粘接） 2. 含泄漏试验 3. 完成本清单项目所需的一切相关工作	m	96.24	31.67	0.99	0.98	47.02	9.05	6.53
031001008025	PVC-U排水管	1. 名称及规格：PVC-U 排水管 De200（粘接） 2. 含泄漏试验 3. 完成本清单项目所需的一切相关工作	m	157.57	44.40	1.73	0.99	88.43	12.79	9.23
031001008026	PVC-U雨水管	1. 名称及规格：PVC-U 雨水管 De75（粘接） 2. 含泄漏试验 3. 完成本清单项目所需的一切相关工作	m	39.14	18.61	0.00	0.45	11.20	5.16	3.72
031001008027	PVC-U雨水管	1. 名称及规格：PVC-U 雨水管 De90（粘接） 2. 含泄漏试验 3. 完成本清单项目所需的一切相关工作	m	47.63	20.84	0.01	0.70	16.13	5.78	4.17
031001008028	PVC-U雨水管	1. 名称及规格：PVC-U 雨水管 De110（粘接） 2. 含泄漏试验 3. 完成本清单项目所需的一切相关工作	m	54.06	20.84	0.01	0.70	22.56	5.78	4.17
031001008029	PVC-U雨水管	1. 名称及规格：PVC-U 雨水管 De160（粘接） 2. 含泄漏试验 3. 完成本清单项目所需的一切相关工作	m	92.37	30.69	0.97	0.85	44.76	8.77	6.33
031001008030	PVC-U雨水管	1. 名称及规格：PVC-U 雨水管 De200（粘接） 2. 含泄漏试验 3. 完成本清单项目所需的一切相关工作	m	144.30	38.84	1.70	0.97	83.44	11.24	8.11
031001001001	铸铁排水管	1. 名称及规格：铸铁排水管 DN50mm（卡箍连接） 2. 管道刷油：刷红丹防锈漆两道，调和漆两道 3. 含泄漏试验 4. 完成本清单项目所需的一切相关工作	m	104.38	22.40	1.37	0.47	68.95	6.44	4.75
031001001002	铸铁排水管	1. 名称及规格：铸铁排水管 DN75mm（卡箍连接） 2. 管道刷油：刷红丹防锈漆两道，调和漆两道 3. 含泄漏试验 4. 完成本清单项目所需的一切相关工作	m	147.57	27.48	2.31	0.61	103.18	8.03	5.96

续表

项目编码	标准名称	项目特征	计量单位	综合单价	人工费	机械费	材料费		管理费	利润
							辅材费	主材费		
031001001003	铸铁排水管	1. 名称及规格：铸铁排水管DN100mm（卡箍连接） 2. 管道刷油：刷红丹防锈漆两道，调和漆两道 3. 含泄漏试验 4. 完成本清单项目所需的一切相关工作	m	219.55	35.59	5.47	0.76	158.45	11.07	8.21
031001001004	铸铁排水管	1. 名称及规格：铸铁排水管DN150mm（卡箍连接） 2. 管道刷油：刷红丹防锈漆两道，调和漆两道 3. 含泄漏试验 4. 完成本清单项目所需的一切相关工作	m	238.78	39.08	7.62	1.04	169.22	12.48	9.34
031001001005	铸铁排水管	1. 名称及规格：铸铁排水管DN200mm（卡箍连接） 2. 管道刷油：刷红丹防锈漆两道，调和漆两道 3. 含泄漏试验 4. 完成本清单项目所需的一切相关工作	m	309.46	42.70	11.30	1.36	228.94	14.36	10.80
031301004002	管道支架	1. 名称:管道支架制作与安装 2. 管道刷油：刷红丹防锈漆两道，调和漆两道 3. 完成本清单项目所需的一切相关工作	kg	28.94	11.04	4.67	1.88	3.93	4.28	3.14
031002011001	水表	1. 名称：水表 2. 规格：DN15mm 3. 连接形式：螺纹连接 4. 完成本清单项目所需的一切相关工作	个	62.36	17.44	0.00	2.09	34.51	4.83	3.49
031002011002	水表	1. 名称：水表 2. 规格：DN20mm 3. 连接形式：螺纹连接 4. 完成本清单项目所需的一切相关工作	个	88.25	17.44	0.00	2.31	60.18	4.83	3.49
031002011003	水表	1. 名称：水表 2. 规格：DN25mm 3. 连接形式：螺纹连接 4. 完成本清单项目所需的一切相关工作	个	111.00	21.63	0.00	2.93	76.11	6.00	4.33
031002011004	水表	1. 名称：水表 2. 规格：DN32mm 3. 连接形式：螺纹连接 4. 完成本清单项目所需的一切相关工作	个	127.06	24.57	0.00	3.16	87.61	6.81	4.91
031002011005	水表	1. 名称：水表 2. 规格：DN40mm 3. 连接形式：螺纹连接 4. 完成本清单项目所需的一切相关工作	个	178.89	32.57	0.00	4.23	126.55	9.03	6.51

续表

项目编码	标准名称	项目特征	计量单位	综合单价	人工费	机械费	材料费		管理费	利润
							辅材费	主材费		
031002011006	水表	1. 名称：水表 2. 规格：DN50mm 3. 连接形式：螺纹连接 4. 完成本清单项目所需的一切相关工作	个	234.36	41.77	0.00	6.29	166.37	11.58	8.35
031002011007	水表	1. 名称：水表 2. 规格：DN65mm 3. 连接形式：螺纹连接 4. 完成本清单项目所需的一切相关工作	个	349.60	95.35	0.00	8.75	200.00	26.43	19.07
031002011008	水表	1. 名称：水表 2. 规格：DN80mm 3. 连接形式：法兰连接 4. 完成本清单项目所需的一切相关工作	个	988.58	237.77	49.56	57.42	506.71	79.65	57.47
031002011009	水表	1. 名称：水表 2. 规格：DN100mm 3. 连接形式：法兰连接 4. 完成本清单项目所需的一切相关工作	个	1369.82	294.68	58.17	64.42	784.17	97.81	70.57
031002011010	水表	1. 名称：水表 2. 规格：DN150mm 3. 连接形式：法兰连接 4. 完成本清单项目所需的一切相关工作	个	1683.62	415.23	64.64	104.63	870.13	133.02	95.97
031002011011	水表	1. 名称：水表 2. 规格：DN200mm 3. 连接形式：法兰连接 4. 完成本清单项目所需的一切相关工作	个	2297.78	650.07	135.74	168.10	968.88	217.83	157.16
031002001001	遥控浮球阀	1. 名称：遥控浮球阀 2. 规格：DN50mm 3. 连接形式：螺纹连接 4. 完成本清单项目所需的一切相关工作	个	349.86	21.87	1.04	4.02	312.00	6.35	4.58
031002001002	遥控浮球阀	1. 名称：遥控浮球阀 2. 规格：DN65mm 3. 连接形式：法兰连接 4. 完成本清单项目所需的一切相关工作	个	470.08	44.54	10.05	10.14	379.30	15.13	10.92
031002001003	遥控浮球阀	1. 名称：遥控浮球阀 2. 规格：DN80mm 3. 连接形式：法兰连接 4. 完成本清单项目所需的一切相关工作	个	554.14	44.54	10.05	10.14	463.36	15.13	10.92
031002001004	遥控浮球阀	1. 名称：遥控浮球阀 2. 规格：DN100mm 3. 连接形式：法兰连接 4. 完成本清单项目所需的一切相关工作	个	690.70	56.11	11.49	11.25	579.59	18.74	13.52

续表

项目编码	标准名称	项目特征	计量单位	综合单价	人工费	机械费	材料费		管理费	利润
							辅材费	主材费		
031002001005	遥控浮球阀	1. 名称：遥控浮球阀 2. 规格：DN150mm 3. 连接形式：法兰连接 4. 完成本清单项目所需的一切相关工作	个	1089.46	65.54	14.36	18.27	953.16	22.15	15.98
031002001006	闸阀	1. 名称：闸阀 2. 规格：DN15mm 3. 连接形式：螺纹连接 4. 完成本清单项目所需的一切相关工作	个	168.65	8.40	0.39	2.14	153.52	2.44	1.76
031002001007	闸阀	1. 名称：闸阀 2. 规格：DN20mm 3. 连接形式：螺纹连接 4. 完成本清单项目所需的一切相关工作	个	218.84	8.40	0.47	2.49	203.25	2.46	1.77
031002001008	闸阀	1. 名称：闸阀 2. 规格：DN25mm 3. 连接形式：螺纹连接 4. 完成本清单项目所需的一切相关工作	个	251.37	10.30	0.82	2.93	232.02	3.08	2.22
031002001009	闸阀	1. 名称：闸阀 2. 规格：DN32mm 3. 连接形式：螺纹连接 4. 完成本清单项目所需的一切相关工作	个	274.76	12.37	1.09	3.25	251.63	3.73	2.69
031002001010	闸阀	1. 名称：闸阀 2. 规格：DN40mm 3. 连接形式：螺纹连接 4. 完成本清单项目所需的一切相关工作	个	304.79	22.90	1.29	3.89	265.16	6.71	4.84
031002001011	闸阀	1. 名称：闸阀 2. 规格：DN50mm 3. 连接形式：螺纹连接 4. 完成本清单项目所需的一切相关工作	个	340.31	22.90	2.00	5.23	298.30	6.90	4.98
031002001012	闸阀	1. 名称：闸阀 2. 规格：DN65mm 3. 连接形式：法兰连接 4. 完成本清单项目所需的一切相关工作	个	471.92	62.78	16.98	12.51	341.59	22.11	15.95
031002001013	闸阀	1. 名称：闸阀 2. 规格：DN80mm 3. 连接形式：法兰连接 4. 完成本清单项目所需的一切相关工作	个	591.51	71.42	16.98	19.47	441.46	24.50	17.68
031002001014	闸阀	1. 名称：闸阀 2. 规格：DN100mm 3. 连接形式：法兰连接 4. 完成本清单项目所需的一切相关工作	个	970.79	88.62	19.95	21.63	788.78	30.10	21.71

续表

项目编码	标准名称	项目特征	计量单位	综合单价	人工费	机械费	材料费		管理费	利润
							辅材费	主材费		
031002001015	闸阀	1. 名称：闸阀 2. 规格：DN125mm 3. 连接形式：法兰连接 4. 完成本清单项目所需的一切相关工作	个	1098.76	113.19	21.58	24.98	874.70	37.36	26.95
031002001016	闸阀	1. 名称：闸阀 2. 规格：DN150mm 3. 连接形式：法兰连接 4. 完成本清单项目所需的一切相关工作	个	1401.06	124.75	23.02	35.51	1147.27	40.96	29.55
031002001017	闸阀	1. 名称：闸阀 2. 规格：DN200mm 3. 连接形式：法兰连接 4. 完成本清单项目所需的一切相关工作	个	2193.10	195.13	48.88	55.99	1776.66	67.64	48.80
031002001018	闸阀	1. 名称：闸阀 2. 规格：DN250mm 3. 连接形式：法兰连接 4. 完成本清单项目所需的一切相关工作	个	2862.30	221.60	130.03	87.23	2255.64	97.47	70.33
031002001019	闸阀	1. 名称：闸阀 2. 规格：DN300mm 3. 连接形式：法兰连接 4. 完成本清单项目所需的一切相关工作	个	3783.31	258.77	147.99	96.13	3086.32	112.75	81.35
031002001020	闸阀	1. 名称：闸阀 2. 规格：DN350mm 3. 连接形式：法兰连接 4. 完成本清单项目所需的一切相关工作	个	6808.59	313.15	156.91	120.04	5994.18	130.30	94.01
031002001021	闸阀	1. 名称：闸阀 2. 规格：DN400mm 3. 连接形式：法兰连接 4. 完成本清单项目所需的一切相关工作	个	10141.37	353.88	216.78	210.77	9087.62	158.19	114.13
031002001022	消声止回阀	1. 名称：消声止回阀 2. 规格：DN50mm 3. 连接形式：螺纹连接 4. 完成本清单项目所需的一切相关工作	个	415.98	22.90	2.00	5.23	373.97	6.90	4.98
031002001023	消声止回阀	1. 名称：消声止回阀 2. 规格：DN65mm 3. 连接形式：法兰连接 4. 完成本清单项目所需的一切相关工作	个	735.30	62.78	16.98	12.51	604.97	22.11	15.95
031002001024	消声止回阀	1. 名称：消声止回阀 2. 规格：DN80mm 3. 连接形式：法兰连接 4. 完成本清单项目所需的一切相关工作	个	888.44	71.42	16.98	19.47	738.39	24.50	17.68

续表

项目编码	标准名称	项目特征	计量单位	综合单价	人工费	机械费	材料费		管理费	利润
							辅材费	主材费		
031002001025	消声止回阀	1. 名称：消声止回阀 2. 规格：DN100mm 3. 连接形式：法兰连接 4. 完成本清单项目所需的一切相关工作	个	1251.31	88.62	19.95	21.63	1069.30	30.10	21.71
031002001026	消声止回阀	1. 名称：消声止回阀 2. 规格：DN125mm 3. 连接形式：法兰连接 4. 完成本清单项目所需的一切相关工作	个	1606.35	113.19	21.58	24.98	1382.29	37.36	26.95
031002001027	消声止回阀	1. 名称：消声止回阀 2. 规格：DN150mm 3. 连接形式：法兰连接 4. 完成本清单项目所需的一切相关工作	个	2104.11	124.75	23.02	35.51	1850.32	40.96	29.55
031002001028	消声止回阀	1. 名称：消声止回阀 2. 规格：DN200mm 3. 连接形式：法兰连接 4. 完成本清单项目所需的一切相关工作	个	3186.44	195.13	48.88	55.99	2770.00	67.64	48.80
031002006001	Y 形过滤器	1. 名称：Y 形过滤器 2. 规格：DN32mm 3. 连接形式：法兰连接 4. 完成本清单项目所需的一切相关工作	个	291.31	39.31	11.45	7.97	208.36	14.07	10.15
031002006002	Y 形过滤器	1. 名称：Y 形过滤器 2. 规格：DN40mm 3. 连接形式：法兰连接 4. 完成本清单项目所需的一切相关工作	个	307.83	40.34	11.45	8.52	222.80	14.36	10.36
031002006003	Y 形过滤器	1. 名称：Y 形过滤器 2. 规格：DN50mm 3. 连接形式：法兰连接 4. 完成本清单项目所需的一切相关工作	个	382.69	47.48	11.59	9.20	286.24	16.37	11.81
031002006004	Y 形过滤器	1. 名称：Y 形过滤器 2. 规格：DN65mm 3. 连接形式：法兰连接 4. 完成本清单项目所需的一切相关工作	个	553.68	72.68	22.91	10.80	401.67	26.50	19.12
031002006005	Y 形过滤器	1. 名称：Y 形过滤器 2. 规格：DN80mm 3. 连接形式：法兰连接 4. 完成本清单项目所需的一切相关工作	个	669.47	82.12	22.91	17.48	496.84	29.11	21.01
031002006006	Y 形过滤器	1. 名称：Y 形过滤器 2. 规格：DN100mm 3. 连接形式：法兰连接 4. 完成本清单项目所需的一切相关工作	个	820.48	101.22	26.91	19.23	611.97	35.52	25.63

续表

项目编码	标准名称	项目特征	计量单位	综合单价	人工费	机械费	材料费		管理费	利润
							辅材费	主材费		
031002006007	Y形过滤器	1. 名称：Y形过滤器 2. 规格：DN125mm 3. 连接形式：法兰连接 4. 完成本清单项目所需的一切相关工作	个	1064.93	129.59	28.80	22.15	808.80	43.91	31.68
031002006008	Y形过滤器	1. 名称：Y形过滤器 2. 规格：DN150mm 3. 连接形式：法兰连接 4. 完成本清单项目所需的一切相关工作	个	1317.92	142.82	30.75	32.32	1029.21	48.11	34.71
031002006009	Y形过滤器	1. 名称：Y形过滤器 2. 规格：DN200mm 3. 连接形式：法兰连接 4. 完成本清单项目所需的一切相关工作	个	2107.74	223.66	65.88	49.88	1630.15	80.26	57.91
031002006010	Y形过滤器	1. 名称：Y形过滤器 2. 规格：DN250mm 3. 连接形式：法兰连接 4. 完成本清单项目所需的一切相关工作	个	2901.82	254.58	144.95	76.29	2235.34	110.75	79.91
031002006011	Y形过滤器	1. 名称：Y形过滤器 2. 规格：DN300mm 3. 连接形式：法兰连接 4. 完成本清单项目所需的一切相关工作	个	4075.37	297.22	166.54	83.13	3307.18	128.55	92.75
031002006012	Y形过滤器	1. 名称：Y形过滤器 2. 规格：DN350mm 3. 连接形式：法兰连接 4. 完成本清单项目所需的一切相关工作	个	5462.32	358.96	176.09	104.62	4567.32	148.32	107.01
031002006013	Y形过滤器	1. 名称：Y形过滤器 2. 规格：DN400mm 3. 连接形式：法兰连接 4. 完成本清单项目所需的一切相关工作	个	6729.02	407.86	240.00	190.24	5581.76	179.59	129.57
031002008001	可曲挠橡胶接头	1. 名称：可曲挠橡胶接头 2. 规格：DN40mm 3. 连接形式：法兰连接 4. 完成本清单项目所需的一切相关工作	个	147.75	36.78	11.36	13.86	62.78	13.34	9.63
031002008002	可曲挠橡胶接头	1. 名称：可曲挠橡胶接头 2. 规格：DN50mm 3. 连接形式：法兰连接 4. 完成本清单项目所需的一切相关工作	个	187.72	42.01	11.36	14.30	94.59	14.79	10.67
031002008003	可曲挠橡胶接头	1. 名称：可曲挠橡胶接头 2. 规格：DN65mm 3. 连接形式：法兰连接 4. 完成本清单项目所需的一切相关工作	个	282.65	62.62	22.45	14.85	142.14	23.58	17.01

续表

项目编码	标准名称	项目特征	计量单位	综合单价	人工费	机械费	材料费		管理费	利润
							辅材费	主材费		
031002008004	可曲挠橡胶接头	1. 名称：可曲挠橡胶接头 2. 规格：DN80mm 3. 连接形式：法兰连接 4. 完成本清单项目所需的一切相关工作	个	332.70	71.42	22.45	28.04	166.00	26.02	18.77
031002008005	可曲挠橡胶接头	1. 名称：可曲挠橡胶接头 2. 规格：DN100mm 3. 连接形式：法兰连接 4. 完成本清单项目所需的一切相关工作	个	406.29	88.62	26.35	29.28	207.18	31.87	22.99
031002008006	可曲挠橡胶接头	1. 名称：可曲挠橡胶接头 2. 规格：DN125mm 3. 连接形式：法兰连接 4. 完成本清单项目所需的一切相关工作	个	517.38	113.42	27.33	30.62	278.84	39.02	28.15
031002008007	可曲挠橡胶接头	1. 名称：可曲挠橡胶接头 2. 规格：DN150mm 3. 连接形式：法兰连接 4. 完成本清单项目所需的一切相关工作	个	661.45	124.36	29.28	69.57	364.92	42.59	30.73
031002008008	可曲挠橡胶接头	1. 名称：可曲挠橡胶接头 2. 规格：DN200mm 3. 连接形式：法兰连接 4. 完成本清单项目所需的一切相关工作	个	948.00	194.50	64.41	105.50	460.04	71.77	51.78
031002008009	可曲挠橡胶接头	1. 名称：可曲挠橡胶接头 2. 规格：DN250mm 3. 连接形式：法兰连接 4. 完成本清单项目所需的一切相关工作	个	1075.72	221.60	111.11	112.97	471.27	92.23	66.54
031002008010	可曲挠橡胶接头	1. 名称：可曲挠橡胶接头 2. 规格：DN300mm 3. 连接形式：法兰连接 4. 完成本清单项目所需的一切相关工作	个	1252.31	258.54	132.97	116.75	557.22	108.53	78.30
031002008011	可曲挠橡胶接头	1. 名称：可曲挠橡胶接头 2. 规格：DN350mm 3. 连接形式：法兰连接 4. 完成本清单项目所需的一切相关工作	个	2098.29	313.38	142.25	158.05	1267.18	126.30	91.13
031002008012	可曲挠橡胶接头	1. 名称：可曲挠橡胶接头 2. 规格：DN400mm 3. 连接形式：法兰连接 4. 完成本清单项目所需的一切相关工作	个	2544.24	353.49	173.66	163.91	1601.62	146.13	105.43
031002001029	可调式减压阀	1. 名称：可调式减压阀 2. 规格：DN50mm 3. 连接形式：法兰连接 4. 完成本清单项目所需的一切相关工作	个	726.79	41.77	9.65	10.28	640.56	14.25	10.28

续表

项目编码	标准名称	项目特征	计量单位	综合单价	人工费	机械费	材料费		管理费	利润
							辅材费	主材费		
031002001030	可调式减压阀	1. 名称：可调式减压阀 2. 规格：DN65mm 3. 连接形式：法兰连接 4. 完成本清单项目所需的一切相关工作	个	832.47	62.78	16.98	12.51	702.14	22.11	15.95
031002001031	可调式减压阀	1. 名称：可调式减压阀 2. 规格：DN80mm 3. 连接形式：法兰连接 4. 完成本清单项目所需的一切相关工作	个	925.61	71.42	16.98	19.47	775.56	24.50	17.68
031002001032	可调式减压阀	1. 名称：可调式减压阀 2. 规格：DN100mm 3. 连接形式：法兰连接 4. 完成本清单项目所需的一切相关工作	个	1013.79	88.62	19.95	21.63	831.78	30.10	21.71
031002001033	可调式减压阀	1. 名称：可调式减压阀 2. 规格：DN125mm 3. 连接形式：法兰连接 4. 完成本清单项目所需的一切相关工作	个	1212.90	113.19	21.58	24.98	988.84	37.36	26.95
031002001034	可调式减压阀	1. 名称：可调式减压阀 2. 规格：DN150mm 3. 连接形式：法兰连接 4. 完成本清单项目所需的一切相关工作	个	1421.29	124.75	23.02	35.51	1167.50	40.96	29.55
031002001035	可调式减压阀	1. 名称：可调式减压阀 2. 规格：DN200mm 3. 连接形式：法兰连接 4. 完成本清单项目所需的一切相关工作	个	2509.44	195.13	48.88	55.99	2093.00	67.64	48.80
030603002001	电磁阀	1. 名称：电磁阀 2. 规格：DN50mm 3. 连接形式：法兰连接 4. 完成本清单项目所需的一切相关工作	个	773.72	209.40	43.44	15.90	380.00	74.41	50.57
030603002002	电磁阀	1. 名称：电磁阀 2. 规格：DN65mm 3. 连接形式：法兰连接 4. 完成本清单项目所需的一切相关工作	个	908.72	209.40	43.44	15.90	515.00	74.41	50.57
030603002003	电磁阀	1. 名称：电磁阀 2. 规格：DN80mm 3. 连接形式：法兰连接 4. 完成本清单项目所需的一切相关工作	个	993.72	209.40	43.44	15.90	600.00	74.41	50.57
031002001036	截止阀	1. 名称：塑料截止阀 2. 规格：DN15mm 3. 连接形式：粘接 4. 完成本清单项目所需的一切相关工作	个	30.28	8.40	0.39	2.14	15.15	2.44	1.76

续表

项目编码	标准名称	项目特征	计量单位	综合单价	人工费	机械费	材料费		管理费	利润
							辅材费	主材费		
031002001037	截止阀	1. 名称：塑料截止阀 2. 规格：DN20mm 3. 连接形式：粘接 4. 完成本清单项目所需的一切相关工作	个	35.79	8.40	0.47	2.49	20.20	2.46	1.77
031002001038	截止阀	1. 名称：塑料截止阀 2. 规格：DN25mm 3. 连接形式：粘接 4. 完成本清单项目所需的一切相关工作	个	43.66	10.30	0.82	2.93	24.31	3.08	2.22
031002001039	截止阀	1. 名称：塑料截止阀 2. 规格：DN32mm 3. 连接形式：粘接 4. 完成本清单项目所需的一切相关工作	个	59.33	12.37	1.09	3.25	36.20	3.73	2.69
031002001040	截止阀	1. 名称：塑料截止阀 2. 规格：DN40mm 3. 连接形式：粘接 4. 完成本清单项目所需的一切相关工作	个	85.89	22.90	1.29	3.89	46.26	6.71	4.84
031002001041	截止阀	1. 名称：塑料截止阀 2. 规格：DN50mm 3. 连接形式：粘接 4. 完成本清单项目所需的一切相关工作	个	106.37	22.90	2.00	5.23	64.36	6.90	4.98
031002001042	截止阀	1. 名称：全铜螺纹截止阀 2. 规格：DN15mm 3. 连接形式：螺纹连接 4. 完成本清单项目所需的一切相关工作	个	55.35	8.40	0.39	2.14	40.22	2.44	1.76
031002001043	截止阀	1. 名称：全铜螺纹截止阀 2. 规格：DN20mm 3. 连接形式：螺纹连接 4. 完成本清单项目所需的一切相关工作	个	66.53	8.40	0.47	2.49	50.94	2.46	1.77
031002001044	截止阀	1. 名称：全铜螺纹截止阀 2. 规格：DN25mm 3. 连接形式：螺纹连接 4. 完成本清单项目所需的一切相关工作	个	79.41	10.30	0.82	2.93	60.06	3.08	2.22
031002001045	截止阀	1. 名称：全铜螺纹截止阀 2. 规格：DN32mm 3. 连接形式：螺纹连接 4. 完成本清单项目所需的一切相关工作	个	97.68	12.37	1.09	3.25	74.55	3.73	2.69
031002001046	截止阀	1. 名称：全铜螺纹截止阀 2. 规格：DN40mm 3. 连接形式：螺纹连接 4. 完成本清单项目所需的一切相关工作	个	142.06	22.90	1.29	3.89	102.43	6.71	4.84

续表

项目编码	标准名称	项目特征	计量单位	综合单价	人工费	机械费	材料费		管理费	利润
							辅材费	主材费		
031002001047	截止阀	1. 名称：全铜螺纹截止阀 2. 规格：DN50mm 3. 连接形式：螺纹连接 4. 完成本清单项目所需的一切相关工作	个	173.40	22.90	2.00	5.23	131.39	6.90	4.98
031002001048	排气阀	1. 名称：全铜排气阀 2. 规格：DN15mm 3. 连接形式：螺纹连接 4. 完成本清单项目所需的一切相关工作	个	65.95	15.14	0.15	7.25	36.11	4.24	3.06
031002001049	排气阀	1. 名称：全铜排气阀 2. 规格：DN20mm 3. 连接形式：螺纹连接 4. 完成本清单项目所需的一切相关工作	个	84.77	19.97	0.19	8.26	46.73	5.59	4.03
031002001050	排气阀	1. 名称：全铜排气阀 2. 规格：DN25mm 3. 连接形式：螺纹连接 4. 完成本清单项目所需的一切相关工作	个	104.96	24.81	0.27	9.86	58.05	6.95	5.02
031002001051	真空破坏器	1. 名称：真空破坏器 2. 规格：DN15mm 3. 完成本清单项目所需的一切相关工作	个	119.71	8.40	0.39	2.14	104.58	2.44	1.76
030611002001	压力表	1. 名称：压力表 2. 规格：0～1.6MPa 3. 连接形式：螺纹连接 4. 完成本清单项目所需的一切相关工作	个	166.83	106.06	0.00	8.35	0.00	31.21	21.21
031003014001	水龙头	1. 名称：水龙头安装 2. 规格：DN15mm 3. 完成本清单项目所需的一切相关工作	个	78.58	3.13	0.00	0.89	73.06	0.87	0.63
031003014002	水龙头	1. 名称：水龙头安装 2. 规格：DN20mm 3. 完成本清单项目所需的一切相关工作	个	88.99	3.23	0.00	1.10	83.11	0.90	0.65
031003014003	水龙头	1. 名称：水龙头安装 2. 规格：DN25mm 3. 完成本清单项目所需的一切相关工作	个	132.92	3.97	0.00	1.31	125.75	1.10	0.79
031003003001	洗脸盆	1. 名称：感应洗脸盆 2. 材质：陶瓷 3. 包括感应式水龙头、角阀、存水弯、软管、排水栓、螺纹管件等所需配件 4. 完成本清单项目所需的一切相关工作	套	549.14	62.59	0.00	8.86	447.82	17.35	12.52

续表

项目编码	标准名称	项目特征	计量单位	综合单价	人工费	机械费	材料费		管理费	利润
							辅材费	主材费		
031003003002	洗脸盆	1. 名称：冷热洗脸盆 2. 材质：陶瓷 3. 包括感应式水龙头、角阀、存水弯、软管、排水栓、螺纹管件等所需配件 4. 完成本清单项目所需的一切相关工作	套	326.94	62.59	0.00	8.86	225.62	17.35	12.52
031003004001	洗涤盆	1. 名称：单槽洗涤盆 2. 材质：304 不锈钢 3. 规格：500mm × 400mm 4. 包括冷热水龙头、角阀、存水弯、软管、排水栓、螺纹管件等所需配件 5. 完成本清单项目所需的一切相关工作	套	239.50	55.03	0.00	27.92	130.29	15.25	11.01
031003004002	洗涤盆	1. 名称：双槽洗涤盆 2. 材质：304 不锈钢 3. 规格：780mm × 430mm 4. 包括冷热水龙头、角阀、存水弯、软管、排水栓、螺纹管件等所需配件 5. 完成本清单项目所需的一切相关工作	套	411.20	55.03	0.00	27.92	301.99	15.25	11.01
031003010001	淋浴器	1. 名称：淋浴器 2. 包含淋浴花洒、软管等配件 3. 完成本清单项目所需的一切相关工作	套	392.39	18.97	0.00	6.19	358.18	5.26	3.79
031003007001	小便器	1. 名称：手动小便器 2. 材质：陶瓷 3. 包含手动开关、角阀、软管等配件 4. 完成本清单项目所需的一切相关工作	套	437.56	33.15	0.00	40.14	348.45	9.19	6.63
031003007002	小便器	1. 名称：感应小便器 2. 材质：陶瓷 3. 包含感应器、角阀、软管等配件 4. 完成本清单项目所需的一切相关工作	套	667.12	39.04	0.00	40.57	568.88	10.82	7.81
031003006001	大便器	1. 名称：坐式大便器 2. 材质：陶瓷 3. 包含水箱、盖板、角阀、软管等配件 4. 完成本清单项目所需的一切相关工作	套	779.55	70.64	0.00	25.79	649.41	19.58	14.13
031003006002	大便器	1. 名称：水箱蹲式大便器 2. 材质：陶瓷 3. 包含水箱、角阀、软管等配件 4. 完成本清单项目所需的一切相关工作	套	593.50	95.48	0.00	46.32	406.13	26.47	19.10

续表

项目编码	标准名称	项目特征	计量单位	综合单价	人工费	机械费	材料费		管理费	利润
							辅材费	主材费		
031003006003	大便器	1. 名称：非感应蹲式大便器 2. 材质：陶瓷 3. 包含手动或脚踏开关、角阀等配件 4. 完成本清单项目所需的一切相关工作	套	631.90	58.49	0.00	27.10	518.40	16.21	11.70
031003006004	大便器	1. 名称：感应蹲式大便器 2. 材质：陶瓷 3. 包含感应式开关、角阀等配件 4. 完成本清单项目所需的一切相关工作	套	967.97	62.11	0.00	27.10	849.12	17.22	12.42
030109001001	潜污泵	1. 名称：潜污泵 2. 功率：0.75kW 3. 参数：按设计图纸 4. 完成本清单项目所需的一切相关工作	台	1922.10	168.28	0.00	3.08	1650.00	67.08	33.66
030109001002	潜污泵	1. 名称：潜污泵 2. 功率：1.1kW 3. 参数：按设计图纸 4. 完成本清单项目所需的一切相关工作	台	2692.10	168.28	0.00	3.08	2420.00	67.08	33.66
030109001003	潜污泵	1. 名称：潜污泵 2. 功率：1.5kW 3. 参数：按设计图纸 4. 完成本清单项目所需的一切相关工作	台	3572.10	168.28	0.00	3.08	3300.00	67.08	33.66
030109001004	潜污泵	1. 名称：潜污泵 2. 功率：2.2kW 3. 参数：按设计图纸 4. 完成本清单项目所需的一切相关工作	台	5112.10	168.28	0.00	3.08	4840.00	67.08	33.66
030109001005	潜污泵	1. 名称：潜污泵 2. 功率：3kW 3. 参数：按设计图纸 4. 完成本清单项目所需的一切相关工作	台	6872.10	168.28	0.00	3.08	6600.00	67.08	33.66
030109001006	潜污泵	1. 名称：潜污泵 2. 功率：5.5kW 3. 参数：按设计图纸 4. 完成本清单项目所需的一切相关工作	台	12439.96	209.99	0.00	4.27	12100.00	83.70	42.00
030109001007	潜污泵	1. 名称：潜污泵 2. 功率：7.5kW 3. 参数：按设计图纸 4. 完成本清单项目所需的一切相关工作	台	16839.96	209.99	0.00	4.27	16500.00	83.70	42.00

续表

项目编码	标准名称	项目特征	计量单位	综合单价	人工费	机械费	材料费		管理费	利润
							辅材费	主材费		
030804003001	接泵焊接管件	1. 名称及规格：异径管DN40mm 2. 本体及附件安装 3. 完成本清单项目所需的一切相关工作	个	61.62	29.42	5.18	5.73	4.21	10.16	6.92
030804003002	接泵焊接管件	1. 名称及规格：异径管DN65mm 2. 本体及附件安装 3. 完成本清单项目所需的一切相关工作	个	106.81	43.09	8.62	10.20	19.38	15.18	10.34
031001011001	阻火圈	1. 名称：阻火圈 2. 规格：De50 3. 完成本清单项目所需的一切相关工作	个	47.20	7.48	0.00	1.15	35.00	2.07	1.50
031001011002	阻火圈	1. 名称：阻火圈 2. 规格：De75 3. 完成本清单项目所需的一切相关工作	个	67.40	8.40	0.00	1.15	53.84	2.33	1.68
031001011003	阻火圈	1. 名称：阻火圈 2. 规格：De90 3. 完成本清单项目所需的一切相关工作	个	78.86	9.35	0.00	1.15	63.90	2.59	1.87
031001011004	阻火圈	1. 名称：阻火圈 2. 规格：De110 3. 完成本清单项目所需的一切相关工作	个	83.86	9.35	0.00	1.15	68.90	2.59	1.87
031001011005	阻火圈	1. 名称：阻火圈 2. 规格：De160 3. 完成本清单项目所需的一切相关工作	个	139.07	11.22	0.00	1.15	121.35	3.11	2.24
031001011006	阻火圈	1. 名称：阻火圈 2. 规格：De200 3. 完成本清单项目所需的一切相关工作	个	231.96	12.73	0.00	1.15	212.00	3.53	2.55
031003014004	地漏	1. 名称：塑料地漏 2. 规格：DN50mm 3. 完成本清单项目所需的一切相关工作	个	33.03	18.13	0.00	0.07	6.17	5.03	3.63
031003014005	地漏	1. 名称：塑料地漏 2. 规格：DN80mm 3. 完成本清单项目所需的一切相关工作	个	61.00	35.06	0.00	0.09	9.12	9.72	7.01
031003014006	地漏	1. 名称：塑料地漏 2. 规格：DN100mm 3. 完成本清单项目所需的一切相关工作	个	72.85	41.08	0.00	0.09	12.07	11.39	8.22
031003014007	地漏	1. 名称：塑料地漏 2. 规格：DN150mm 3. 完成本清单项目所需的一切相关工作	个	116.57	64.86	0.00	0.12	20.64	17.98	12.97

续表

项目编码	标准名称	项目特征	计量单位	综合单价	人工费	机械费	材料费		管理费	利润
							辅材费	主材费		
031003014008	地漏	1. 名称：不锈钢地漏 2. 规格：DN50mm 3. 完成本清单项目所需的一切相关工作	个	45.70	14.28	0.00	2.55	22.05	3.96	2.86
031003014009	地漏	1. 名称：不锈钢地漏 2. 规格：DN80mm 3. 完成本清单项目所需的一切相关工作	个	85.60	33.38	0.00	3.64	32.65	9.25	6.68
031003014010	地漏	1. 名称：不锈钢地漏 2. 规格：DN100mm 3. 完成本清单项目所需的一切相关工作	个	102.65	33.38	0.00	4.80	48.54	9.25	6.68
031003014011	地漏	1. 名称：不锈钢地漏 2. 规格：DN150mm 3. 完成本清单项目所需的一切相关工作	个	125.91	33.38	0.00	7.46	69.14	9.25	6.68
031003014012	雨水斗	1. 名称：圆形塑料雨水斗 2. 规格：DN100mm 3. 完成本清单项目所需的一切相关工作	个	91.93	34.60	0.00	0.21	40.61	9.59	6.92
031003014013	雨水斗	1. 名称：圆形塑料雨水斗 2. 规格：DN150mm 3. 完成本清单项目所需的一切相关工作	个	138.83	37.85	0.00	0.34	82.58	10.49	7.57
031003014014	雨水斗	1. 名称：铸铁圆形雨水斗 2. 规格：DN100mm 3. 完成本清单项目所需的一切相关工作	个	91.93	34.60	0.00	0.21	40.61	9.59	6.92
031003014015	雨水斗	1. 名称：铸铁圆形雨水斗 2. 规格：DN150mm 3. 完成本清单项目所需的一切相关工作	个	142.25	37.85	0.00	0.34	86.00	10.49	7.57
031003014016	雨水斗	1. 名称：铸铁侧排雨水斗 2. 规格：DN75mm 3. 完成本清单项目所需的一切相关工作	个	105.80	34.60	0.00	0.21	54.48	9.59	6.92
031003014017	雨水斗	1. 名称：铸铁侧排雨水斗 2. 规格：DN100mm 3. 完成本清单项目所需的一切相关工作	个	108.67	34.60	0.00	0.21	57.35	9.59	6.92
031301003001	塑料套管	1. 名称：塑料套管制作和 2. 规格：DN50mm 3. 含套管与孔洞之间填充及修补工作 4. 完成本清单项目所需的一切相关工作	个	30.28	14.11	0.00	7.13	2.31	3.91	2.82

续表

项目编码	标准名称	项目特征	计量单位	综合单价	人工费	机械费	材料费		管理费	利润
							辅材费	主材费		
031301003002	塑料套管	1. 名称：塑料套管 2. 规格：DN80mm 3. 含套管与孔洞之间填充及修补工作 4. 完成本清单项目所需的一切相关工作	个	48.04	15.14	0.00	21.73	3.94	4.20	3.03
031301003003	塑料套管	1. 名称：塑料套管 2. 规格：DN100mm 3. 含套管与孔洞之间填充及修补工作 4. 完成本清单项目所需的一切相关工作	个	49.58	15.14	0.00	21.73	5.48	4.20	3.03
031301003004	塑料套管	1. 名称：塑料套管 2. 规格：DN150mm 3. 含套管与孔洞之间填充及修补工作 4. 完成本清单项目所需的一切相关工作	个	68.46	17.20	0.00	32.90	10.15	4.77	3.44
031301003005	塑料套管	1. 名称：塑料套管 2. 规格：DN200mm 3. 含套管与孔洞之间填充及修补工作 4. 完成本清单项目所需的一切相关工作	个	78.42	18.47	0.00	34.06	17.08	5.12	3.69
031301003006	钢套管	1. 名称：钢套管 2. 规格：DN40mm 3. 含套管与孔洞之间填充及修补工作 4. 完成本清单项目所需的一切相关工作	个	46.91	16.57	1.12	9.37	11.41	4.90	3.54
031301003007	钢套管	1. 名称：钢套管 2. 规格：DN50mm 3. 含套管与孔洞之间填充及修补工作 4. 完成本清单项目所需的一切相关工作	个	75.11	31.22	5.43	9.37	11.41	10.35	7.33
031301003008	钢套管	1. 名称：钢套管 2. 规格：DN65mm 3. 含套管与孔洞之间填充及修补工作 4. 完成本清单项目所需的一切相关工作	个	60.55	22.27	1.18	13.13	12.78	6.50	4.69
031301003009	钢套管	1. 名称：钢套管 2. 规格：DN80mm 3. 含套管与孔洞之间填充及修补工作 4. 完成本清单项目所需的一切相关工作	个	84.05	29.41	1.45	24.40	14.07	8.55	6.17

续表

项目编码	标准名称	项目特征	计量单位	综合单价	人工费	机械费	材料费		管理费	利润
							辅材费	主材费		
031301003010	钢套管	1. 名称：钢套管 2. 规格：DN100mm 3. 含套管与孔洞之间填充及修补工作 4. 完成本清单项目所需的一切相关工作	个	105.64	40.34	1.71	25.53	17.99	11.66	8.41
031301003011	钢套管	1. 名称：钢套管 2. 规格：DN150mm 3. 含套管与孔洞之间填充及修补工作 4. 完成本清单项目所需的一切相关工作	个	173.68	68.48	1.85	36.67	33.11	19.50	14.07
031301003012	钢套管	1. 名称：钢套管 2. 规格：DN200mm 3. 含套管与孔洞之间填充及修补工作 4. 完成本清单项目所需的一切相关工作	个	208.48	83.39	2.15	39.45	42.67	23.71	17.11
031301003013	钢套管	1. 名称：钢套管 2. 规格：DN250mm 3. 含套管与孔洞之间填充及修补工作 4. 完成本清单项目所需的一切相关工作	个	242.66	88.45	3.02	41.88	65.66	25.36	18.29
031301003014	防水套管	1. 名称：刚性防水套管 2. 规格：DN50mm 3. 含套管与孔洞之间填充及修补工作 4. 完成本清单项目所需的一切相关工作	个	207.55	95.57	8.67	28.26	25.31	28.89	20.85
031301003015	防水套管	1. 名称：刚性防水套管 2. 规格：DN80mm 3. 含套管与孔洞之间填充及修补工作 4. 完成本清单项目所需的一切相关工作	个	253.70	110.35	10.54	43.72	31.40	33.51	24.18
031301003016	防水套管	1. 名称：刚性防水套管 2. 规格：DN100mm 3. 含套管与孔洞之间填充及修补工作 4. 完成本清单项目所需的一切相关工作	个	295.94	127.10	15.81	45.31	39.52	39.62	28.58

续表

项目编码	标准名称	项目特征	计量单位	综合单价	人工费	机械费	材料费		管理费	利润
							辅材费	主材费		
031301003017	防水套管	1. 名称：刚性防水套管 2. 规格：DN150mm 3. 含套管与孔洞之间填充及修补工作 4. 完成本清单项目所需的一切相关工作	个	353.88	146.64	18.12	48.54	61.95	45.68	32.95
031301003018	防水套管	1. 名称：刚性防水套管 2. 规格：DN200mm 3. 含套管与孔洞之间填充及修补工作 4. 完成本清单项目所需的一切相关工作	个	460.45	189.58	20.59	59.08	90.90	58.26	42.04
031301003019	防水套管	1. 名称：刚性防水套管 2. 规格：DN250mm 3. 含套管与孔洞之间填充及修补工作 4. 完成本清单项目所需的一切相关工作	个	578.25	224.60	25.41	88.64	120.30	69.30	50.00
031301003020	防水套管	1. 名称：柔性防水套管 2. 规格：DN50mm 3. 含套管与孔洞之间填充及修补工作 4. 完成本清单项目所需的一切相关工作	个	311.28	134.88	20.84	18.61	62.65	43.16	31.14
031301003021	防水套管	1. 名称：柔性防水套管 2. 规格：DN80mm 3. 含套管与孔洞之间填充及修补工作 4. 完成本清单项目所需的一切相关工作	个	396.61	158.88	26.47	25.02	97.79	51.38	37.07
031301003022	防水套管	1. 名称：柔性防水套管 2. 规格：DN100mm 3. 含套管与孔洞之间填充及修补工作 4. 完成本清单项目所需的一切相关工作	个	481.16	192.40	40.03	27.84	109.97	64.43	46.49
031301003023	防水套管	1. 名称：柔性防水套管 2. 规格：DN150mm 3. 含套管与孔洞之间填充及修补工作 4. 完成本清单项目所需的一切相关工作	个	622.96	253.86	44.90	37.23	144.41	82.81	59.75

续表

项目编码	标准名称	项目特征	计量单位	综合单价	人工费	机械费	材料费		管理费	利润
							辅材费	主材费		
031301003024	防水套管	1. 名称：柔性防水套管 2. 规格：DN200mm 3. 含套管与孔洞之间填充及修补工作 4. 完成本清单项目所需的一切相关工作	个	767.09	277.54	50.62	50.08	232.26	90.96	65.63
031301003025	防水套管	1. 名称：柔性防水套管 2. 规格：DN250mm 3. 含套管与孔洞之间填充及修补工作 4. 完成本清单项目所需的一切相关工作	个	893.64	307.21	62.18	66.81	281.16	102.40	73.88

室外给水排水工程标准清单库　　表 4.4-2

项目编码	标准名称	项目特征	计量单位	综合单价	人工费	机械费	材料费		管理费	利润
							辅材费	主材费		
031001002014	室外给水镀锌钢管	1. 名称及规格：给水镀锌钢管 DN50mm 2. 连接形式：螺纹连接 3. 管道防腐：石油沥青玻璃布，一布二油 4. 管道消毒、冲洗及水压试验 5. 完成本清单项目所需的一切相关工作	m	58.22	12.78	0.84	4.40	33.87	3.61	2.72
031001002015	室外给水镀锌钢管	1. 名称及规格：给水镀锌钢管 DN65mm 2. 连接形式：螺纹连接 3. 管道防腐：石油沥青玻璃布，一布二油 4. 管道消毒、冲洗及水压试验 5. 完成本清单项目所需的一切相关工作	m	74.31	14.49	1.10	6.03	45.46	4.11	3.12
031001002016	室外给水镀锌钢管	1. 名称及规格：给水镀锌钢管 DN80mm 2. 连接形式：螺纹连接 3. 管道防腐：石油沥青玻璃布，一布二油 4. 管道消毒、冲洗及水压试验 5. 完成本清单项目所需的一切相关工作	m	86.35	16.49	1.48	7.09	52.99	4.71	3.59
031001002017	室外给水镀锌钢管	1. 名称及规格：给水镀锌钢管 DN100mm 2. 连接形式：螺纹连接 3. 管道防腐：石油沥青玻璃布，一布二油 4. 管道消毒、冲洗及水压试验 5. 完成本清单项目所需的一切相关工作	m	120.54	19.63	8.98	8.91	69.71	7.59	5.72

续表

项目编码	标准名称	项目特征	计量单位	综合单价	人工费	机械费	材料费		管理费	利润
							辅材费	主材费		
031001002018	室外给水镀锌钢管	1. 名称及规格：给水镀锌钢管 DN125mm 2. 连接形式：沟槽式连接 3. 管道防腐：石油沥青玻璃布，一布二油 4. 管道消毒、冲洗及水压试验 5. 完成本清单项目所需的一切相关工作	m	195.41	45.50	6.26	8.25	111.12	13.93	10.35
031001002019	室外给水镀锌钢管	1. 名称及规格：给水镀锌钢管 DN150mm 2. 连接形式：螺纹连接 3. 管道防腐：石油沥青玻璃布，一布二油 4. 管道消毒、冲洗及水压试验 5. 完成本清单项目所需的一切相关工作	m	217.11	47.65	7.00	9.94	126.94	14.65	10.93
031001002020	室外给水镀锌钢管	1. 名称及规格：给水镀锌钢管 DN200mm 2. 连接形式：沟槽式连接 3. 管道防腐：石油沥青玻璃布，一布二油 4. 管道消毒、冲洗及水压试验 5. 完成本清单项目所需的一切相关工作	m	353.32	47.84	7.60	4.64	266.95	15.20	11.09
031001007012	室外钢塑复合管	1. 名称及规格：室外钢塑复合管 DN15mm 2. 连接形式：螺纹连接 3. 管道防腐：石油沥青玻璃布，一布二油 4. 管道消毒、冲洗及水压试验 5. 完成本清单项目所需的一切相关工作	m	49.90	21.47	0.38	3.56	14.11	6.01	4.37
031001007013	室外钢塑复合管	1. 名称及规格：室外钢塑复合管 DN20mm 2. 连接形式：螺纹连接 3. 管道防腐：石油沥青玻璃布，一布二油 4. 管道消毒、冲洗及水压试验 5. 完成本清单项目所需的一切相关工作	m	53.95	22.67	0.43	4.32	15.57	6.34	4.62
031001007014	室外钢塑复合管	1. 名称及规格：室外钢塑复合管 DN25mm 2. 连接形式：螺纹连接 3. 管道防腐：石油沥青玻璃布，一布二油 4. 管道消毒、冲洗及水压试验 5. 完成本清单项目所需的一切相关工作	m	67.52	27.29	0.97	5.33	20.53	7.75	5.65

续表

项目编码	标准名称	项目特征	计量单位	综合单价	人工费	机械费	材料费		管理费	利润
							辅材费	主材费		
031001007015	室外钢塑复合管	1. 名称及规格：室外钢塑复合管 DN32mm 2. 连接形式：螺纹连接 3. 管道防腐：石油沥青玻璃布，一布二油 4. 管道消毒、冲洗及水压试验 5. 完成本清单项目所需的一切相关工作	m	77.77	29.80	1.28	5.96	26.00	8.51	6.22
031001007016	室外钢塑复合管	1. 名称及规格：室外钢塑复合管 DN40mm 2. 连接形式：螺纹连接 3. 管道防腐：石油沥青玻璃布，一布二油 4. 管道消毒、冲洗及水压试验 5. 完成本清单项目所需的一切相关工作	m	81.92	29.89	1.92	4.30	30.76	8.69	6.36
031001007017	室外钢塑复合管	1. 名称及规格：室外钢塑复合管 DN50mm 2. 连接形式：螺纹连接 3. 管道防腐：石油沥青玻璃布，一布二油 4. 管道消毒、冲洗及水压试验 5. 完成本清单项目所需的一切相关工作	m	97.36	33.26	1.71	7.23	38.64	9.53	6.99
031001007018	室外钢塑复合管	1. 名称及规格：室外钢塑复合管 DN65mm 2. 连接形式：螺纹连接 3. 管道防腐：石油沥青玻璃布，一布二油 4. 管道消毒、冲洗及水压试验 5. 完成本清单项目所需的一切相关工作	m	117.21	35.98	1.84	8.40	53.16	10.27	7.56
031001007019	室外钢塑复合管	1. 名称及规格：室外钢塑复合管 DN80mm 2. 连接形式：螺纹连接 3. 管道防腐：石油沥青玻璃布，一布二油 4. 管道消毒、冲洗及水压试验 5. 完成本清单项目所需的一切相关工作	m	136.95	38.00	2.16	9.62	68.28	10.86	8.03
031001007020	室外钢塑复合管	1. 名称及规格：室外钢塑复合管 DN100mm 2. 连接形式：螺纹连接 3. 管道防腐：石油沥青玻璃布，一布二油 4. 管道消毒、冲洗及水压试验 5. 完成本清单项目所需的一切相关工作	m	175.99	43.57	4.94	11.24	93.43	13.11	9.70

续表

项目编码	标准名称	项目特征	计量单位	综合单价	人工费	机械费	材料费		管理费	利润
							辅材费	主材费		
031001007021	室外钢塑复合管	1. 名称及规格：室外钢塑复合管 DN125mm 2. 连接形式：螺纹连接 3. 管道防腐：石油沥青玻璃布，一布二油 4. 管道消毒、冲洗及水压试验 5. 完成本清单项目所需的一切相关工作	m	228.26	49.01	6.48	12.42	134.28	14.97	11.10
031001007022	室外钢塑复合管	1. 名称及规格：室外钢塑复合管 DN150mm 2. 连接形式：螺纹连接 3. 管道防腐：石油沥青玻璃布，一布二油 4. 管道消毒、冲洗及水压试验 5. 完成本清单项目所需的一切相关工作	m	262.79	54.85	7.31	14.14	157.33	16.73	12.43
031001008031	室外 PE 给水管	1. 名称及规格：室外 PE 给水管ϕ32mm（热熔） 2. 管道消毒、冲洗及水压试验 3. 完成本清单项目所需的一切相关工作	m	17.63	7.15	0.02	0.15	6.89	1.99	1.43
031001008032	室外 PE 给水管	1. 名称及规格：室外 PE 给水管ϕ40mm（热熔） 2. 管道消毒、冲洗及水压试验 3. 完成本清单项目所需的一切相关工作	m	22.43	7.86	0.02	0.18	10.61	2.18	1.58
031001008033	室外 PE 给水管	1. 名称及规格：室外 PE 给水管ϕ50mm（热熔） 2. 管道消毒、冲洗及水压试验 3. 完成本清单项目所需的一切相关工作	m	29.25	8.54	0.03	0.21	16.39	2.37	1.71
031001008034	室外 PE 给水管	1. 名称及规格：室外 PE 给水管ϕ63mm（热熔） 2. 管道消毒、冲洗及水压试验 3. 完成本清单项目所需的一切相关工作	m	35.68	9.44	0.03	0.25	21.45	2.62	1.89
031001008035	室外 PE 给水管	1. 名称及规格：室外 PE 给水管ϕ75mm（热熔） 2. 管道消毒、冲洗及水压试验 3. 完成本清单项目所需的一切相关工作	m	39.23	9.83	0.03	0.31	24.36	2.73	1.97
031001008036	室外 PE 给水管	1. 名称及规格：室外 PE 给水管ϕ90mm（热熔） 2. 管道消毒、冲洗及水压试验 3. 完成本清单项目所需的一切相关工作	m	43.74	10.48	0.03	0.41	27.81	2.91	2.10

续表

项目编码	标准名称	项目特征	计量单位	综合单价	人工费	机械费	材料费		管理费	利润
							辅材费	主材费		
031001008037	室外PE给水管	1. 名称及规格:室外PE给水管ϕ110mm（热熔） 2. 管道消毒、冲洗及水压试验 3. 完成本清单项目所需的一切相关工作	m	54.36	11.68	0.03	0.48	36.58	3.25	2.34
031001008038	室外PE给水管	1. 名称及规格:室外PE给水管ϕ160mm（热熔） 2. 管道消毒、冲洗及水压试验 3. 完成本清单项目所需的一切相关工作	m	96.12	13.23	5.67	0.63	67.57	5.24	3.78
031001001006	室外铸铁给水管	1. 名称及规格：室外铸铁给水管 DN100mm 2. 连接形式：胶圈接口 3. 管道防腐：石油沥青玻璃布，一布二油 4. 含泄漏试验 5. 完成本清单项目所需的一切相关工作	m	178.77	21.14	8.05	6.59	129.39	7.76	5.84
031001001007	室外铸铁给水管	1. 名称及规格：室外铸铁给水管 DN150mm 2. 连接形式：胶圈接口 3. 管道防腐：石油沥青玻璃布，一布二油 4. 含泄漏试验 5. 完成本清单项目所需的一切相关工作	m	215.44	27.19	10.63	9.93	150.15	9.98	7.56
031001001008	室外铸铁给水管	1. 名称及规格：室外铸铁给水管 DN200mm 2. 连接形式：胶圈接口 3. 管道防腐：石油沥青玻璃布，一布二油 4. 含泄漏试验 5. 完成本清单项目所需的一切相关工作	m	288.54	32.81	15.54	13.42	204.36	12.74	9.67
031001001009	室外铸铁给水管	1. 名称及规格：室外铸铁给水管 DN250mm 2. 连接形式：胶圈接口 3. 管道防腐：石油沥青玻璃布，一布二油 4. 含泄漏试验 5. 完成本清单项目所需的一切相关工作	m	370.86	37.27	27.65	17.09	258.71	17.16	12.98
031001001010	室外铸铁给水管	1. 名称及规格：室外铸铁给水管 DN300mm 2. 连接形式：胶圈接口 3. 管道防腐：石油沥青玻璃布，一布二油 4. 含泄漏试验 5. 完成本清单项目所需的一切相关工作	m	446.31	40.64	33.86	20.83	316.43	19.65	14.90

续表

项目编码	标准名称	项目特征	计量单位	综合单价	人工费	机械费	材料费		管理费	利润
							辅材费	主材费		
031001001011	室外离心式铸铁排水管	1. 名称及规格：离心式铸铁排水管 DN50mm 2. 连接形式：不锈钢卡箍连接 3. 管道防腐：石油沥青玻璃布，一布二油 4. 含泄漏试验 5. 完成本清单项目所需的一切相关工作	m	107.13	23.21	0.75	3.22	68.69	6.47	4.79
031001001012	室外离心式铸铁排水管	1. 名称及规格：离心式铸铁排水管 DN75mm 2. 连接形式：不锈钢卡箍连接 3. 管道防腐：石油沥青玻璃布，一布二油 4. 含泄漏试验 5. 完成本清单项目所需的一切相关工作	m	137.00	28.69	1.37	4.73	88.12	8.08	6.01
031001001013	室外离心式铸铁排水管	1. 名称及规格：离心式铸铁排水管 DN100mm 2. 连接形式：不锈钢卡箍连接 3. 管道防腐：石油沥青玻璃布，一布二油 4. 含泄漏试验 5. 完成本清单项目所需的一切相关工作	m	200.44	37.19	4.23	6.27	133.32	11.15	8.28
031001001014	室外离心式铸铁排水管	1. 名称及规格：离心式铸铁排水管 DN150mm 2. 连接形式：不锈钢卡箍连接 3. 管道防腐：石油沥青玻璃布，一布二油 4. 含泄漏试验 5. 完成本清单项目所需的一切相关工作	m	217.41	41.49	5.76	9.30	138.81	12.60	9.45
031001001015	室外离心式铸铁排水管	1. 名称及规格：离心式铸铁排水管 DN200mm 2. 连接形式：不锈钢卡箍连接 3. 管道防腐：石油沥青玻璃布，一布二油 4. 含泄漏试验 5. 完成本清单项目所需的一切相关工作	m	276.02	45.91	8.82	12.37	183.46	14.51	10.95
031001008039	室外 PVC-U 排水管	1. 名称及规格：室外 PVC-U 排水管 DN50mm 2. 连接形式：粘接 3. 含泄漏试验 4. 完成本清单项目所需的一切相关工作	m	15.97	6.95	0.00	0.21	5.49	1.93	1.39

续表

项目编码	标准名称	项目特征	计量单位	综合单价	人工费	机械费	材料费		管理费	利润
							辅材费	主材费		
031001008040	室外PVC-U排水管	1. 名称及规格：室外 PVC-U 排水管 DN75mm 2. 连接形式：粘接 3. 含泄漏试验 4. 完成本清单项目所需的一切相关工作	m	20.91	7.79	0.00	0.27	9.13	2.16	1.56
031001008041	室外PVC-U排水管	1. 名称及规格：室外 PVC-U 排水管 DN110mm 2. 连接形式：粘接 3. 含泄漏试验 4. 完成本清单项目所需的一切相关工作	m	32.08	9.37	0.01	0.36	17.86	2.60	1.88
031001008042	室外PVC-U排水管	1. 名称及规格：室外 PVC-U 排水管 DN160mm 2. 连接形式：粘接 3. 含泄漏试验 4. 完成本清单项目所需的一切相关工作	m	58.95	11.76	5.36	0.47	33.19	4.75	3.42
031001008043	室外PVC-U雨水管	1. 名称及规格：室外 PVC-U 雨水管 DN110mm 2. 连接形式：粘接 3. 含泄漏试验 4. 完成本清单项目所需的一切相关工作	m	32.08	9.37	0.01	0.36	17.86	2.60	1.88
031001008044	室外PVC-U雨水管	1. 名称及规格：室外 PVC-U 雨水管 DN160mm 2. 连接形式：粘接 3. 含泄漏试验 4. 完成本清单项目所需的一切相关工作	m	58.95	11.76	5.36	0.47	33.19	4.75	3.42
031001008045	室外PVC-U双壁波纹管	1. 名称及规格：室外 PVC-U 双壁波纹管 ϕ200mm（环刚度 S1 级，4kN/m^2） 2. 连接形式：密封橡胶圈连接 3. 含泄漏试验 4. 完成本清单项目所需的一切相关工作	m	41.44	11.66	0.52	2.66	22.03	2.14	2.43
031001008046	室外PVC-U双壁波纹管	1. 名称及规格：室外 PVC-U 双壁波纹管 ϕ250mm（环刚度 S1 级，4kN/m^2） 2. 连接形式：密封橡胶圈连接 3. 含泄漏试验 4. 完成本清单项目所需的一切相关工作	m	46.74	11.66	0.52	2.66	27.33	2.14	2.43
031001008047	室外PVC-U双壁波纹管	1. 名称及规格：室外 PVC-U 双壁波纹管 ϕ300mm（环刚度 S1 级，4kN/m^2） 2. 连接形式：密封橡胶圈连接 3. 含泄漏试验 4. 完成本清单项目所需的一切相关工作	m	59.87	11.66	0.52	2.66	40.46	2.14	2.43

续表

项目编码	标准名称	项目特征	计量单位	综合单价	人工费	机械费	材料费		管理费	利润
							辅材费	主材费		
031001008048	室外PVC-U双壁波纹管	1. 名称及规格：室外 PVC-U 双壁波纹管 ϕ400mm（环刚度 S1 级，4kN/m^2） 2. 连接形式：密封橡胶圈连接 3. 含泄漏试验 4. 完成本清单项目所需的一切相关工作	m	86.45	14.71	0.76	3.30	61.87	2.72	3.09
031001008049	室外PVC-U双壁波纹管	1. 名称及规格：室外 PVC-U 双壁波纹管 ϕ500mm（环刚度 S1 级，4kN/m^2） 2. 连接形式：密封橡胶圈连接 3. 含泄漏试验 4. 完成本清单项目所需的一切相关工作	m	133.00	19.68	2.44	4.02	98.54	3.90	4.42
031001008050	室外PVC-U双壁波纹管	1. 名称及规格：室外 PVC-U 双壁波纹管 ϕ600mm（环刚度 S1 级，4kN/m^2） 2. 连接形式：密封橡胶圈连接 3. 含泄漏试验 4. 完成本清单项目所需的一切相关工作	m	220.71	23.37	2.74	5.07	179.71	4.60	5.22
031001008051	室外PVC-U双壁波纹管	1. 名称及规格：室外 PVC-U 双壁波纹管 ϕ200mm（环刚度 S2 级，8kN/m^2） 2. 连接形式：密封橡胶圈连接 3. 含泄漏试验 4. 完成本清单项目所需的一切相关工作	m	45.23	11.66	0.52	2.66	25.82	2.14	2.43
031001008052	室外PVC-U双壁波纹管	1. 名称及规格：室外 PVC-U 双壁波纹管 ϕ250mm（环刚度 S2 级，8kN/m^2） 2. 连接形式：密封橡胶圈连接 3. 含泄漏试验 4. 完成本清单项目所需的一切相关工作	m	52.25	11.66	0.52	2.66	32.84	2.14	2.43
031001008053	室外PVC-U双壁波纹管	1. 名称及规格：室外 PVC-U 双壁波纹管 ϕ300mm（环刚度 S2 级，8kN/m^2） 2. 连接形式：密封橡胶圈连接 3. 含泄漏试验 4. 完成本清单项目所需的一切相关工作	m	67.21	11.66	0.52	2.66	47.80	2.14	2.43
031001008054	室外PVC-U双壁波纹管	1. 名称及规格：室外 PVC-U 双壁波纹管 ϕ400mm（环刚度 S2 级，8kN/m^2） 2. 连接形式：密封橡胶圈连接 3. 含泄漏试验 4. 完成本清单项目所需的一切相关工作	m	97.61	14.71	0.76	3.30	73.03	2.72	3.09

续表

项目编码	标准名称	项目特征	计量单位	综合单价	人工费	机械费	材料费		管理费	利润
							辅材费	主材费		
031001008055	室外PVC-U双壁波纹管	1. 名称及规格：室外 PVC-U 双壁波纹管 ϕ500mm（环刚度 S2 级，8kN/m^2） 2. 连接形式：密封橡胶圈连接 3. 含泄漏试验 4. 完成本清单项目所需的一切相关工作	m	166.33	19.68	2.44	4.02	131.87	3.90	4.42
031001008056	室外PVC-U双壁波纹管	1. 名称及规格：室外 PVC-U 双壁波纹管 ϕ600mm（环刚度 S2 级，8kN/m^2） 2. 连接形式：密封橡胶圈连接 3. 含泄漏试验 4. 完成本清单项目所需的一切相关工作	m	274.87	23.37	2.74	5.07	233.87	4.60	5.22
031001008057	室外HDPE双壁波纹管	1. 名称及规格：室外 HDPE 双壁波纹管 ϕ225mm（环刚度 S1 级，4kN/m^2） 2. 连接形式：密封橡胶圈连接 3. 含泄漏试验 4. 完成本清单项目所需的一切相关工作	m	57.60	11.66	0.52	2.66	38.19	2.14	2.43
031001008058	室外HDPE双壁波纹管	1. 名称及规格：室外 HDPE 双壁波纹管 ϕ300mm（环刚度 S1 级，4kN/m^2） 2. 连接形式：密封橡胶圈连接 3. 含泄漏试验 4. 完成本清单项目所需的一切相关工作	m	81.43	11.66	0.52	2.66	62.02	2.14	2.43
031001008059	室外HDPE双壁波纹管	1. 名称及规格：室外 HDPE 双壁波纹管 ϕ400mm（环刚度 S1 级，4kN/m^2） 2. 连接形式：密封橡胶圈连接 3. 含泄漏试验 4. 完成本清单项目所需的一切相关工作	m	126.89	14.71	0.76	3.30	102.31	2.72	3.09
031001008060	室外HDPE双壁波纹管	1. 名称及规格：室外 HDPE 双壁波纹管 ϕ500mm（环刚度 S1 级，4kN/m^2） 2. 连接形式：密封橡胶圈连接 3. 含泄漏试验 4. 完成本清单项目所需的一切相关工作	m	174.20	19.68	2.44	4.02	139.74	3.90	4.42
031001008061	室外HDPE双壁波纹管	1. 名称及规格：室外 HDPE 双壁波纹管 ϕ600mm（环刚度 S1 级，4kN/m^2） 2. 连接形式：密封橡胶圈连接 3. 含泄漏试验 4. 完成本清单项目所需的一切相关工作	m	257.52	23.37	2.74	5.07	216.52	4.60	5.22

续表

项目编码	标准名称	项目特征	计量单位	综合单价	人工费	机械费	材料费		管理费	利润
							辅材费	主材费		
031001008062	室外HDPE双壁波纹管	1. 名称及规格：室外 HDPE 双壁波纹管ϕ225mm（环刚度 S2 级，8kN/m^2） 2. 连接形式：密封橡胶圈连接 3. 含泄漏试验 4. 完成本清单项目所需的一切相关工作	m	75.87	11.66	0.52	2.66	56.46	2.14	2.43
031001008063	室外HDPE双壁波纹管	1. 名称及规格：室外 HDPE 双壁波纹管ϕ300mm（环刚度 S2 级，8kN/m^2） 2. 连接形式：密封橡胶圈连接 3. 含泄漏试验 4. 完成本清单项目所需的一切相关工作	m	124.05	11.66	0.52	2.66	104.64	2.14	2.43
031001008064	室外HDPE双壁波纹管	1. 名称及规格：室外 HDPE 双壁波纹管ϕ400mm（环刚度 S2 级，8kN/m^2） 2. 连接形式：密封橡胶圈连接 3. 含泄漏试验 4. 完成本清单项目所需的一切相关工作	m	187.32	14.71	0.76	3.30	162.74	2.72	3.09
031001008065	室外HDPE双壁波纹管	1. 名称及规格：室外 HDPE 双壁波纹管ϕ500mm（环刚度 S2 级，8kN/m^2） 2. 连接形式：密封橡胶圈连接 3. 含泄漏试验 4. 完成本清单项目所需的一切相关工作	m	287.35	19.68	2.44	4.02	252.89	3.90	4.42
031001008066	室外HDPE双壁波纹管	1. 名称及规格：室外 HDPE 双壁波纹管ϕ600mm（环刚度 S2 级，8kN/m^2） 2. 连接形式：密封橡胶圈连接 3. 含泄漏试验 4. 完成本清单项目所需的一切相关工作	m	395.35	23.37	2.74	5.07	354.35	4.60	5.22
031002011012	入户水表组	1. 名称：入户水表组 2. 规格：DN100mm 3. 包含 1 个水表、3 个闸阀、1 个止回阀、旁通管及其配件的安装 4. 完成本清单项目所需的一切相关工作	组	5821.76	434.97	145.79	272.79	4691.07	160.99	116.15
031002011013	入户水表组	1. 名称：入户水表组 2. 规格：DN150mm 3. 包含 1 个水表、3 个闸阀、1 个止回阀、旁通管及其配件的安装 4. 完成本清单项目所需的一切相关工作	组	7935.06	549.42	161.60	453.84	6430.91	197.09	142.20

续表

项目编码	标准名称	项目特征	计量单位	综合单价	人工费	机械费	材料费		管理费	利润
							辅材费	主材费		
031002011014	入户水表组	1. 名称：入户水表组 2. 规格：DN200mm 3. 包含1个水表、3个闸阀、1个止回阀、旁通管及其配件的安装 4. 完成本清单项目所需的一切相关工作	组	12508.84	995.33	355.51	996.43	9516.95	374.45	270.17
031002011015	入户水表组	1. 名称：入户水表组 2. 规格：DN250mm 3. 包含1个水表、3个闸阀、1个止回阀、旁通管及其配件的安装 4. 完成本清单项目所需的一切相关工作	组	17406.47	1345.88	687.14	1648.94	12754.36	563.55	406.60
010401007001	阀门井	1. 类型：标准阀门井 2. 井内净空尺寸：400mm×400mm×600mm 3. 井盖材质：铁制箱连盖 4. 砖砌筑井壁 5. 完成本清单项目所需的一切相关工作	座	517.22	158.56	0.00	123.13	166.07	37.75	31.71
010401007002	砖砌检查井	1. 类型：污废水检查井 2. 结构及做法：井径700mm，详见设计说明及相应图集 3. 井盖、井圈材质及规格：球墨铸铁（成套） 4. 井深：1.2m 5. 完成本清单项目所需的一切相关工作	座	1333.63	365.41	21.69	379.31	421.63	68.17	77.42
010401007003	砖砌检查井	1. 类型：污废水检查井 2. 结构及做法：井径1000mm，详见设计说明及相应图集 3. 井盖、井圈材质及规格：球墨铸铁（成套） 4. 井深：3.1m 5. 完成本清单项目所需的一切相关工作	座	3492.67	1169.61	73.57	1360.30	421.63	218.92	248.64
010401007004	砖砌检查井	1. 类型：污废水检查井 2. 结构及做法：井径1250mm，详见设计说明及相应图集 3. 井盖、井圈材质及规格：球墨铸铁（成套） 4. 井深：3.1m 5. 完成本清单项目所需的一切相关工作	座	4390.12	1453.17	121.91	1801.02	421.63	277.37	315.02
010401007005	雨水进水口	1. 类型：雨水进水口 2. 结构及做法：单平箅（680mm×380） 3. 雨水箅子：球墨铸铁（成套） 4. 完成本清单项目所需的一切相关工作	座	967.18	345.10	3.36	277.51	210.16	61.36	69.69

续表

项目编码	标准名称	项目特征	计量单位	综合单价	人工费	机械费	材料费		管理费	利润
							辅材费	主材费		
030901011001	室外消火栓	1. 名称：室外消火栓 2. 型号：浅 150 型 3. 完成本清单项目所需的一切相关工作	套	624.86	80.84	0.00	4.94	500.49	22.42	16.17
030901011002	室外消火栓	1. 名称：室外消火栓 2. 型号：浅 150 型 3. 完成本清单项目所需的一切相关工作	套	1011.65	115.09	0.00	6.81	834.82	31.91	23.02

4.5　建筑智能化工程

4.5.1　工程量计算规则

本节包括综合布线系统、可视对讲系统、有线电视系统、视频安防监控系统、电梯对讲系统、出入口控制系统、远程抄表系统等常用系统清单，共 67 个项目。

1. 综合布线系统

包括机柜、配线箱、UPS 不间断电源、核心交换机、普通交换机、路由器、维护工作站、防火墙、分光器、语音插座、数据插座、紧急按钮、单模光纤、多模光纤、射频同轴电缆、网络线、通信线、软电缆等，共 41 个项目。

（1）机柜、配线箱、UPS 不间断电源，按设计图示数量以“台”计算。

（2）核心交换机、普通交换机、路由器、维护工作站，按设计图示数量以“台”计算。

（3）防火墙，按设计图示数量以“套”计算。

（4）分光器、语音插座、数据插座、紧急按钮，按设计图示数量以“个”计算。

（5）单模光纤、多模光纤，按设计图示尺寸以“m”计算。

（6）射频同轴电缆、网络线、通信线、软电缆，按设计图示尺寸以“m”计算。

2. 可视对讲系统

包括可视对讲室内机、可视对讲按钮、电控锁，共 3 个项目。

（1）可视对讲室内机，按设计图示数量以“套”计算。

（2）可视对讲按钮、电控锁，按设计图示数量以“个”计算。

3. 有线电视系统

包括有线电视双向放大器、分配器、分支器、终端电阻、电视插座等，共 6 个项目。

（1）有线电视双向放大器、分配器，按设计图示数量以“个”计算。

（2）分支器、终端电阻，按设计图示数量以“个”计算。

（3）电视插座，按设计图示数量以“个”计算。

4. 视频安防监控系统

包括光端机、视频编码器、电源适配器、彩色摄像机、视频安防监控系统调试等，共 6 个项目。

（1）光端机、视频编码器，按设计图示数量以“台”计算。

（2）电源适配器、彩色摄像机，按设计图示数量以“台”计算。

（3）视频安防监控系统调试，按设计图示数量以“系统”计算。

5. 电梯对讲系统

包括解码适配器、轿厢顶分机、分机电源、电梯专用彩色摄像机，共 4 个项目。

（1）解码适配器，按设计图示数量以“台”计算。

（2）轿厢顶分机、分机电源，按设计图示数量以“台”计算。

（3）电梯专用彩色摄像机，按设计图示数量以“台”计算。

6. 出入口控制系统

包括门禁控制器、读卡器、门禁通信转换器、出入口控制系统调试，共 4 个项目。

（1）门禁控制器，按设计图示数量以“台”计算。

（2）读卡器、门禁通信转换器，按设计图示数量以“个”计算。

（3）出入口控制系统调试，按设计图示数量以“系统”计算。

7. 远程抄表系统

包括数据采集及管理控制器、远传智能电表、抄表系统调试等，共 3 个项目。

（1）数据采集及管理控制器，按设计图示数量以“套”计算。

（2）远传智能电表，按设计图示数量以“个”计算。

（3）抄表系统调试，按设计图示数量以“系统”计算。

4.5.2 标准清单

综合布线系统标准清单库，见表 4.5-1，可视对讲系统标准清单库，见表 4.5-2，有线电视系统标准清单库，见表 4.5-3，视频安防监控系统标准清单库，见表 4.5-4，电梯对讲系统标准清单见表 4.5-5，出入口控制系统标准清单库，见表 4.5-6，远程抄表系统标准清单库，见表 4.5-7。

综合布线系统标准清单库　　表 4.5-1

项目编码	标准名称	项目特征	计量单位	综合单价	人工费	机械费	材料费		管理费	利润
							辅材费	主材费		
030501005001	机柜	1. 名称：弱电机柜 2. 安装方式：壁挂 3. 规格型号：42U，600mm × 600mm 4. 含 1 个 8 口机柜专用 PDU 插座（16A） 5. 完成本清单项目所需的一切相关工作	台	1941.19	132.19	56.03	20.45	1637.17	57.71	37.64
030501005002	机柜	1. 名称：弱电机柜 2. 安装方式：座地 3. 规格型号：42U，800mm × 1000mm 4. 含 1 个 16 口机柜专用 PDU 插座（16A） 5. 完成本清单项目所需的一切相关工作	台	3779.50	309.16	56.03	20.45	3208.85	111.97	73.04

续表

项目编码	标准名称	项目特征	计量单位	综合单价	人工费	机械费	材料费		管理费	利润
							辅材费	主材费		
030412005002	配线箱	1. 名称：配线箱 2. 箱内配置一台 8 口万兆光网络单元（ONU） 3. 安装方式：壁挂 4. 完成本清单项目所需的一切相关工作	台	341.49	94.82	0.00	1.34	199.12	27.25	18.96
030412005003	配线箱	1. 名称：配线箱 2. 箱内配置一台 24 口万兆光网络单元（ONU） 3. 安装方式：壁挂 4. 完成本清单项目所需的一切相关工作	台	723.29	128.31	0.00	1.47	530.97	36.88	25.66
030406002001	UPS 不间断电源	1. 名称：UPS 不间断电源 2. 规格型号：10kVA 3. 含通信卡、监控软件等安装费用 4. 完成本清单项目所需的一切相关工作	台	100422.52	225.41	47.07	17.23	100000.00	78.31	54.50
030406002002	UPS 不间断电源	1. 名称：UPS 不间断电源 2. 规格型号：15kVA 3. 含通信卡、监控软件等安装费用 4. 完成本清单项目所需的一切相关工作	台	150675.82	378.89	62.75	18.92	150000.00	126.93	88.33
030406002003	UPS 不间断电源	1. 名称：UPS 不间断电源 2. 规格型号：20kVA 3. 含通信卡、监控软件等安装费用 4. 完成本清单项目所需的一切相关工作	台	200675.82	378.89	62.75	18.92	200000.00	126.93	88.33
030406002004	UPS 不间断电源	1. 名称：UPS 不间断电源 2. 规格型号：30kVA 3. 含通信卡、监控软件等安装费用 4. 完成本清单项目所需的一切相关工作	台	300675.82	378.89	62.75	18.92	300000.00	126.93	88.33
030406002005	UPS 不间断电源	1. 名称：UPS 不间断电源 2. 规格型号：40kVA 3. 含通信卡、监控软件等安装费用 4. 完成本清单项目所需的一切相关工作	台	400836.19	450.82	94.13	25.63	400000.00	156.62	108.99
030406002006	UPS 不间断电源	1. 名称：UPS 不间断电源 2. 规格型号：60kVA 3. 含通信卡、监控软件等安装费用 4. 完成本清单项目所需的一切相关工作	台	600836.19	450.82	94.13	25.63	600000.00	156.62	108.99

续表

项目编码	标准名称	项目特征	计量单位	综合单价	人工费	机械费	材料费		管理费	利润
							辅材费	主材费		
030501015001	核心交换机	1. 名称：核心交换机 2. 规格型号：H3C S7508E-X，48个10/100/1000M以太网电口，96个1000M光口，整机交换容量≥640Gbps，整机包转发能力≥280Mpps，双引擎冗余，电源冗余 3. 完成本清单项目所需的一切相关工作	台	421264.04	160.40	8.86	9.03	421000.00	51.90	33.85
030501015002	普通交换机	1. 名称：24口交换机 2. 规格型号：24个10/100M以太网电口，2个1000M光口，可堆叠转发性能≥6Mpps，含光模块和堆叠模块 3. 完成本清单项目所需的一切相关工作	台	552.04	160.40	8.86	9.03	288.00	51.90	33.85
030501015003	普通交换机	1. 名称：24口POE交换机 2. 规格型号：24个10/100M以太网电口，2个1000M光口，可堆叠转发性能≥6Mpps，含光模块和堆叠模块（POE） 3. 完成本清单项目所需的一切相关工作	台	684.04	160.40	8.86	9.03	420.00	51.90	33.85
030501015004	普通交换机	1. 名称：48口POE交换机 2. 规格型号：48个10/100M以太网电口，2个1000M光口，可堆叠转发性能≥6Mpps，含光模块和堆叠模块（POE） 3. 完成本清单项目所需的一切相关工作	台	944.04	160.40	8.86	9.03	680.00	51.90	33.85
030501014001	路由器	1. 名称：路由器 2. 规格型号：MSR 36～60，3个1000M以太网电口，IPV4转发性能为9～40Mpps，整机交换容量为305Gbps 3. 完成本清单项目所需的一切相关工作	台	592.30	181.98	3.78	2.71	309.73	56.95	37.15
030501019001	维护工作站	1. 名称：维护工作站 2. 规格型号：45核CPU，8G内存，500G硬盘 3. 含操作系统、网管软件 4. 完成本清单项目所需的一切相关工作	台	12353.67	213.97	4.86	23.98	12000.00	67.09	43.77
030501010001	防火墙	1. 名称：防火墙 2. 规格型号：H3C SecPath U200-M 3. 完成本清单项目所需的一切相关工作	套	20703.29	428.30	22.65	23.89	20000.00	138.26	90.19
030502007001	分光器	1. 名称：分光器安装 2. 型号：华为Optix OSN系统 3. 完成本清单项目所需的一切相关工作	个	254.86	30.02	0.00	10.00	200.00	8.84	6.00

续表

项目编码	标准名称	项目特征	计量单位	综合单价	人工费	机械费	材料费		管理费	利润
							辅材费	主材费		
030502009001	语音插座	1. 名称：语音插座安装 2. 完成本清单项目所需的一切相关工作	个	55.02	6.02	0.00	0.50	45.45	1.85	1.20
030502009002	数据插座	1. 名称：数据插座安装 2. 完成本清单项目所需的一切相关工作	个	70.17	6.02	0.00	0.50	60.60	1.85	1.20
030904003003	紧急按钮	1. 名称：紧急按钮安装 2. 完成本清单项目所需的一切相关工作	个	107.16	40.92	0.03	6.85	39.81	11.36	8.19
030502004001	单模光纤	1. 名称及规格:单模光纤 2 芯 2. 敷设方式：综合考虑 3. 完成本清单项目所需的一切相关工作	m	7.40	2.02	0.02	0.02	4.30	0.63	0.41
030502004002	单模光纤	1. 名称及规格:单模光纤 6 芯 2. 敷设方式：综合考虑 3. 完成本清单项目所需的一切相关工作	m	12.10	2.02	0.02	0.02	9.00	0.63	0.41
030502004003	单模光纤	1. 名称及规格:单模光纤 8 芯 2. 敷设方式：综合考虑 3. 完成本清单项目所需的一切相关工作	m	15.22	2.02	0.02	0.02	12.12	0.63	0.41
030502004004	单模光纤	1. 名称及规格:单模光纤 12 芯 2. 敷设方式：综合考虑 3. 完成本清单项目所需的一切相关工作	m	19.62	2.02	0.02	0.02	16.52	0.63	0.41
030502004005	单模光纤	1. 名称及规格:单模光纤 24 芯 2. 敷设方式：综合考虑 3. 完成本清单项目所需的一切相关工作	m	25.85	2.97	0.03	0.02	21.31	0.92	0.60
030502004006	单模光纤	1. 名称：单模光纤 48 芯 2. 敷设方式：综合考虑 3. 完成本清单项目所需的一切相关工作	m	61.15	3.93	0.04	0.02	55.16	1.21	0.79
030502004007	多模光纤	1. 名称：多模光纤 2. 敷设方式：综合考虑 3. 完成本清单项目所需的一切相关工作	m	8.36	2.02	0.02	0.02	5.26	0.63	0.41
030504006001	射频同轴电缆	1. 名称：射频同轴电缆 2. 规格：SYV-75-5 3. 敷设方式：综合考虑 4. 完成本清单项目所需的一切相关工作	m	3.41	1.08	0.00	0.01	1.77	0.33	0.22
030504006002	射频同轴电缆	1. 名称：射频同轴电缆 2. 规格：SYWV-75-7 3. 敷设方式：综合考虑 4. 完成本清单项目所需的一切相关工作	m	5.56	1.08	0.00	0.01	3.92	0.33	0.22

续表

项目编码	标准名称	项目特征	计量单位	综合单价	人工费	机械费	材料费		管理费	利润
							辅材费	主材费		
030504006003	射频同轴电缆	1. 名称：射频同轴电缆 2. 规格：SYWV-75-9 3. 敷设方式：综合考虑 4. 完成本清单项目所需的一切相关工作	m	7.28	1.08	0.00	0.01	5.64	0.33	0.22
030502003001	网络线	1. 名称及规格：超五类网线UTP5E 2. 敷设方式：综合考虑 3. 完成本清单项目所需的一切相关工作	m	3.01	0.69	0.02	0.02	1.92	0.22	0.14
030502003002	网络线	1. 名称及规格：6 类网线UTP6 2. 敷设方式：综合考虑 3. 完成本清单项目所需的一切相关工作	m	5.67	0.76	0.02	0.02	4.47	0.24	0.16
030502003003	通信线	1. 名称及规格：RS485 通信线 2. 敷设方式：综合考虑 3. 完成本清单项目所需的一切相关工作	m	9.25	0.69	0.02	0.02	8.16	0.22	0.14
030412004036	软电缆	1. 名称及规格:软电缆 RVV-2 × 0.5 2. 敷设方式：综合考虑 3. 完成本清单项目所需的一切相关工作	m	2.46	0.83	0.00	0.14	1.08	0.24	0.17
030412004037	软电缆	1. 名称及规格:软电缆 RVV-4 × 0.5 2. 敷设方式：综合考虑 3. 完成本清单项目所需的一切相关工作	m	3.82	1.00	0.00	0.17	2.16	0.29	0.20
030412004038	软电缆	1. 名称及规格:软电缆 RVV-5 × 0.5 2. 敷设方式：综合考虑 3. 完成本清单项目所需的一切相关工作	m	4.60	1.15	0.00	0.19	2.70	0.33	0.23
030412004039	软电缆	1. 名称及规格:软电缆 RVV-4 × 0.75 2. 配线形式：综合考虑 3. 敷设方式：综合考虑 4. 完成本清单项目所需的一切相关工作	m	4.90	1.00	0.00	0.17	3.24	0.29	0.20
030412004040	软电缆	1. 名称及规格:软电缆 RVV-2 × 1.0 2. 敷设方式：综合考虑 3. 完成本清单项目所需的一切相关工作	m	3.60	0.86	0.00	0.16	2.16	0.25	0.17
030412004041	软电缆	1. 名称及规格:软电缆 RVV-3 × 2.5 2. 敷设方式：综合考虑 3. 完成本清单项目所需的一切相关工作	m	9.88	1.06	0.00	0.21	8.10	0.30	0.21

续表

项目编码	标准名称	项目特征	计量单位	综合单价	人工费	机械费	材料费		管理费	利润
							辅材费	主材费		
030412004042	软电缆	1. 名称及规格：软电缆 RVV-4 × 1.5 2. 敷设方式：综合考虑 3. 完成本清单项目所需的一切相关工作	m	8.22	1.03	0.00	0.20	6.48	0.30	0.21

可视对讲系统标准清单库　　表 4.5-2

项目编码	标准名称	项目特征	计量单位	综合单价	人工费	机械费	材料费		管理费	利润
							辅材费	主材费		
030506003001	可视对讲室内机	1. 名称：可视对讲室内机（含电源） 2. 包含本体及配件安装、接线、调试等相关费用 3. 完成本清单项目所需的一切相关工作	套	2493.46	106.97	0.00	2.30	2330.00	32.80	21.39
030904003004	可视对讲按钮	1. 名称：可视对讲按钮 2. 包含本体安装、接线、调试等相关费用 3. 完成本清单项目所需的一切相关工作	个	102.35	40.92	0.03	6.85	35.00	11.36	8.19
030506008001	电控锁	1. 名称：电控锁 2. 包含本体安装、接线、调试等相关费用 3. 完成本清单项目所需的一切相关工作	个	407.33	105.59	0.10	2.10	246.00	32.40	21.14

有线电视系统标准清单库　　表 4.5-3

项目编码	标准名称	项目特征	计量单位	综合单价	人工费	机械费	材料费		管理费	利润
							辅材费	主材费		
030504009001	有线电视双向放大器	1. 名称：有线电视双向放大器 2. 包含本体安装、接线、调试等相关费用 3. 完成本清单项目所需的一切相关工作	个	903.48	8.57	0.15	0.35	890.00	2.67	1.74
030504009002	分配器	1. 名称：四分配器 2. 包含本体安装、接线、调试等相关费用 3. 完成本清单项目所需的一切相关工作	个	97.78	15.00	0.04	0.12	75.00	4.61	3.01
030504009003	分支器	1. 名称：二分支器 2. 包含本体安装、接线、调试等相关费用 3. 完成本清单项目所需的一切相关工作	个	372.78	15.00	0.04	0.12	350.00	4.61	3.01
030504009004	分支器	1. 名称：四分支器 2. 包含本体安装、接线、调试等相关费用 3. 完成本清单项目所需的一切相关工作	个	442.78	15.00	0.04	0.12	420.00	4.61	3.01

续表

项目编码	标准名称	项目特征	计量单位	综合单价	人工费	机械费	材料费		管理费	利润
							辅材费	主材费		
030503001001	终端电阻	1. 名称：终端电阻 2. 规格：75Ω 3. 包含本体安装、接线、调试等相关费用 4. 完成本清单项目所需的一切相关工作	个	38.85	11.77	0.14	0.91	20.00	3.65	2.38
030502002001	电视插座	1. 名称：电视插座 2. 包含本体安装、接线、调试等相关费用 3. 完成本清单项目所需的一切相关工作	个	38.26	6.72	0.00	0.27	27.87	2.06	1.34

视频安防监控系统标准清单库　　表 4.5-4

项目编码	标准名称	项目特征	计量单位	综合单价	人工费	机械费	材料费		管理费	利润
							辅材费	主材费		
030412005004	光端机	1. 名称：8 口光端机（POE） 2. 包含本体安装、接线、接地、调试等相关费用 3. 完成本清单项目所需的一切相关工作	台	643.65	128.31	0.00	1.47	451.33	36.88	25.66
030506011001	视频编码器	1. 名称：视频编码器 2. 包含本体安装、接线、接地、调试等相关费用 3. 完成本清单项目所需的一切相关工作	台	215.63	90.75	16.61	15.38	39.82	31.60	21.47
030503001002	电源适配器	1. 名称：电源适配器 2. 包含本体安装、接线、接地、调试等相关费用 3. 完成本清单项目所需的一切相关工作	台	21.24	0.00	0.00	0.00	21.24	0.00	0.00
030506010001	彩色摄像机	1. 名称：半球彩色摄像机 2. 包含本体及配件安装、防雷、接地、设备支架、接线、调试等相关费用 3. 完成本清单项目所需的一切相关工作	台	1671.96	110.89	2.09	1.74	1500.00	34.64	22.60
030506010002	彩色摄像机	1. 名称：枪式彩色摄像机 2. 包含本体及配件安装、防雷、接地、设备支架、接线、调试等相关费用 3. 完成本清单项目所需的一切相关工作	台	3021.96	110.89	2.09	1.74	2850.00	34.64	22.60
030909003008	视频安防监控系统调试	1. 名称：视频安防监控系统调试 2. 完成本清单项目所需的一切相关工作	系统	18634.21	11891.90	473.70	4.20	0.00	3791.29	2473.12

电梯对讲系统标准清单库 表 4.5-5

项目编码	标准名称	项目特征	计量单位	综合单价	人工费	机械费	材料费		管理费	利润
							辅材费	主材费		
030503001003	解码适配器	1. 名称：解码适配器 2. 包含本体安装、接线、接地、调试等相关费用 3. 完成本清单项目所需的一切相关工作	台	27003.19	64.25	2.77	2.22	26900.00	20.55	13.40
030506003002	轿厢顶分机	1. 名称：轿厢顶分机 2. 包含本体及配件安装、接线、调试等相关费用 3. 完成本清单项目所需的一切相关工作	台	2543.57	28.42	0.00	0.76	2500.00	8.71	5.68
030503001004	分机电源	1. 名称：分机电源 2. 包含本体安装、接线、接地、调试等相关费用 3. 完成本清单项目所需的一切相关工作	台	1413.57	21.27	0.00	1.53	1380.00	6.52	4.25
030506010003	电梯专用彩色摄像机	1. 名称:电梯专用彩色摄像机 2. 包含本体及配件安装、防雷、接地、设备支架、接线、调试等相关费用 3. 完成本清单项目所需的一切相关工作	台	1471.96	110.89	2.09	1.74	1300.00	34.64	22.60

出入口控制系统标准清单库 表 4.5-6

项目编码	标准名称	项目特征	计量单位	综合单价	人工费	机械费	材料费		管理费	利润
							辅材费	主材费		
030506007002	门禁控制器	1. 名称：门禁控制器 2. 包含本体安装、接线、调试等相关费用 3. 完成本清单项目所需的一切相关工作	台	972.78	106.97	0.68	5.28	805.31	33.01	21.53
030501008001	读卡器	1. 名称：读卡器 2. 包含本体安装、接线、调试等相关费用 3. 完成本清单项目所需的一切相关工作	个	646.37	26.78	0.68	1.00	604.00	8.42	5.49
030501017001	门禁通信转换器	1. 名称：门禁通信转换器 2. 包含本体安装、接线、调试、含软件等相关费用 3. 完成本清单项目所需的一切相关工作	个	610.37	39.67	0.00	0.61	550.00	12.16	7.93
030909003009	出入口控制系统调试	1. 名称:出入口控制系统调试 2. 完成本清单项目所需的一切相关工作	系统	2230.88	1429.95	48.00	4.20	0.00	453.14	295.59

远程抄表系统标准清单库　表 4.5-7

项目编码	标准名称	项目特征	计量单位	综合单价	人工费	机械费	材料费		管理费	利润
							辅材费	主材费		
030604009001	数据采集及管理控制器	1. 名称：数据采集及管理控制器 2. 包含本体及附件安装、接地、接线、单体调试、包含配备软件等相关费用 3. 完成本清单项目所需的一切相关工作	套	7943.88	291.16	1.38	3.14	7500.00	89.69	58.51
031002011016	远传智能电表	1. 名称及规格：远传智能电表 2. 本体及附件安装、包含配备软件 3. 完成本清单项目所需的一切相关工作	个	797.15	46.21	0.17	5.12	722.15	14.22	9.28
030608014001	抄表系统调试	1. 名称：抄表系统调试 2. 完成本清单项目所需的一切相关工作	系统	755.92	499.32	1.38	1.57	0.00	153.51	100.14

4.6　电梯及电扶梯工程

4.6.1　工程量计算规则

本节包括电梯和自动扶梯等，共 44 项。

（1）电梯按设计图示数量以“部”计算。厅门按每层一门、轿厢门按每部一门为准。

（2）自动扶梯，按设计图示数量以“部”计算。

4.6.2　标准清单

电梯及电扶梯工程标准清单库，见表 4.6-1。

电梯及电扶梯工程标准清单库　表 4.6-1

项目编码	标准名称	项目特征	计量单位	综合单价	人工费	机械费	材料费		管理费	利润
							辅材费	主材费		
030107002001	电梯	1. 名称：电梯 2. 层数、站数：3 3. 提升速度:2m/s 以下 4. 载重量：1050kg 5. 完成本清单项目所需的一切相关工作	部	249570.09	19710.01	2425.70	2183.95	212000.00	8823.29	4427.14
030107002002	电梯	1. 名称：电梯 2. 层数、站数：4 3. 提升速度:2m/s 以下 4. 载重量：1050kg 5. 完成本清单项目所需的一切相关工作	部	257904.26	22072.53	2731.63	2252.33	216000.00	9886.94	4960.83

续表

项目编码	标准名称	项目特征	计量单位	综合单价	人工费	机械费	材料费-辅材费	材料费-主材费	管理费	利润
030107002003	电梯	1. 名称：电梯 2. 层数、站数：5 3. 提升速度:2m/s 以下 4. 载重量：1050kg 5. 完成本清单项目所需的一切相关工作	部	266533.70	24490.19	3124.98	2388.09	220000.00	11007.41	5523.03
030107002004	电梯	1. 名称：电梯 2. 层数、站数：6 3. 提升速度:2m/s 以下 4. 载重量：1050kg 5. 完成本清单项目所需的一切相关工作	部	275600.93	27118.89	3611.21	2475.79	224000.00	12249.02	6146.02
030107002005	电梯	1. 名称：电梯 2. 层数、站数：7 3. 提升速度:2m/s 以下 4. 载重量：1050kg 5. 完成本清单项目所需的一切相关工作	部	284634.97	29838.53	3960.85	2603.28	228000.00	13472.43	6759.88
030107002006	电梯	1. 名称：电梯 2. 层数、站数：8 3. 提升速度:2m/s 以下 4. 载重量：1050kg 5. 完成本清单项目所需的一切相关工作	部	293627.90	32495.82	4310.49	2789.33	232000.00	14671.00	7361.26
030107002007	电梯	1. 名称：电梯 2. 层数、站数：9 3. 提升速度:2m/s 以下 4. 载重量：1050kg 5. 完成本清单项目所需的一切相关工作	部	302489.53	35090.78	4660.13	2943.73	236000.00	15844.71	7950.18
030107002008	电梯	1. 名称：电梯 2. 层数、站数：10 3. 提升速度:2m/s 以下 4. 载重量：1050kg 5. 完成本清单项目所需的一切相关工作	部	312116.01	37755.16	5469.68	3016.78	240000.00	17229.42	8644.97
030107002009	电梯	1. 名称：电梯 2. 层数、站数：11 3. 提升速度:2m/s 以下 4. 载重量：1050kg 5. 完成本清单项目所需的一切相关工作	部	321990.91	40820.50	5999.62	3144.27	244000.00	18662.50	9364.02
030107002010	电梯	1. 名称：电梯 2. 层数、站数：12 3. 提升速度:2m/s 以下 4. 载重量：1050kg 5. 完成本清单项目所需的一切相关工作	部	331334.42	43712.03	6392.97	3236.57	248000.00	19971.85	10021.00

续表

项目编码	标准名称	项目特征	计量单位	综合单价	人工费	机械费	材料费		管理费	利润
							辅材费	主材费		
030107002011	电梯	1. 名称：电梯 2. 层数、站数：13 3. 提升速度:2m/s 以下 4. 载重量：1050kg 5. 完成本清单项目所需的一切相关工作	部	340919.76	46624.94	6830.02	3466.66	252000.00	21307.15	10690.99
030107002012	电梯	1. 名称：电梯 2. 层数、站数：14 3. 提升速度:2m/s 以下 4. 载重量：1050kg 5. 完成本清单项目所需的一切相关工作	部	350462.10	49609.20	7267.07	3539.70	256000.00	22670.88	11375.25
030107002013	电梯	1. 名称：电梯 2. 层数、站数：15 3. 提升速度:2m/s 以下 4. 载重量：1050kg 5. 完成本清单项目所需的一切相关工作	部	360418.18	52843.79	7660.41	3696.17	260000.00	24116.97	12100.84
030107002014	电梯	1. 名称：电梯 2. 层数、站数：16 3. 提升速度:2m/s 以下 4. 载重量：1050kg 5. 完成本清单项目所需的一切相关工作	部	371602.75	56718.74	8234.06	3769.20	264000.00	25890.19	12990.56
030107002015	电梯	1. 名称：电梯 2. 层数、站数：17 3. 提升速度:2m/s 以下 4. 载重量：1050kg 5. 完成本清单项目所需的一切相关工作	部	381513.85	59899.88	8671.11	3896.26	268000.00	27332.40	13714.20
030107002016	电梯	1. 名称：电梯 2. 层数、站数：18 3. 提升速度:2m/s 以下 4. 载重量：1050kg 5. 完成本清单项目所需的一切相关工作	部	391572.70	63136.15	9108.16	4082.95	272000.00	28796.58	14448.86
030107002017	电梯	1. 名称：电梯 2. 层数、站数：19 3. 提升速度:2m/s 以下 4. 载重量：1050kg 5. 完成本清单项目所需的一切相关工作	部	401782.06	66410.74	9632.62	4219.15	276000.00	30310.88	15208.67
030107002018	电梯	1. 名称：电梯 2. 层数、站数：20 3. 提升速度:2m/s 以下 4. 载重量：1050kg 5. 完成本清单项目所需的一切相关工作	部	411668.79	69697.83	9982.26	4292.20	280000.00	31760.48	15936.02

续表

项目编码	标准名称	项目特征	计量单位	综合单价	人工费	机械费	材料费		管理费	利润
							辅材费	主材费		
030107002019	电梯	1. 名称：电梯 2. 层数、站数：21 3. 提升速度:2m/s 以下 4. 载重量：1050kg 5. 完成本清单项目所需的一切相关工作	部	422986.75	73567.49	10599.61	4437.22	284000.00	33549.01	16833.42
030107002020	电梯	1. 名称：电梯 2. 层数、站数：22 3. 提升速度:2m/s 以下 4. 载重量：1050kg 5. 完成本清单项目所需的一切相关工作	部	433516.01	77125.45	11080.36	4510.20	288000.00	35158.84	17641.16
030107002021	电梯	1. 名称：电梯 2. 层数、站数：23 3. 提升速度:2m/s 以下 4. 载重量：1050kg 5. 完成本清单项目所需的一切相关工作	部	444165.17	80659.26	11561.12	4741.67	292000.00	36759.04	18444.08
030107002022	电梯	1. 名称：电梯 2. 层数、站数：24 3. 提升速度:2m/s 以下 4. 载重量：1050kg 5. 完成本清单项目所需的一切相关工作	部	454844.75	84299.13	12041.87	4834.03	296000.00	38401.52	19268.20
030107002023	电梯	1. 名称：电梯 2. 层数、站数：25 3. 提升速度:2m/s 以下 4. 载重量：1050kg 5. 完成本清单项目所需的一切相关工作	部	465533.60	87917.63	12522.63	4969.80	300000.00	40035.49	20088.05
030107002024	电梯	1. 名称：电梯 2. 层数、站数：26 3. 提升速度:2m/s 以下 4. 载重量：1050kg 5. 完成本清单项目所需的一切相关工作	部	477686.36	92050.12	13444.38	5042.85	304000.00	42050.11	21098.90
030107002025	电梯	1. 名称：电梯 2. 层数、站数：27 3. 提升速度:2m/s 以下 4. 载重量：1050kg 5. 完成本清单项目所需的一切相关工作	部	488668.08	95801.23	13968.84	5189.65	308000.00	43754.35	21954.01
030107002026	电梯	1. 名称：电梯 2. 层数、站数：28 3. 提升速度:2m/s 以下 4. 载重量：1050kg 5. 完成本清单项目所需的一切相关工作	部	499703.78	99572.99	14493.30	5357.41	312000.00	45466.82	22813.26

续表

项目编码	标准名称	项目特征	计量单位	综合单价	人工费	机械费	材料费		管理费	利润
							辅材费	主材费		
030107002027	电梯	1. 名称：电梯 2. 层数、站数：29 3. 提升速度:2m/s 以下 4. 载重量：1050kg 5. 完成本清单项目所需的一切相关工作	部	510674.10	103367.82	14974.05	5492.79	316000.00	47171.07	23668.37
030107002028	电梯	1. 名称：电梯 2. 层数、站数：30 3. 提升速度:2m/s 以下 4. 载重量：1050kg 5. 完成本清单项目所需的一切相关工作	部	521703.47	107183.20	15498.51	5584.49	320000.00	48900.93	24536.34
030107002029	电梯	1. 名称：电梯 2. 层数、站数：10 3. 提升速度:2m/s 以上 4. 载重量：1050kg 5. 完成本清单项目所需的一切相关工作	部	373803.38	44530.65	5984.43	3049.97	290000.00	20135.31	10103.02
030107002030	电梯	1. 名称：电梯 2. 层数、站数：15 3. 提升速度:2m/s 以上 4. 载重量：1050kg 5. 完成本清单项目所需的一切相关工作	部	431910.47	62008.35	8806.35	3706.09	315000.00	28226.74	14162.94
030107002031	电梯	1. 名称：电梯 2. 层数、站数：20 3. 提升速度:2m/s 以上 4. 载重量：1050kg 5. 完成本清单项目所需的一切相关工作	部	494682.49	82709.95	11322.33	4362.48	340000.00	37481.27	18806.46
030107002032	电梯	1. 名称：电梯 2. 层数、站数：25 3. 提升速度:2m/s 以上 4. 载重量：1050kg 5. 完成本清单项目所需的一切相关工作	部	559548.04	104502.72	14056.84	5018.73	365000.00	47257.84	23711.91
030107002033	电梯	1. 名称：电梯 2. 层数、站数：30 3. 提升速度:2m/s 以上 4. 载重量：1050kg 5. 完成本清单项目所需的一切相关工作	部	626819.95	127580.89	16922.47	5816.88	390000.00	57599.04	28900.67
030107002034	电梯	1. 名称：电梯 2. 层数、站数：35 3. 提升速度:2m/s 以上 4. 载重量：1050kg 5. 完成本清单项目所需的一切相关工作	部	698868.08	153164.89	20345.39	6494.54	415000.00	69161.20	34702.06

续表

项目编码	标准名称	项目特征	计量单位	综合单价	人工费	机械费	材料费		管理费	利润
							辅材费	主材费		
030107002035	电梯	1. 名称：电梯 2. 层数、站数：40 3. 提升速度：2m/s 以上 4. 载重量：1050kg 5. 完成本清单项目所需的一切相关工作	部	772620.44	180013.99	23560.66	7186.00	440000.00	81144.86	40714.93
030107002036	电梯	1. 名称：电梯 2. 层数、站数：45 3. 提升速度：2m/s 以上 4. 载重量：1050kg 5. 完成本清单项目所需的一切相关工作	部	850834.54	209488.20	26950.74	7863.25	465000.00	94244.56	47287.79
030107002037	电梯	1. 名称：电梯 2. 层数、站数：50 3. 提升速度：2m/s 以上 4. 载重量：1050kg 5. 完成本清单项目所需的一切相关工作	部	931205.58	240136.58	30515.65	8540.92	490000.00	107881.98	54130.45
030107002038	电梯	1. 名称：电梯 2. 层数、站数：55 3. 提升速度：2m/s 以上 4. 载重量：1050kg 5. 完成本清单项目所需的一切相关工作	部	1015950.00	273345.91	34255.37	9218.59	515000.00	122609.87	61520.26
030107002039	电梯	1. 名称：电梯 2. 层数、站数：60 3. 提升速度：2m/s 以上 4. 载重量：1050kg 5. 完成本清单项目所需的一切相关工作	部	1102945.42	307744.56	38213.62	9896.67	540000.00	137898.93	69191.64
030107002040	自动扶梯	1. 名称：自动扶梯 2. 提升高度：4m 3. 完成本清单项目所需的一切相关工作	部	381274.33	27899.09	10073.43	571.46	320000.00	15135.85	7594.50
030107002041	自动扶梯	1. 名称：自动扶梯 2. 提升高度：7m 3. 完成本清单项目所需的一切相关工作	部	633038.30	34022.38	11280.14	617.70	560000.00	18057.58	9060.50
030107002042	自动扶梯	1. 名称：自动扶梯 2. 提升高度：10m 3. 完成本清单项目所需的一切相关工作	部	884520.56	40146.48	12327.28	636.01	800000.00	20916.04	10494.75
030107002043	自动扶梯	1. 名称：自动扶梯 2. 提升高度：15m 3. 完成本清单项目所需的一切相关工作	部	1296905.76	54642.83	5398.73	923.32	1200000.00	23932.57	12008.31
030107002044	自动扶梯	1. 名称：自动扶梯 2. 提升高度：20m 3. 完成本清单项目所需的一切相关工作	部	1703161.88	57921.39	5997.17	981.67	1600000.00	25477.94	12783.71

4.7 抗震支架工程

4.7.1 工程量计算规则

本节包括桥架抗震支架、风管抗震支架、管道抗震支架等安装项目，共计16项。桥架抗震支架、风管抗震支架、管道抗震支架，按设计图示数量以“套”计算。

4.7.2 标准清单

抗震支架工程标准清单库，见表4.7-1。

抗震支架工程标准清单库 表4.7-1

项目编码	标准名称	项目特征	计量单位	综合单价	人工费	机械费	材料费		管理费	利润
							辅材费	主材费		
031301004003	桥架抗震支架	1. 名称：桥架侧向抗震支架 2. 型号、规格：DQ-800-T 3. 含深化设计、主体及配件安装等工作 4. 完成本清单项目所需的一切相关工作	套	332.37	102.10	0.00	9.55	172.00	28.30	20.42
031301004004	桥架抗震支架	1. 名称：桥架侧向抗震支架 2. 型号、规格：DQ-1000-T 3. 含深化设计、主体及配件安装等工作 4. 完成本清单项目所需的一切相关工作	套	341.37	102.10	0.00	9.55	181.00	28.30	20.42
031301004005	桥架抗震支架	1. 名称：桥架侧纵向抗震支架 2. 型号、规格：DQ-800-TL 3. 含深化设计、主体及配件安装等工作 4. 完成本清单项目所需的一切相关工作	套	377.37	102.10	0.00	9.55	217.00	28.30	20.42
031301004006	桥架抗震支架	1. 名称：桥架侧纵向抗震支架 2. 型号、规格：DQ-1000-TL 3. 含深化设计、主体及配件安装等工作 4. 完成本清单项目所需的一切相关工作	套	386.37	102.10	0.00	9.55	226.00	28.30	20.42
031301004007	风管抗震支架	1. 名称：消防排烟及事故通风管道侧向抗震支架 2. 型号、规格：PY-1600-T 3. 含深化设计、主体及配件安装等工作 4. 完成本清单项目所需的一切相关工作	套	368.37	102.10	0.00	9.55	208.00	28.30	20.42

续表

项目编码	标准名称	项目特征	计量单位	综合单价	人工费	机械费	材料费		管理费	利润
							辅材费	主材费		
031301004008	风管抗震支架	1. 名称：消防排烟及事故通风管道侧向抗震支架 2. 型号、规格：PY-2000-T 3. 含深化设计、主体及配件安装等工作 4. 完成本清单项目所需的一切相关工作	套	386.37	102.10	0.00	9.55	226.00	28.30	20.42
031301004009	风管抗震支架	1. 名称：消防排烟及事故通风管道侧纵向抗震支架 2. 型号、规格：PY-1600-TL 3. 含深化设计、主体及配件安装等工作 4. 完成本清单项目所需的一切相关工作	套	413.71	102.10	0.00	9.55	253.34	28.30	20.42
031301004010	风管抗震支架	1. 名称：消防排烟及事故通风管道侧纵向抗震支架 2. 型号、规格：PY-2000-TL 3. 含深化设计、主体及配件安装等工作 4. 完成本清单项目所需的一切相关工作	套	431.37	102.10	0.00	9.55	271.00	28.30	20.42
031301004011	管道抗震支架	1. 名称：管道侧向支架（T） 2. 型号、规格：PL-DN65-T 3. 含深化设计、主体及配件安装等工作 4. 完成本清单项目所需的一切相关工作	套	240.37	102.10	0.00	9.55	80.00	28.30	20.42
031301004012	管道抗震支架	1. 名称：管道侧向支架（T） 2. 型号、规格：PL-DN80-T 3. 含深化设计、主体及配件安装等工作 4. 完成本清单项目所需的一切相关工作	套	242.37	102.10	0.00	9.55	82.00	28.30	20.42
031301004013	管道抗震支架	1. 名称：管道侧向支架（T） 2. 型号、规格：PL-DN100-T 3. 含深化设计、主体及配件安装等工作 4. 完成本清单项目所需的一切相关工作	套	246.37	102.10	0.00	9.55	86.00	28.30	20.42
031301004014	管道抗震支架	1. 名称：管道侧向支架（T） 2. 型号、规格：PL-DN150-T 3. 含深化设计、主体及配件安装等工作 4. 完成本清单项目所需的一切相关工作	套	251.37	102.10	0.00	9.55	91.00	28.30	20.42

续表

项目编码	标准名称	项目特征	计量单位	综合单价	人工费	机械费	材料费		管理费	利润
							辅材费	主材费		
031301004015	管道抗震支架	1. 名称：管道侧纵向支架（T＋L） 2. 型号、规格：PL-DN65-TL 3. 含深化设计、主体及配件安装等工作 4. 完成本清单项目所需的一切相关工作	套	270.37	102.10	0.00	9.55	110.00	28.30	20.42
031301004016	管道抗震支架	1. 名称：管道侧纵向支架（T＋L） 2. 型号、规格：PL-DN80-TL 3. 含深化设计、主体及配件安装等工作 4. 完成本清单项目所需的一切相关工作	套	272.37	102.10	0.00	9.55	112.00	28.30	20.42
031301004017	管道抗震支架	1. 名称：管道侧纵向支架（T＋L） 2. 型号、规格：PL-DN100-TL 3. 含深化设计、主体及配件安装等工作 4. 完成本清单项目所需的一切相关工作	套	276.37	102.10	0.00	9.55	116.00	28.30	20.42
031301004018	管道抗震支架	1. 名称：管道侧纵向支架（T＋L） 2. 型号、规格：PL-DN150-TL 3. 含深化设计、主体及配件安装等工作 4. 完成本清单项目所需的一切相关工作	套	281.37	102.10	0.00	9.55	121.00	28.30	20.42

第5章 措施工程标准清单

5.1 脚手架工程

5.1.1 工程量计算规则

本节包括综合钢脚手架、综合脚手架使用费、里脚手架、满堂脚手架、电梯井脚手架、墙柱活动脚手架、天棚活动脚手架等项目，共33个项目。

（1）综合钢脚手架，按外墙外边线的凹凸（包括凸出阳台）总长度乘以设计外地坪至外墙的顶板面或檐口的高度以“m^2”计算；不扣除门、窗、洞口及穿过建筑物的通道的空洞面积。屋面上的楼梯间、水池、电梯机房等的脚手架工程量应并入主体工程量内计算。

（2）综合脚手架使用费，按脚手架搭设面积乘以脚手架在施工现场的有效使用天数以$100m^2 \cdot 10$天为单位计算。

（3）综合脚手架有效使用天数的计算：±0.00以下工程脚手架有效使用天数 = (地下工程工期 − 基坑支护及基坑土方开挖工期) × 40%；±0.00以上单项工程建筑与外立面装饰综合脚手架有效使用天数 = 地上工程工期 × 60%；±0.00以上单项工程外立面装饰脚手架有效使用天数 = 地上单项工程外立面工期。

（4）外墙为幕墙时，幕墙部分按幕墙外围面积计算综合脚手架使用费。

（5）里脚手架，楼层高度在3.6m以内按各层建筑面积以“m^2”计算，层高超过3.6m每增加1.2m按调增清单开项计算，不足0.6m的不计算。在有满堂脚手架搭设的部分，里脚手架按该部分建筑面积的50%计算。不带装修的工程，里脚手架按建筑面积的50%计算。

（6）满堂脚手架，按搭设的水平投影面积“m^2”计算。其高度在3.6～5.2m，按满堂脚手架基本层计算，超过5.2m每增加1.2m按增加一层计算，不足0.6m的不计。计算式表示如下：满堂脚手架增加层 = (楼层高度 − 5.2m)/1.2m。

（7）电梯井脚手架按井底板面至顶板底高度，以“座”计算。

（8）工具式脚手架，按使用外墙外边线长度乘以外墙高度（从搭设层结构底标高至女儿墙顶标高加1.5m）以“m^2”计算，外墙附属的装饰柱（墙垛）、飘窗、凸出外墙大于600mm的外挑板，按其凹凸面长度列入外墙外边线长度内，不扣除门窗、洞口所占面积。

（9）本节仅考虑建筑工程脚手架，未考虑单独装饰时使用的脚手架清单项目。

5.1.2 标准清单

脚手架工程标准清单见表5.1-1。

脚手架工程标准清单库 表 5.1-1

项目编码	标准名称	项目特征	计量单位	综合单价	人工费	机械费	材料费		管理费	利润
							辅材费	主材费		
011601001001	综合钢脚手架	1. 名称：综合钢脚手架搭设和拆除 2. 搭设高度：4.5m 3. 包含挂安全网、加固维修、油漆维护、材料堆放和场内外运输等工作 4. 完成本清单项目所需的一切相关工作	m^2	12.76	7.28	1.08	1.45	0	1.29	1.67
011601001002	综合钢脚手架	1. 名称：综合钢脚手架搭设和拆除 2. 搭设高度：12.5m 3. 包含挂安全网、加固维修、油漆维护、材料堆放和场内外运输等工作 4. 完成本清单项目所需的一切相关工作	m^2	24.19	13.38	1.9	3.5	0	2.36	3.06
011601001003	综合钢脚手架	1. 名称：综合钢脚手架搭设和拆除 2. 搭设高度：20.5m 3. 包含挂安全网、加固维修、油漆维护、材料堆放和场内外运输等工作 4. 完成本清单项目所需的一切相关工作	m^2	31.52	17.14	2.09	5.48	0	2.97	3.85
011601001004	综合钢脚手架	1. 名称：综合钢脚手架搭设和拆除 2. 搭设高度：30.5m 3. 包含挂安全网、加固维修、油漆维护、材料堆放和场内外运输等工作 4. 完成本清单项目所需的一切相关工作	m^2	41.72	22.87	2.28	7.66	0	3.88	5.03
011601001005	综合钢脚手架	1. 名称：综合钢脚手架搭设和拆除 2. 搭设高度：40.5m 3. 包含挂安全网、加固维修、油漆维护、材料堆放和场内外运输等工作 4. 完成本清单项目所需的一切相关工作	m^2	46.87	26.3	2.09	8.43	0	4.38	5.68
011601001006	综合钢脚手架	1. 名称：综合钢脚手架搭设和拆除 2. 搭设高度：50.5m 3. 包含挂安全网、加固维修、油漆维护、材料堆放和场内外运输等工作 4. 完成本清单项目所需的一切相关工作	m^2	54.12	30.25	2.6	9.63	0	5.07	6.57

续表

项目编码	标准名称	项目特征	计量单位	综合单价	人工费	机械费	材料费		管理费	利润
							辅材费	主材费		
011601001007	综合钢脚手架	1. 名称:综合钢脚手架搭设和拆除 2. 搭设高度：60.5m 3. 包含挂安全网、加固维修、油漆维护、材料堆放和场内外运输等工作 4. 完成本清单项目所需的一切相关工作	m^2	58.16	31.6	2.66	11.76	0	5.28	6.85
011601001008	综合钢脚手架	1. 名称:综合钢脚手架搭设和拆除 2. 搭设高度：70.5m 3. 包含挂安全网、加固维修、油漆维护、材料堆放和场内外运输等工作 4. 完成本清单项目所需的一切相关工作	m^2	61.9	32.97	2.73	13.57	0	5.5	7.14
011601001009	综合钢脚手架	1. 名称:综合钢脚手架搭设和拆除 2. 搭设高度：80.5m 3. 包含挂安全网、加固维修、油漆维护、材料堆放和场内外运输等工作 4. 完成本清单项目所需的一切相关工作	m^2	67.51	36.41	2.79	14.43	0	6.04	7.84
011601001010	综合钢脚手架	1. 名称:综合钢脚手架搭设和拆除 2. 搭设高度：90.5m 3. 包含挂安全网、加固维修、油漆维护、材料堆放和场内外运输等工作 4. 完成本清单项目所需的一切相关工作	m^2	74.02	39.88	2.85	16.15	0	6.59	8.55
011601001011	综合钢脚手架	1. 名称:综合钢脚手架搭设和拆除 2. 搭设高度：100.5m 3. 包含挂安全网、加固维修、油漆维护、材料堆放和场内外运输等工作 4. 完成本清单项目所需的一切相关工作	m^2	77.63	41.68	2.92	17.23	0	6.88	8.92
011601001012	综合脚手架使用费	1. 名称:建筑用综合脚手架使用费 2. 面积：每增减 100m^2 3. 租赁天数：每增减 10d 4. 完成本清单项目所需的一切相关工作	100 m^2·10 天	201.53	56.4	6.34	8.23	108.34	9.67	12.55

续表

项目编码	标准名称	项目特征	计量单位	综合单价	人工费	机械费	材料费		管理费	利润
							辅材费	主材费		
0116 0100 1013	满堂脚手架	1. 名称：满堂脚手架搭设和拆除 2. 搭设高度：3.6～5.2m 3. 包含加固维修、油漆维护、材料堆放和场内外运输等工作 4. 完成本清单项目所需的一切相关工作	m^2	14.06	7.89	0.32	0.28	2.66	1.27	1.64
0116 0100 1014	满堂脚手架	1. 名称:满堂脚手架搭设和拆除 2. 搭设高度：每增加 1.2m 3. 包含加固维修、油漆维护、材料堆放和场内外运输等工作 4. 完成本清单项目所需的一切相关工作	m^2	4.74	3	0.06	0.03	0.57	0.47	0.61
0116 0100 1015	里脚手架	1. 名称：里脚手架搭设和拆除 2. 搭设高度：3.6m 3. 建筑类别：民用建筑 4. 包含加固维修、油漆维护、材料堆放和场内外运输等工作 5. 完成本清单项目所需的一切相关工作	m^2	17.14	11.28	0.44	0.49	0.78	1.81	2.34
0116 0100 1016	里脚手架	1. 名称：里脚手架搭设和拆除 2. 搭设高度：每增加 1.2m 3. 建筑类别：民用建筑 4. 包含加固维修、油漆维护、材料堆放和场内外运输等工作 5. 完成本清单项目所需的一切相关工作	m^2	5.8	3.72	0.19	0.18	0.32	0.6	0.78
0116 0100 1017	里脚手架	1. 名称：里脚手架搭设和拆除 2. 搭设高度：3.6m 3. 建筑类别：工业建筑 4. 包含加固维修、油漆维护、材料堆放和场内外运输等工作 5. 完成本清单项目所需的一切相关工作	m^2	7.92	5.21	0.19	0.22	0.39	0.83	1.08
0116 0100 1018	里脚手架	1. 名称：里脚手架搭设和拆除 2. 搭设高度：每增加 1.2m 3. 建筑类别：工业建筑 4. 包含加固维修、油漆维护、材料堆放和场内外运输等工作 5. 完成本清单项目所需的一切相关工作	m^2	3.83	2.59	0.06	0.08	0.15	0.41	0.53
0116 0100 1019	电梯井脚手架	1. 名称:电梯井脚手架搭设和拆除 2. 搭设高度：20m 3. 包含加固维修、油漆维护、材料堆放和场内外运输等工作 4. 完成本清单项目所需的一切相关工作	座	1950.35	1199.11	38.02	63.85	211.17	190.77	247.43

续表

项目编码	标准名称	项目特征	计量单位	综合单价	人工费	机械费	材料费		管理费	利润
							辅材费	主材费		
011601001020	电梯井脚手架	1. 名称:电梯井脚手架搭设和拆除 2. 搭设高度：30m 3. 包含加固维修、油漆维护、材料堆放和场内外运输等工作 4. 完成本清单项目所需的一切相关工作	座	3218.35	1845.05	88.72	145.95	453.69	298.19	386.75
011601001021	电梯井脚手架	1. 名称:电梯井脚手架搭设和拆除 2. 搭设高度：40m 3. 包含加固维修、油漆维护、材料堆放和场内外运输等工作 4. 完成本清单项目所需的一切相关工作	座	4963.56	2715.83	107.74	282.41	857.48	435.39	564.71
011601001022	电梯井脚手架	1. 名称:电梯井脚手架搭设和拆除 2. 搭设高度：50m 3. 包含加固维修、油漆维护、材料堆放和场内外运输等工作 4. 完成本清单项目所需的一切相关工作	座	7053.39	3981.51	126.75	365.82	1124.17	633.49	821.65
011601001023	电梯井脚手架	1. 名称:电梯井脚手架搭设和拆除 2. 搭设高度：60m 3. 包含加固维修、油漆维护、材料堆放和场内外运输等工作 4. 完成本清单项目所需的一切相关工作	座	11791.94	6089.21	145.76	821.78	2526.77	961.43	1246.99
011601001024	电梯井脚手架	1. 名称:电梯井脚手架搭设和拆除 2. 搭设高度：80m 3. 包含加固维修、油漆维护、材料堆放和场内外运输等工作 4. 完成本清单项目所需的一切相关工作	座	14991.32	8140.94	164.77	921.37	2822.36	1280.74	1661.14
011601001025	电梯井脚手架	1. 名称:电梯井脚手架搭设和拆除 2. 搭设高度：100m 3. 包含加固维修、油漆维护、材料堆放和场内外运输等工作 4. 完成本清单项目所需的一切相关工作	座	24622.28	12894.59	234.48	1785.64	5057.26	2024.5	2625.81
011601001026	工具式脚手架	1. 名称：附着式电动整体提升架 2. 组装方式：装配型（全钢） 3. 包含架体拼装、爬升及空中解体、提升、防坠系统安拆、动力系统的安拆调试、材料运输及堆放等工作 4. 完成本清单项目所需的一切相关工作	m^2	37.32	16.61	1.51	2.44	10.35	2.79	3.62

5.2 模板工程及其他措施工程

5.2.1 工程量计算规则

本节包括基础模板、矩形柱模板、异形柱模板、基础梁模板、矩形梁模板、圈梁、过梁模板、直形墙模板、电梯坑、井墙模板、有梁板模板、楼梯模板、栏板、反檐模板、阳台、雨篷模板、台阶模板、压顶、扶手模板、垂直运输、大型机械设备进出场及安拆等，共72个项目。

（1）基础模板、矩形柱模板、异形柱模板、基础梁模板、矩形梁模板、圈梁、过梁模板、直形墙模板、电梯坑、井墙模板、有梁板模板，均按模板与现浇混凝土构件的接触面积“m^2”计算，不扣除后浇带面积。

（2）现浇钢筋混凝土墙、板单孔面积小于或等于1.0m^2的孔洞不予扣除，洞侧壁模板亦不增加；单孔面积大于1.0m^2时应予扣除，洞侧壁模板面积并入墙、板工程量内计算。

（3）现浇框架分别按梁、板、柱有关规定计算，附墙柱、暗梁、暗柱并入墙内工程量内计算。

（4）柱、梁、墙、板相互连接的重叠部分，均不计算模板面积。

（5）有梁板模板工程量应扣除混凝土柱、梁墙所占面积。

（6）楼梯模板，按楼梯（包括休息平台、平台梁、斜梁和楼层板的连接梁）的水平投影面积“m^2”计算，不扣除宽度小于或等于500mm的楼梯井所占面积，楼梯踏步、踏步板、平台梁等侧面模板不另计算，伸入墙内部分亦不增加。

（7）阳台、雨篷模板，按图示外挑部分尺寸的水平投影面积“m^2”计算，挑出墙外的悬臂梁及板边不另计算。

（8）栏板、反檐模板、压顶、扶手模板，按模板与现浇混凝土构件的接触面积“m^2”计算。

（9）台阶模板按水平投影面积“m^2”计算，台阶两侧不另计算模板面积。

（10）垂直运输，按建筑物的建筑面积以“m^2”计算。

（11）大型机械设备进出场及安拆，按使用机械设备的数量“台·次”计算。

（12）安拆费包括施工机械、设备在现场进行安装拆卸所需人工、材料、机械和试运转费用以及机械辅助设施的折旧、搭设、拆除等费用。进出场费包括施工机械、设备整体或分体自停放地点运至施工现场或由一施工地点运至另一施工地点所发生的运输、装卸、辅助材料等费用。

5.2.2 标准清单

模板工程及其他措施工程标准清单库，见表5.2-1。

模板工程及其他措施工程标准清单库　　表5.2-1

项目编码	标准名称	项目特征	计量单位	综合单价	人工费	机械费	材料费		管理费	利润
							辅材费	主材费		
010505002001	基础模板	1. 名称：基础垫层模板 2. 模板周长：综合考虑 3. 模板类型：木模板 4. 完成本清单项目所需的一切相关工作	m^2	31.17	11.22	0.79	1.86	11.73	3.16	2.4

续表

项目编码	标准名称	项目特征	计量单位	综合单价	人工费	机械费	材料费		管理费	利润
							辅材费	主材费		
010505002002	基础模板	1. 名称：带形基础无筋模板 2. 模板周长：综合考虑 3. 模板类型：木模板 4. 完成本清单项目所需的一切相关工作	m^2	50.3	20.35	1.76	2.06	15.89	5.83	4.42
010505002003	基础模板	1. 名称：带形基础有筋模板 2. 模板周长：综合考虑 3. 模板类型：木模板 4. 完成本清单项目所需的一切相关工作	m^2	55.84	21.4	2.14	2.45	18.94	6.2	4.71
010505002004	基础模板	1. 名称：独立基础模板 2. 模板周长：综合考虑 3. 模板类型：木模板 4. 完成本清单项目所需的一切相关工作	m^2	52.28	20.04	1.86	4.02	16.22	5.77	4.38
010505002005	基础模板	1. 名称：杯形基础模板 2. 模板周长：综合考虑 3. 模板类型：木模板 4. 完成本清单项目所需的一切相关工作	m^2	61.65	24.61	2.17	3.98	18.48	7.06	5.36
010505002006	基础模板	1. 名称：满堂基础无梁式模板 2. 模板周长：综合考虑 3. 模板类型：木模板 4. 完成本清单项目所需的一切相关工作	m^2	49.16	24.11	1.04	2.79	9.57	6.63	5.03
010505002007	基础模板	1. 名称：满堂基础有梁式模板 2. 模板周长：综合考虑 3. 模板类型：木模板 4. 完成本清单项目所需的一切相关工作	m^2	55.77	26.62	1.16	3.42	11.7	7.32	5.56
010505002008	基础模板	1. 名称：设备基础模板 2. 块体体积：$5m^3$ 以内 3. 模板周长：综合考虑 4. 模板类型：木模板 5. 完成本清单项目所需的一切相关工作	m^2	61.48	28.75	1.37	2.97	14.44	7.94	6.02
010505002009	基础模板	1. 名称：设备基础模板 2. 块体体积：$20m^3$ 以内 3. 模板周长：综合考虑 4. 模板类型：木模板 5. 完成本清单项目所需的一切相关工作	m^2	62.15	29.1	1.37	3	14.55	8.03	6.09
010505002010	基础模板	1. 名称：设备基础模板 2. 块体体积：$20m^3$ 以外 3. 模板周长：综合考虑 4. 模板类型：木模板 5. 完成本清单项目所需的一切相关工作	m^2	62.9	29.46	1.43	3.03	14.67	8.14	6.18

续表

项目编码	标准名称	项目特征	计量单位	综合单价	人工费	机械费	材料费		管理费	利润
							辅材费	主材费		
010505002011	基础模板	1. 名称：桩承台模板 2. 模板周长：综合考虑 3. 模板类型：木模板 4. 完成本清单项目所需的一切相关工作	m^2	51.91	24.36	1.5	4.6	9.46	6.81	5.17
010505004001	矩形柱模板	1. 名称：矩形柱模板 2. 支模高度：3.6m 以内 3. 模板周长：1.2m 以内 4. 模板类型：木模板 5. 完成本清单项目所需的一切相关工作	m^2	73.44	38.51	2.21	1.41	12.43	10.73	8.15
010505004002	矩形柱模板	1. 名称：矩形柱模板 2. 支模高度：3.6m 以内 3. 模板周长：1.8m 以内 4. 模板类型：木模板 5. 完成本清单项目所需的一切相关工作	m^2	58.78	30.43	2.03	0.89	10.38	8.55	6.49
010505004003	矩形柱模板	1. 名称：矩形柱模板 2. 支模高度：3.6m 以内 3. 模板周长：1.8m 以外 4. 模板类型：木模板 5. 完成本清单项目所需的一切相关工作	m^2	64.64	33.47	2.03	1.96	10.73	9.35	7.1
010505004004	矩形柱模板	1. 名称：矩形柱模板 2. 支模高度：8.4m 以内 3. 模板周长：1.2m 以内 4. 模板类型：木模板 5. 完成本清单项目所需的一切相关工作	m^2	106.03	56.1	2.62	1.64	18.45	15.47	11.74
010505004005	矩形柱模板	1. 名称：矩形柱模板 2. 支模高度：8.4m 以内 3. 模板周长：1.8m 以内 4. 模板类型：木模板 5. 完成本清单项目所需的一切相关工作	m^2	94.83	48.01	2.44	1.12	19.87	13.29	10.09
010505004006	矩形柱模板	1. 名称：矩形柱模板 2. 支模高度：8.4m 以内 3. 模板周长：1.8m 以外 4. 模板类型：木模板 5. 完成本清单项目所需的一切相关工作	m^2	101.2	51.05	2.44	2.2	20.72	14.1	10.7
010505004007	矩形柱模板	1. 名称：矩形柱或异形柱模板 2. 支模高度：每增加 1m 内 3. 模板周长：综合考虑 4. 模板类型：木模板 5. 完成本清单项目所需的一切相关工作	m^2	4.63	2.75	0.06	0.04	0.48	0.74	0.56

续表

项目编码	标准名称	项目特征	计量单位	综合单价	人工费	机械费	材料费		管理费	利润
							辅材费	主材费		
010505004008	异形柱模板	1. 名称：异形柱模板 2. 支模高度：3.6m 以内 3. 完成本清单项目所需的一切相关工作	m^2	83.55	45.15	1.97	2.64	11.94	12.42	9.43
010505004009	异形柱模板	1. 名称：异形柱模板 2. 支模高度：8.4m 以内 3. 完成本清单项目所需的一切相关工作	m^2	120	62.74	2.38	2.87	21.82	17.16	13.02
010505004010	异形柱模板	1. 名称：圆形柱模板 2. 支模高度：3.6m 以内 3. 完成本清单项目所需的一切相关工作	m^2	120.15	53.27	2.76	5.78	32.37	14.76	11.21
010505004011	异形柱模板	1. 名称：圆形柱模板 2. 支模高度：8.4m 以内 3. 完成本清单项目所需的一切相关工作	m^2	142.23	53.27	3.17	6	53.63	14.87	11.29
010505003001	基础梁模板	1. 名称：基础梁模板 2. 模板周长：综合考虑 3. 模板类型：木模板 4. 完成本清单项目所需的一切相关工作	m^2	61.56	26.04	1.69	5.32	15.65	7.31	5.55
010505006001	矩形梁模板	1. 名称：矩形梁模板 2. 支模高度：3.6m 以内 3. 模板周长：25m 以内 4. 模板类型：木模板 5. 完成本清单项目所需的一切相关工作	m^2	69.3	37.71	2.14	1.65	9.33	10.5	7.97
010505006002	矩形梁模板	1. 名称：矩形梁模板 2. 支模高度：3.6m 以内 3. 模板周长：25m 以外 4. 模板类型：木模板 5. 完成本清单项目所需的一切相关工作	m^2	76.14	41.48	2.14	2.03	10.27	11.49	8.72
010505006003	矩形梁模板	1. 名称：矩形梁模板 2. 支模高度：8.4m 以内 3. 模板周长：25m 以内 4. 模板类型：木模板 5. 完成本清单项目所需的一切相关工作	m^2	142.11	69.82	6.76	1.63	28.4	20.18	15.32
010505006004	矩形梁模板	1. 名称：矩形梁模板 2. 支模高度：8.4m 以内 3. 模板周长：25m 以外 4. 模板类型：木模板 5. 完成本清单项目所需的一切相关工作	m^2	154.92	73.59	6.68	2.03	35.42	21.15	16.05

续表

项目编码	标准名称	项目特征	计量单位	综合单价	人工费	机械费	材料费		管理费	利润
							辅材费	主材费		
010505006005	矩形梁模板	1. 名称：矩形梁模板 2. 支模高度：每增加 1m 内 3. 模板周长：综合考虑 4. 模板类型：木模板 5. 完成本清单项目所需的一切相关工作	m^2	8.45	5.02	0.36	0	0.58	1.42	1.08
010505012001	圈梁、过梁模板	1. 名称：圈梁、过梁模板 2. 支模高度：3.6m 以内 3. 模板周长：综合考虑 4. 模板类型：木模板 5. 完成本清单项目所需的一切相关工作	m^2	54.3	27.21	0.96	5.83	7.24	7.42	5.63
010505005001	直形墙模板	1. 名称：直形墙模板 2. 支模高度：3.6m 以内 3. 墙厚：400mm 以内 4. 模板类型：木模板 5. 完成本清单项目所需的一切相关工作	m^2	46.66	20.16	2.17	6.54	7.44	5.88	4.47
010505005002	直形墙模板	1. 名称：直形墙模板 2. 支模高度：3.6m 以内 3. 墙厚：700mm 以内 4. 模板类型：木模板 5. 完成本清单项目所需的一切相关工作	m^2	53.77	24.19	2.17	7.13	8.06	6.95	5.27
010505005003	直形墙模板	1. 名称：直形墙模板 2. 支模高度：3.6m 以内 3. 墙厚：1000mm 以内 4. 模板类型：木模板 5. 完成本清单项目所需的一切相关工作	m^2	60.88	28.23	2.17	7.72	8.67	8.01	6.08
010505005004	直形墙模板	1. 名称：直形墙模板 2. 支模高度：8.4m 以内 3. 墙厚：400mm 以内 4. 模板类型：木模板 5. 完成本清单项目所需的一切相关工作	m^2	67.92	30.82	2.57	6.54	12.51	8.8	6.68
010505005005	直形墙模板	1. 名称：直形墙模板 2. 支模高度：8.4m 以内 3. 墙厚：700mm 以内 4. 模板类型：木模板 5. 完成本清单项目所需的一切相关工作	m^2	75.57	34.85	2.57	7.13	13.67	9.86	7.48
010505005006	直形墙模板	1. 名称：直形墙模板 2. 支模高度：8.4m 以内 3. 墙厚：1000mm 以内 4. 模板类型：木模板 5. 完成本清单项目所需的一切相关工作	m^2	83.24	38.89	2.57	7.72	14.84	10.92	8.29

续表

项目编码	标准名称	项目特征	计量单位	综合单价	人工费	机械费	材料费		管理费	利润
							辅材费	主材费		
010505005007	直形墙模板	1. 名称：直形墙模板 2. 支模高度：每增加 1m 内 3. 墙厚：综合考虑 4. 模板类型：木模板 5. 完成本清单项目所需的一切相关工作	m^2	2.62	1.67	0.06	0	0.09	0.46	0.35
010505005008	电梯坑、井墙模板	1. 名称：电梯坑、井墙模板 2. 支模高度：3.6m 以内 3. 模板类型：木模板 4. 完成本清单项目所需的一切相关工作	m^2	54.58	26.64	1.43	5.44	8.07	7.4	5.61
010505005009	电梯坑、井墙模板	1. 名称：电梯坑、井墙模板 2. 支模高度：8.4m 以内 3. 模板类型：木模板 4. 完成本清单项目所需的一切相关工作	m^2	75.17	37.3	1.83	4.72	13.18	10.31	7.83
010505007001	有梁板模板	1. 名称：有梁板模板 2. 支模高度：3.6m 以内 3. 模板类型：木模板 4. 完成本清单项目所需的一切相关工作	m^2	64.93	32.11	3.09	1.98	11.43	9.28	7.04
010505007002	有梁板模板	1. 名称：有梁板模板 2. 支模高度：8.4m 以内 3. 模板类型：木模板 4. 完成本清单项目所需的一切相关工作	m^2	133.45	68.82	4.95	1.98	23.52	19.44	14.75
010505007003	有梁板模板	1. 名称：有梁板模板 2. 支模高度：每增加 1m 内 3. 模板类型：木模板 4. 完成本清单项目所需的一切相关工作	m^2	9.32	5.73	0.29	0	0.5	1.59	1.21
010505007004	有梁板模板	1. 名称：地下室楼板模板 2. 楼板厚：300mm 3. 支模高度：3.6m 以内 4. 模板类型：木模板 5. 完成本清单项目所需的一切相关工作	m^2	73.88	38.74	3.03	0.9	11.83	11.01	8.36
010505007005	有梁板模板	1. 名称：地下室楼板模板 2. 楼板厚：500mm 3. 支模高度：3.6m 以内 4. 模板类型：木模板 5. 完成本清单项目所需的一切相关工作	m^2	83.44	42.8	4.17	0.91	13.79	12.38	9.39
010505007006	有梁板模板	1. 名称：地下室楼板模板 2. 楼板厚：每增减 10mm 3. 支模高度：3.6m 以内 4. 模板类型：木模板 5. 完成本清单项目所需的一切相关工作	m^2	0.51	0.21	0.06	0	0.11	0.07	0.05

续表

项目编码	标准名称	项目特征	计量单位	综合单价	人工费	机械费	材料费		管理费	利润
							辅材费	主材费		
010505008001	栏板、反檐模板	1. 名称：栏板、反檐模板 2. 模板周长：综合考虑 3. 模板类型：木模板 4. 完成本清单项目所需的一切相关工作	m^2	65.57	26.53	1.4	2.67	22.01	7.36	5.59
010505008002	阳台、雨篷模板	1. 名称：阳台、雨篷模板 2. 模板形状：直形 3. 模板周长：综合考虑 4. 模板类型：木模板 5. 完成本清单项目所需的一切相关工作	m^2	77.49	41.75	3.55	0.86	10.34	11.94	9.06
010505008003	阳台、雨篷模板	1. 名称：阳台、雨篷模板 2. 模板形状：圆弧形 3. 模板周长：综合考虑 4. 模板类型：木模板 5. 完成本清单项目所需的一切相关工作	m^2	85.22	45.93	3.93	0.87	11.39	13.14	9.97
010501000001	楼梯模板	1. 名称：楼梯模板 2. 模板形状：直形 3. 模板周长：综合考虑 4. 模板类型：木模板 5. 完成本清单项目所需的一切相关工作	m^2	187.17	92.94	3.9	4.97	40.48	25.52	19.37
010501000002	楼梯模板	1. 名称：楼梯模板 2. 模板形状：圆弧形 3. 模板周长：综合考虑 4. 模板类型：木模板 5. 完成本清单项目所需的一切相关工作	m^2	247.91	124.95	5.43	6.13	50.96	34.36	26.08
010501800001	台阶模板	1. 名称：台阶模板 2. 模板周长：综合考虑 3. 模板类型：木模板 4. 完成本清单项目所需的一切相关工作	m^2	42.15	22.56	0.69	1.44	6.69	6.13	4.65
010505008004	压顶、扶手模板	1. 名称：压顶、扶手模板 2. 模板周长：综合考虑 3. 模板类型：木模板 4. 完成本清单项目所需的一切相关工作	m^2	133.07	64.7	2.99	4.9	29.11	17.84	13.54
011601002001	垂直运输	1. 运输高度：20m 以内 2. 结构类型：现浇框架结构 3. 完成本清单项目所需的一切相关工作	m^2	42.82	0	31.23	0	0	5.34	6.25
011601002002	垂直运输	1. 运输高度：30m 以内 2. 结构类型：现浇框架结构 3. 完成本清单项目所需的一切相关工作	m^2	39.32	0	28.68	0	0	4.91	5.74

续表

项目编码	标准名称	项目特征	计量单位	综合单价	人工费	机械费	材料费		管理费	利润
							辅材费	主材费		
011601002003	垂直运输	1. 运输高度：40m 以内 2. 结构类型：现浇框架结构 3. 完成本清单项目所需的一切相关工作	m^2	40.29	2.74	26.64	0	0	5.03	5.88
011601002004	垂直运输	1. 运输高度：50m 以内 2. 结构类型：现浇框架结构 3. 完成本清单项目所需的一切相关工作	m^2	45.52	3.38	29.82	0	0	5.68	6.64
011601002005	垂直运输	1. 运输高度：60m 以内 2. 结构类型：现浇框架结构 3. 完成本清单项目所需的一切相关工作	m^2	52.46	3.86	34.4	0	0	6.55	7.65
011601002006	垂直运输	1. 运输高度：70m 以内 2. 结构类型：现浇框架结构 3. 完成本清单项目所需的一切相关工作	m^2	56.13	4.31	36.63	0	0	7	8.19
011601002007	垂直运输	1. 运输高度：80m 以内 2. 结构类型：现浇框架结构 3. 完成本清单项目所需的一切相关工作	m^2	59.21	4.73	38.46	0	0	7.39	8.64
011601002008	垂直运输	1. 运输高度：90m 以内 2. 结构类型：现浇框架结构 3. 完成本清单项目所需的一切相关工作	m^2	71.6	5.38	46.84	0	0	8.93	10.44
011601002009	垂直运输	1. 运输高度：100m 以内 2. 结构类型：现浇框架结构 3. 完成本清单项目所需的一切相关工作	m^2	76.93	5.91	50.2	0	0	9.6	11.22
011601002010	垂直运输	1. 运输高度：每增 10m 以内 2. 结构类型：现浇框架结构 3. 完成本清单项目所需的一切相关工作	m^2	4.27	0.65	2.46	0	0	0.53	0.62
011601003001	大型机械设备进出场及安拆	1. 名称：静力压桩机每次安拆费 2. 型号规格：压力（900kN） 3. 完成本清单项目所需的一切相关工作	台·次	8833.35	2848.56	4493.88	22.42	0	0	1468.49
011601003002	大型机械设备进出场及安拆	1. 名称：静力压桩机每次安拆费 2. 型号规格：压力（1200kN） 3. 完成本清单项目所需的一切相关工作	台·次	12373.49	4272.84	6013.45	29.94	0	0	2057.26
011601003003	大型机械设备进出场及安拆	1. 名称：静力压桩机每次安拆费 2. 型号规格：压力（1600kN） 3. 完成本清单项目所需的一切相关工作	台·次	16039.86	5697.12	7638.11	37.58	0	0	2667.05

续表

项目编码	标准名称	项目特征	计量单位	综合单价	人工费	机械费	材料费		管理费	利润
							辅材费	主材费		
011601003004	大型机械设备进出场及安拆	1. 名称：静力压桩机每次安拆费 2. 型号规格：压力（4000kN） 3. 完成本清单项目所需的一切相关工作	台·次	19065.78	7121.4	8732.52	41.08	0	0	3170.78
011601003005	大型机械设备进出场及安拆	1. 名称：静力压桩机每次安拆费 2. 型号规格：压力（5000kN） 3. 完成本清单项目所需的一切相关工作	台·次	20822.31	8545.68	8771.9	41.21	0	0	3463.52
011601003006	大型机械设备进出场及安拆	1. 名称：静力压桩机每次安拆费 2. 型号规格：压力（6000kN） 3. 完成本清单项目所需的一切相关工作	台·次	22603.18	9969.96	8831.38	41.57	0	0	3760.27
011601003007	大型机械设备进出场及安拆	1. 名称：施工电梯每次安拆费 2. 梯高：75m以内 3. 完成本清单项目所需的一切相关工作	台·次	14928.66	6409.26	5909.76	145.84	0	0	2463.8
011601003008	大型机械设备进出场及安拆	1. 名称：施工电梯每次安拆费 2. 梯高：100m以内 3. 完成本清单项目所需的一切相关工作	台·次	18421.53	8545.68	6552.81	303.34	0	0	3019.7
011601003009	大型机械设备进出场及安拆	1. 名称：塔式起重机每次安拆费 2. 起重力矩：60kN·m 3. 完成本清单项目所需的一切相关工作	台·次	27960.82	10326.03	8631.97	5211.22	0	0	3791.6
011601003010	大型机械设备进出场及安拆	1. 名称：塔式起重机每次安拆费 2. 起重力矩：80kN·m 3. 完成本清单项目所需的一切相关工作	台·次	34674.58	13886.73	10666.07	5211.22	0	0	4910.56
011601003011	大型机械设备进出场及安拆	1. 名称：塔式起重机每次安拆费 2. 起重力矩：150kN·m 3. 完成本清单项目所需的一切相关工作	台·次	68713.7	35250.93	17378.87	5557.94	0	0	10525.96

第6章　智能化应用

本章在民用建筑造价标准清单体系的基础上，重点阐述佛山轨道交通设计研究院有限公司在智能化造价管理中的新思路和新方法。通过在民用建筑施工成本智能分析系统研发中的创新实践，取得了两项显著成果:《基于工程清单的施工成本智能计算方法》与《全流程自动计价方法》。两项技术均实现了从图纸信息提取、工程量计算、清单生成到施工成本预测与利润分析的全流程自动化，为建筑工程造价管理提供了高效、精准、透明的数据支撑。下面分别对两项成果进行详细论述。

6.1 《基于工程清单的施工成本智能计算方法》在造价管理中的应用

本方法着眼于施工成本的智能计算，针对工程清单数据中存在的非标准术语和数据归类难题，提出了一套以智能计算模型为核心的技术方案。其整体思路在于利用企业施工成本的样本数据构建标准工程清单成本库与匹配规则库，再通过自动处理工程清单数据，实现施工成本的自动计算及利润率预测。

6.1.1 方法原理与系统架构

1. 方法原理概述

本方法基于工程清单数据，通过应用程序调用成本数据库和匹配规则库，对拟建项目工程清单数据进行标准化处理，解决非标准术语与标准名称之间的差异，确保数据归类的准确性。标准化后的清单数据与标准工程清单成本库进行匹配，生成对应的标准清单成本，并通过智能计算模型自动完成施工成本的计算与分析，包括清单成本差额表、价格合理性表格、清单成本的人材机价格表以及单位工程清单成本差额表。在此基础上，通过利润分析模块预测项目的利润情况，形成闭环式施工成本智能计算体系。其核心在于构建统一规范的标准工程清单成本库，建立非标准术语与标准名称匹配规则，以及依托样本数据与匹配规则调用智能计算模型，实现施工成本的自动计算、价格合理性评估及利润预测，确保成本计算的准确性与效率。基于工程清单的施工成本智能计算方法实现的逻辑框架如图 6.1-1 所示。

2. 系统架构与设计

该智能计算方法的核心是建立标准工程清单成本库和匹配规则库，通过对施工项目的工程清单数据进行智能处理，实现成本计算与优化预测。系统由数据采集模块、数据处理模块、智能计算模块和结果输出模块构成。

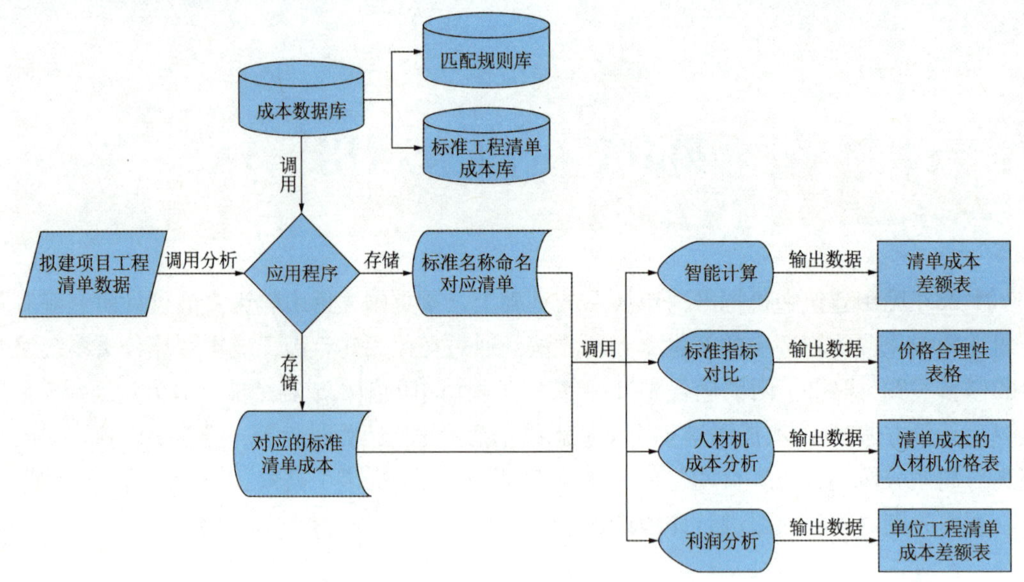

图 6.1-1　施工成本智能计算方法实现逻辑框架

数据采集模块：负责从项目管理系统、BIM 模型和施工图纸中提取工程清单数据，包括项目名称、计量单位、工程量等信息。

数据处理模块：将数据进行清洗、去噪、归类和标准化，确保数据的一致性和准确性。

智能计算模块：采用机器学习算法对工程清单数据进行智能计算，自动生成施工成本和预测利润率。算法包括回归分析、聚类分析和深度学习等方法。

结果输出模块：根据计算结果自动生成工程造价清单、综合单价分析表、总造价汇总表、利润分析表等，提供决策支持。

6.1.2　核心技术实现

1. 样本数据与成本库构建

将企业已建或在建项目的人工、机械、材料和管理成本数据化处理，形成标准化样本数据，构建标准工程清单成本库。该库包含项目名称、计量单位、清单代号、清单参数、人工单价、机械单价、材料单价和管理单价，作为成本计算依据。

此外，通过聚类分析，建立了基础、钢筋、混凝土、装饰等劳务成本数据库（共 224 条）及主要材料采购成本数据库（共 2768 条），为后续成本计算提供精确数据支持。

2. 非标准术语匹配规则库

针对工程清单中常出现的非标准项目名称，系统构建了“非标准名称—标准名称”匹配规则库。该库通过动态学习，能够根据项目实践不断优化归类准确率，确保所有清单项准确映射到标准成本数据。

3. 工程清单数据处理

系统接收拟建项目的工程清单数据（如序号、项目编码、项目名称、项目特征、计量单位、工程量、综合单价、综合合价），经过数据清洗、标准化及结构化处理，确保各数据项符合统一格式，满足后续智能计算要求。

4. 智能计算方法

基于匹配后的清单数据，调用标准成本库，系统依据以下公式自动计算施工成本：

施工成本 = 工程量 × [人工单价 + 机械单价 + 材料单价 × (1 + 材料损耗率) + 管理单价]

同时，通过比较计算结果与综合合价，实现项目利润率预测，并自动识别成本异常，为项目管理提供预警依据。

5. 结果输出

系统自动生成结构化成果文件，如工程量清单、施工成本明细表及利润分析表，支持多种格式导出，便于项目决策、成本监控及后续数据追溯。

6.1.3　应用案例

基于前述方法原理与技术实现，开发了项目成本智能分析系统，实现了从清单数据接收到造价指标计算、施工成本预测、利润测算及优化建议的全过程智能化分析，具备较强的实用性与推广价值。

1. 系统功能结构

本系统采用模块化设计，界面清晰，功能完备，主要包括造价指标智能分析、项目成本智能计算、成本控制要点分析、招标清单智能生成等核心功能。

2. 核心功能与实现效果

1）指标分析

（1）项目总指标计算：系统自动对成千上万条清单数据进行分类汇总，快速生成项目级别的工程量及经济指标。

（2）单位工程指标分析：在单位工程范围内，自动分析清单开项数据，生成单位工程的指标。

（3）检查清单合理性：工程量清单反映项目的工程量、单价及合价。通过成本智能分析系统的处理，清单数据将被细化为 6 项内容：工程量、工程造价、工程量指标（按 $100m^2$ 计）、标准工程量指标（按 $100m^2$ 计）、经济指标和标准经济指标。通过将工程量指标与标准工程量指标、经济指标与标准经济指标进行对比分析，可以有效判断清单编制是否合理，从而提高造价管理的科学性和准确性。

2）项目成本智能计算

系统基于标准成本数据库，结合清单数据，自动完成以下智能计算任务：

（1）清单项目成本计算

自动计算各清单项目的成本单价、成本合价及与合同价差额，直观展现盈亏情况。

（2）行业标准对比分析

系统可调用行业标准价格数据，自动对比分析，判断价格合理性，识别异常报价情况。

（3）盈亏情况与动态调整

最基础的合同清单中，仅能体现工程量、单价及合价。但清单经施工成本智能分析处理后，可以生成合同总价、成本总价、利润率、人工费单价、材料费单价、机械费单价等信息，更能清晰体现每一项工序的合同价、成本价、差额，据此判断每一分部分项的盈亏情况，根据盈亏情况，动态调整工程量实现利润更大化。

（4）项目利润率预测

自动汇总单位工程合同合价、成本合价、差额及差额比率，预测项目整体利润率，为决策提供量化依据。

3）成本控制要点分析

依托项目成本智能计算功能，自动识别清单项中与标准数据差额比率超过预设阈值的内容，提取为重点关注对象，生成成本控制要点分析报告。该报告帮助管理人员快速识别造价异常点，指导成本优化策略的制定与执行，提升成本控制的科学性和针对性。

4）招标清单智能生成

系统根据设计提资清单，自动匹配并生成标准化招标清单，结合定额、主材价格、标准清单库等信息资源，实现智能组价与快速生成招标控制价。该功能提升了清单编制效率，缩短了从设计出图到形成控制价的时间，有效提高了招标投标效率。

6.1.4 应用效果

1. 计算效率优势

基于工程清单的智能计算方法，显著提升施工成本计算效率，减少人工操作，提升造价工作信息化、自动化水平。

2. 成本预测精度

智能计算方法通过标准成本库与匹配规则，确保成本计算依据一致，预测结果偏差小，具备较强的成本控制和利润预测能力。

3. 智能学习与规则优化

系统具备动态学习功能，持续完善术语匹配规则，提升非标准项目名称归类准确率，降低成本计算误差。

4. 应用适用性

该方法适用于民用建筑、公建项目、轨道交通等多类型建筑工程，适配不同清单标准及企业管理制度，具有良好的扩展性和应用前景。

6.2 《全流程自动计价方法》在造价管理中的应用

《全流程自动计价方法》主要致力于实现工程计价全过程的自动化，其核心在于构建标准构件库和清单资源库，并以此为基础开展图纸信息自动提取、工程量计算与智能组价。

6.2.1 全流程自动计价方法内涵

1. 工程计价原理

工程计价是对工程项目各个阶段的造价及其构成内容进行预测和估算的行为，主要包括工程计量和工程组价两个环节。工程计量是根据设计文件计算工程实物量，工程组价是根据工程量确定单价和总价。

2. 逻辑框架

《全流程自动计价方法》提出的全流程自动计价方法实现逻辑框架如图 6.2-1 所示。首先，在设计阶段，利用标准构件库进行设计。设计完成后，应用程序自动提取目标图纸中的构件信息，并根据预设规则进行工程量计算和汇总，形成工程量库并生成材料设备表。然后，根据工程量库中的信息，系统自动进行组价，形成清单价格库，并输出最终的造价成果。

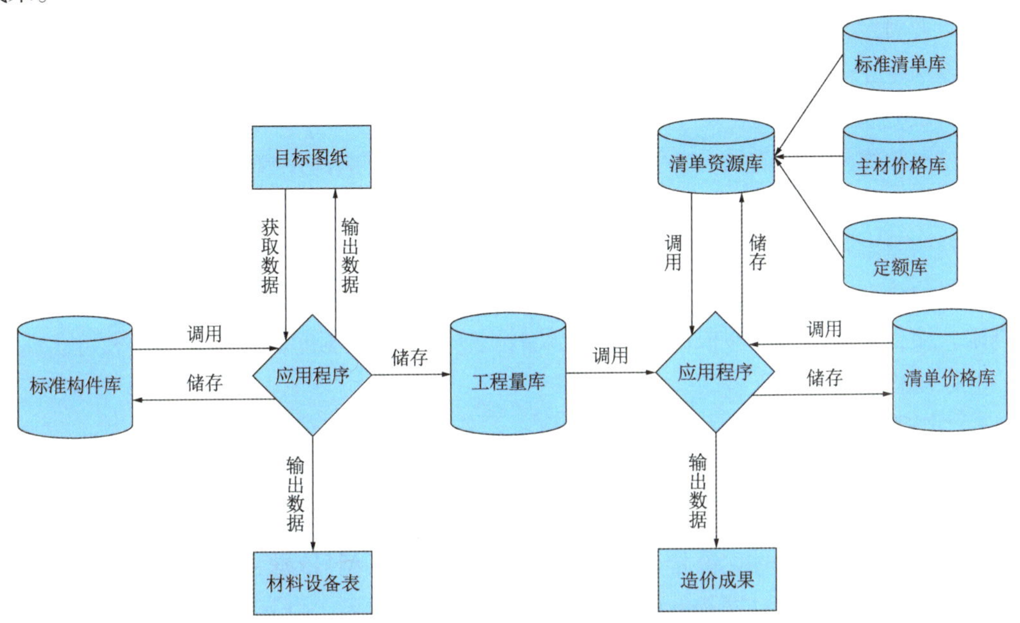

图 6.2-1　全流程自动计价方法实现逻辑框架

3. 基本程序

全流程自动计价系统经过构建标准构件库和清单资源库、获取目标图纸完整构件信息、形成工程量库、智能组价、形成清单价格库和输出造价成果等步骤自动生成一个造价成果，如图 6.2-2 所示。

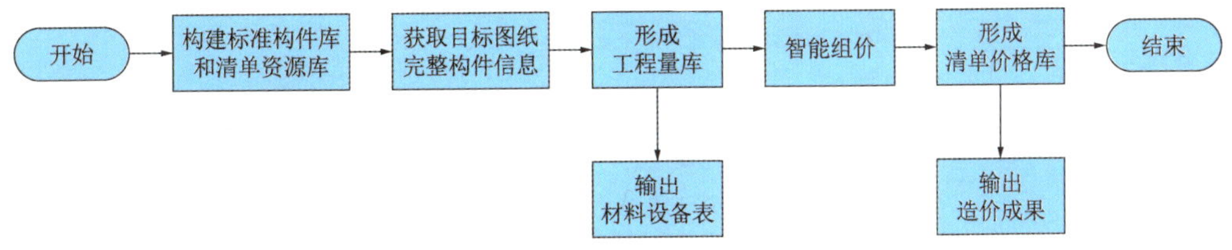

图 6.2-2　全流程自动计价系统基本程序

4. 全流程自动计价主要步骤

（1）构建标准构件库和清单资源库：初始化空的标准构件库和清单资源库，并根据实际需求设置相关信息，为后续的自动计价提供基础数据。

（2）接收目标图纸并获取构件信息：根据预设规则，自动识别目标图纸中的构件信息，如果目标图纸基于标准构件库设计，则直接获取标准构件信息，否则转化构件信息以匹配标准构件库。

（3）计算工程量并形成工程量库：根据获取的完整构件信息计算工程量，并将工程量汇总形成工程量库。

（4）根据工程量库和清单资源库进行智能组价，并输出计价结果。

6.2.2 案例应用

1. 案例工程概述

本研究将全流程自动计价方法应用于佛山市某地铁线路地下车站动力照明系统的计价工作。该系统主要由低压配电柜、电箱、灯具、开关插座、电缆电线、线管、桥架和母线槽等材料设备组成。

通过对该案例系统进行分析，发现了一些有助于构建结构化数据库以实现工程计价自动化的关键特点。首先，车站动力照明系统的设计内容相对稳定，各个车站的设备材料种类和型号规格基本一致，这种一致性有助于建立一个全面而系统的数据库体系。其次，设备材料的主材价格在不同时期相对稳定，并且呈现出一定的规律性，这为数据库的动态管理提供了基础，使得价格信息能够根据市场变化及时更新，确保数据库的持续准确性和可靠性。

2. 系统设计与实现

1）构建标准构件库

针对该系统，建立了轨道交通动力照明系统的标准设计构件库。首先，创建了一个空白的标准构件库，提供基础框架。然后，根据生产特点，确定并详细设置了一系列标准构件的信息，包括模型构件、编号、标准名称、项目名称、型号规格和单位等，并将其存储在构件库中，形成有序且完备的体系。材料设备按主要设备、灯具开关、电缆、电线等分类，并将不同材料设备归类，以确保构件与材料设备一一对应，保证模型构件和编号的唯一性。构建的标准构件库如表 6.2-1 所示。

标准构件库　　表 6.2-1

序号	编号	模型构件	标准名称	项目名称	型号及规格	单位	备注
一	设备						
1	JP3200	JP3200	低压开关柜（屏）	降压所智能配电柜（进线柜）	JP3200，3200A	面	
2	MP1600	MP1600	低压开关柜（屏）	降压所智能配电柜（母联柜）	MP1600，1600A	面	
3	GP001	GP001	低压开关柜（屏）	降压所智能配电柜（馈线柜）	GP001，按系统图	面	
4	WL001	WL001	低压开关柜（屏）	网关柜	WL001，按系统图	面	
5	YL150	YL150	低压开关柜（屏）	有源滤波装置	YL150，150A	套	
6	LX001	LX001	配电箱	动力配电箱	LX001，$H \times W = 1400 \times 800$，悬挂	台	
7	QH001		配电箱	双电源切换箱	QH001，PC 级，$H \times W = 2100 \times 800$，座地	台	

续表

序号	编号	模型构件	标准名称	项目名称	型号及规格	单位	备注
二	灯具、开关等						
8	DJ001	16kW	普通灯具	LED 筒灯	LED，16W（调光）	套	
9	DJ007	60kW	一般路灯	LED 路灯（防水防尘）	LED，60W，IP66，单臂 4 米杆	套	
10	DJ008	15kW	荧光灯	双管格栅荧光灯	2 × 28W	套	
11	DJ009	15kW	装饰灯	安全照明灯	24V，LED，8W	套	
12	CZ001		插座	单相二三孔普通插座	250V，10A	套	
13	KG001	Y	照明开关	消防声控延时开关	250V，10A	套	

2）构建清单资源库

为满足计价需求，进行了清单资源库的构建。

（1）标准清单库

根据《建设工程工程量清单计价规范》GB 50500—2013 和系统特点，设计了动力照明系统的标准清单库，如表 6.2-2 所示。该清单库包含清单编号、清单名称、项目特征和单位等信息。其中，项目特征中的x和y为变量，需要在后续组价过程中根据工程量库中的项目名称和型号规格进行确定。

标准清单库　　表 6.2-2

序号	清单编号	清单名称	项目特征	单位	备注
1	030404004001	低压开关柜（屏）	1. 名称：x 2. 型号规格：y 3. 基础形式、材质、规格：详见设计图纸和用户需求书	面	
2	030412001001	普通灯具	1. 名称：x 2. 型号规格：y 3. 其他未说明的按图纸综合考虑	套	
3	030412007001	一般路灯	1. 名称：x 2. 型号规格：y 3. 其他未说明的按图纸综合考虑	套	

（2）定额库

根据《广东省通用安装工程综合定额》（2018）行业标准及动力照明系统的设计内容，构建了定额库。该定额库包含人工、机械、辅材、管理和利润等价格信息，为工程计价提供了详细而全面的参考数据。

（3）主材价格库

建筑工程中，主材价格通常占据总造价的较大比例，故确定合理的主材价格至关重要。主材价格易受市场波动影响，因此主材价格库的设计应具备快速调整功能。通过分析系统的标准构件信息，结合市场情况，确定了主材价格信息，并存储至主材价格库，详情见表 6.2-3。

主材价格库　　表 6.2-3

序号	材料名称	型号及规格	单位	主材特征代号	主材规格参数	主材单价	备注
1	降压所智能配电柜（进线柜）	JP3200，3200A	面	类别	进线柜	70000.00	
2	降压所智能配电柜（母联柜）	MP1600，1600A	面	类别	母联柜	75000.00	
12	动力配电箱	LX001，$H \times W = 1400 \times 800$，悬挂	台	半周长	2.20	8000.00	

3）获取图纸构件信息

本案例动力照明系统设计图纸根据上述构建的标准构建库的构件作为图例进行标准化设计。该设计图纸作为输入的待进行工程计价的目标图纸。调用应用程序识别目标图纸中的构件，按照预先设定的规则自动获取目标图纸的构件信息。

4）形成工程量库

获取到目标图纸的完整构件信息后，即可计算目标图纸的工程量，并汇总工程量形成工程量库。该工程量库的内容与完整构件信息的内容相同。根据工程量库可以输出该系统的材料设备表。

5）智能组价

计算该系统目标图纸的工程量并形成工程量库后，结合工程量库和清单资源库进行智能组价，确定每个工程量的单价，进而根据每个工程量的单价和工程量库计算得到目标图纸的工程量计算总价，输出计价结果。

（1）生成工程量清单

根据工程量库和标准清单信息，自动生成工程量清单。由于工程量库是根据完整构件信息（基于标准构件信息）得到的，所以工程量库的内容与完整构件信息的内容相同，标准清单信息是根据标准构件信息生成的，工程量库中存在与标准清单信息相匹配的信息。首先，建立工程量库中的标准名称与标准清单信息中的清单名称相对应关系，即标准清单信息中的清单名称包含了工程量库的各个标准名称。其次，在标准清单信息中查询与工程量库的标准名称相同的清单名称，并选取这些清单名称对应的标准清单信息，如清单名称、清单编号和项目特征等。最后，由于标准清单项目特征中的x和y为变量，需要将工程量库中的项目名称填入x，型号规格填入y，生成工程量清单。

（2）获取定额数据

根据预设的工程量库和定额库之间的对应关系，根据工程量库在定额库中匹配得到定额名称。具体地，在工程量库中提取目标参数，如项目名称和型号规格，根据目标参数遍历定额库，获取定额名称。例如，对于工程量库中项目名称为“降压所智能配电柜（进线柜）”的工程量，根据工程量库和定额库之间的对应关系，在定额库中获取对应的定额名称，如“低压开关柜（屏）”，进而在定额库中查询该定额名称，获取匹配定额的人材机定额数量和费用。

（3）确定主材价格

根据提取的目标参数确定工程量库的主材价格。

（4）生成全费用综合单价

根据标准清单、定额数据和主材价格，基于预设的组价规则，生成全费用综合单价。

6）形成清单价格库

通过上述步骤进行智能组价后，工程量库中每个工程量都能自动生成工程量清单和对应的综合单价，形成该动力照明系统的清单价格库。该清单价格库包含清单编号、清单名称、项目特征、单位、工程量、综合单价和合价等信息，通过该清单价格库，可按需求形成造价成果。

6.2.3　应用效果

在佛山市某地铁线路地下车站动力照明系统的应用中，全流程自动计价方法取得了显著效果：

（1）效率大幅提升

应用该方法后，原本需要数个工作日完成的图纸数据提取与组价工作，现可在数小时内自动完成，从而显著提高了工程造价管理整体效率。

（2）提高计价准确性

采用统一的标准构件库与自动组价算法，降低了因数据录入错误和人工归类不一致引起的计价偏差，确保了施工成本和造价成果的一致性和准确性。

（3）推动智能化造价管理升级

该全流程自动计价方法构建了从设计到计价的完整闭环，为《民用建筑造价标准清单》体系的应用提供了智能化、数据化支持，有助于实现工程造价管理向标准化、精细化和信息化的转型升级。